Isabelle Barbier Portier

QUATRE SAISONS POUR RETROUVER SA SANTÉ

Isabelle Barbier Portier

QUATRE SAISONS POUR RETROUVER SA SANTÉ

Comment créer l'auto suffisance pour gagner sa liberté ?

Éditions Vie

Imprint
Any brand names and product names mentioned in this book are subject to trademark, brand or patent protection and are trademarks or registered trademarks of their respective holders. The use of brand names, product names, common names, trade names, product descriptions etc. even without a particular marking in this work is in no way to be construed to mean that such names may be regarded as unrestricted in respect of trademark and brand protection legislation and could thus be used by anyone.

Cover image: www.ingimage.com

Publisher:
Éditions Vie
is a trademark of
International Book Market Service Ltd., member of OmniScriptum Publishing Group
17 Meldrum Street, Beau Bassin 71504, Mauritius
Printed at: see last page
ISBN: 978-613-9-58994-4

QUATRE SAISONS

POUR RETROUVER

LA SANTE

quand l'autosuffisance mène à la santé et à la liberté

PROLOGUE

Je vous propose de passer une année avec mon mari Jean-Michel et moi dans notre bulle. Saison après saison, je vais vous guider pour retrouver le chemin de la nature, une vie saine en accord avec votre corps, au fil des saisons. Il existe beaucoup de livres sur le sujet du jardin, de l'autosuffisance, du bien être au naturel. Mais là vous allez découvrir autre chose avec un style de vie particulier. Vous allez voir qu'il va falloir faire un vrai choix de vie car les escapades loin de cet havre de paix sont rares! Pourquoi partir loin quand on est bien chez soi! Je me suis souvent posée la question du pourquoi les gens ont besoin de partir loin de chez eux ? Ils travaillent dur toute l'année, et dès qu'ils le peuvent, ils partent loin au lieu de profiter de ce qu'ils ont, là, à portée de main. Il suffit bien souvent de se poser et de regarder autour de soi...

Nous, nous avons réalisé le contraire : recréer l'univers quotidien qui nous va bien et par là même, "l'exode" qui nous semblait nécessaire avant pour nous ressourcer est devenu inutile. De temps en temps seulement, nous nous octroyons une "virée". Cela nous suffit car nous sommes en adéquation avec ce que l'on vit et ce que l'on est. Au fil de ma vie, j'ai même decouvert mon magnétisme et les énergies subtiles que nous générons tous. J'ai appris à les comprendre, à les ressentir, et à comprendre ce qui se passe dans mon corps. Et, il n'y a pas si longtemps, j'en ai fait mon travail à temps plein. Ainsi, j'aide les personnes qui viennent à moi à se comprendre mieux pour avancer, et je profite d'un style de vie parfaitement équilibré.

Depuis plus de trente ans, nous produisons nos légumes, à l'année. Nous avons recréé un système d'autosuffisance alimentaire assez poussé même si nous faisons encore quelques petites entorses ! Une virée au resto, une pizza non bio pleine de gluten, des fuits exotiques qui prennent l'avion! Il faut se faire plaisir de temps en temps ! Ne pas oublier de s'amuser des choses qui nous entourent ! Je m'efforçe d'avoir un rythme de vie en adéquation avec les saisons... Nos abeilles nous donnent le bon miel qui nous régale et nous soigne. Nous avons été initié à l'apiculture depuis une bonne dizaine d'années maintenant et comme obélix qui tombe dans la marmite de potion magique, nous avons été "contaminé" !

Chez nous les poules s'occupent des limaces, des pucerons, des serpents, et accessoirement nous donnent des bons oeufs aussi. Parfois, une couvée surprise nous ramène quelques boules de plumes qui finiront en cuisine quelques mois plus tard ! Encore récemment les lapins étaient nourris avec les restes du jardin et nous assuraient quelques protéines pour l'année. Pour l'instant, j'ai décidé d'arrêter cet élevage. Nous mangeons de moins en moins de viande. Mes activités changent et je fais des choix. Jean Michel chasse et ramène quelques gibiers que je transforme en terrines, en ragoûts. Quoi de plus sain quand la viande est respectée pour ce qu'elle est. Chasser pour se nourrir a toujours été une chose naturelle. Et le respect du gibier doit être la priorité du chasseur.

J'aime à penser que chacun d'entre nous pourrait approcher la suffisance alimentaire et un art de vivre plus en adéquation avec notre mère nature. En se prenant un tant soit peu en main, il est possible de recréer un univers qui corresponde à nos vrais besoins vitaux et de sortir des schémas réducteurs de notre société actuelle qui nous oblige à survivre plus qu' à vivre. "Travailler pour vivre" doit remplacer le "vivre pour travailler". J'ai lu récemment que le jardinage était un acte politique. Alors, à vos bêches, râteaux, pelles, et plantoirs ! Nous allons reprendre le contrôle de nos vies....

En devenant auto-suffisant en produits alimentaires, en retrouvant des méthodes simples d'agriculture, en ressortant des tiroirs des recettes de grand-mère pour se soigner, se protéger et en partageant ce savoir avec ceux qui ne le peuvent pas pour des raisons techniques, physiques ou autres, alors nous pourrons évoluer dans un monde plus à l'écoute de nos vrais besoins. Nous ferons reculer la "malbouffe", le mal-être qui gangrène le monde. Nous ouvrirons les yeux de nos enfants qui, pour certain, sont déconnectés de cette belle nature qui nous entoure, qui ont du mal à trouver leur place. Il y a maintenant, un retour à ces valeurs. Les choses changent doucement et c'est bien.

Je ne vais pas rentrer dans le détail des cultures avec des dates précises, des explications compliquées. Ça, vous pouvez le trouver dans des traités de jardinage qui ont fait leur preuves. Ici, vous allez découvrir un enchainement de saisons avec leurs particularités naturelles, la vie de la nature qui suit son cours et qui égrène ses richesses au fil des mois pour remplir des bocaux, des terrines, des pots de confiture, un art de vivre plus respectueux du vivant et des pistes personnelles pour comprendre ce qui se passe en vous selon les saisons... Car nous sommes reliés à cette nature et elle nous le fait savoir individuellement. Il faut juste reconnaitre les signes. Tous les êtres vivants végétaux ou animaux sont reliés et inter-connectés. Indivisibles, essentiels, et complémentaires. Vous allez voir comment chaque saison agit sur tous ces organismes pour une justesse parfaite des éléments.

Je vous propose donc une danse des saisons qui s'approche de la perfection. Ou chaque moment a son importance pour le déroulement de la vie future, pour la survie de tous les êtres vivants qu'ils soient animaux ou végétaux! Découvrez des anecdotes, des tranches de vie, des moments simples et insolites. Une année complète pour découvrir comment se redécouvrir soi-même. Et voir la nature différemment…

Il m'a fallut quelques fois "soutirer" les recettes de jardinage de Jean Michel afin de complêter cet ouvrage avec un oeil de professionnel averti. De bonne grâce, il m'a donné les renseignements dont j'avais besoin. Le partage, c'est aussi ça. Chacun apporte ses propres expériences afin de pouvoir avoir un oeil différent sur ce qui nous entoure et pouvoir s'adapter au mouvement. Le jardinage, l'auto-suffisance demande une perpétuelle adaptation. Travailler dans, avec ou pour la nature est à la portée de tous. Pas d'âge, pas de sexe, pas de condition particulière. Simplement la respecter suffira pour qu'elle vous le rende au centuple.

En écrivant ce livre, j'ai découvert de belles choses. Pour retrouver une bonne orthographe à certains mots qui me venaient, pour éviter les erreurs techniques sur certains sujets dont je n'étais pas certaine à 100%, j'ai fais des recherches sur internet et ai découvert des pépites en croisant les informations que j'ai pu trouver. J'ai même changé d'avis sur la fable « la cigale et la fourmi » ! Comme quoi ouvrir son esprit apporte des trésors !

Je me suis amusée à aller voir certaines définitions de mots sur wikipédia et, là encore, j'ai pu constater les nuances qui existent sur certains et la capacité de mon cerveau à analyser les données. Je ne peux que vous inciter à faire cet exercice. C'est très intéressant et parfois surprenant...

SOMMAIRE

1 LE PRINTEMPS 11

Chez nos amies les abeilles 17
- Présentation 18
- Récolte d'essaim 19
- Récolte de printemps 25

Au jardin potager et au verger 33
- La préparation des sols 33
- La permaculture 34
- Les premières plantations 36
- Présentation du verger 42

Du côté du poulailler 45
- Des alliés indispensables 45
- Nettoyage de printemps 47
- Sauvetage surprise 50
- Des nouveaux arrivants 51

Dans la cuisine 53
- Ménage dans les réserves 53
- Ortie mon amie 55
- Premières récoltes au jardin 57
- Comestibilités végétales 59

Et côté santé 62
- La respiration 63
- Du miel et du thym 66
- Propriétés de l'ortie 67

2 L'ÉTÉ 69

Chez nos amies les abeilles 73
- Visite des ruches 74
- Une récolte perdue 77
- Fin d'été au rucher 79

Au jardin potager et au verger 84
premières récoltes 86
Les fraisiers 91
Les réserves pour passer l'hiver 93
Trop de pommes au verger 95
Du côté du poulailler 97
Couvée surprise 97
Rencontre du 3eme type 99
Chute de ponte 102
Dans la cuisine 105
La déshydratation 105
Le kéfir 108
Les conserves 109
Et côté santé 113
La prêle et ses bienfaits 115
Promenade en forêt 116
Ecouter son corps 117
Suivre le soleil 119
L'hydratation 122
Le macérat de carotte 123

3 L'AUTOMNE 124

Chez nos amies les abeilles 130
Vérifications des ruches 131
La propolis 134
Rangement du matériel 134
Le frelon asiatique 136
Au jardin potager et au verger 139
Dernières récoltes 140
Compostage et engrais vert 145
Les champignons 146
Du côté du poulailler 151
La vie au poulailler 151
Selection des pigeons 153
Des habitants en surnombre 155
Dans la cuisine 158

La fermentation naturelle 159
Les plats de saison 162
Les œufs cachés 164
Et côté santé 166
Faire le plein d'énergie 167
Augmenter son temps de sommeil 170
Capter la lumière 172

4 L'HIVER 175

Chez nos amies les abeilles 177
Réduction de l'activité 178
Un suivi de loin 179
Une visite éclair 183
Au jardin potager et au verger 188
Dès que le temps le permet 191
Dans les petits papiers 193
Nourrir les oiseaux 196
Du côté du poulailler 199
Visites incongrues 200
Des soins adaptés 205
Dans la cuisine 208
Des plats d'hiver 209
Des ratages transformés 211
De la conserve à l'assiette 212
Des visiteuses gourmandes 215
Et côté santé 217
Garder le bon rythme 219
La chasse aux vitamines 221
Le positivisme des bonnes énergies 223
Guérisons naturelles 225

1 LE PRINTEMPS

Voici le printemps qui arrive et avec lui la nature qui reprend vie. La sève reprend doucement sa circulation dans les veines des arbres, des arbustes, dans les racines des végétaux vivaces pour que la construction cellulaire végétale reprenne. Bientôt des petits bourgeons vont apparaitre pour laisser place aux feuilles et fleurs diverses et variées. Les graines, qui se sont stratifiées durant l'hiver, vont pouvoir enfin sortir leurs cotyledons de leur coque de protection pour s'épanouir durant les prochains mois!

Madame la météo met en place son orchestre qu'elle va guider toute une année au jardin potager, au verger, au jardin d'agrément, dans la forêt et dans les champs. Les températures se radoucissent pour donner le tempo à la vie végétale et animale : les animaux engourdis par le froid se réveillent, ceux bien cachés dans leur terriers rejoignent la surface pour s'aérer et les journées augmentant leur durée d'ensoleillement, les travaux vont devenir de plus en plus intense dans le jardin. L'activité va être croissante pour tout le monde! Et nous ne serons pas épargnés! Il va falloir suivre le rythme. Maintenant ce n'est plus nous qui choisissons! C'est la météo, la température, l'enchainement d'un cycle immuable ...

Le printemps commence le 20 mars sur le calendrier mais attention, dame nature peut nous jouer des tours! Mieux vaut se fier aux insectes qui nous entourent et à la température du moment! Ils ont un instinct plus poussé que nous à ce sujet. Et ils savent réagir plus vite! Ou anticiper les catastrophes naturelles grâce à leur sixième sens! Nous, les humains, avons ce sens un peu defaillant suite à l'évolution de la civilisation. Comme un chien qui perd l'odorat car il ne s'en sert plus! Il n'en a plus besoin! Tout ses besoins sont remplis avant même qu'il ne le demande! Comme un enfant qui refuse d'apprendre à marcher car son entourage s'occupe de ses moindres besoins avant même qu'il ne les comble lui même!

Là, il va falloir aller nous même nous occuper de la terre pour qu'elle veuille bien nous donner des légumes. il va falloir couper et rentrer le bois qui va nous chauffer tout l'hiver ; il va falloir cuisiner, mettre en conserve comme autrefois pour les jours de disette. Chez nous, c'est simple: Jean

Michel cultive le jardin et moi je récolte et transforme. Nous travaillons ensemble dans le rucher, je m'occupe du poulailler, Jean Michel coupe le bois et moi je le rentre. Quelque fois, au jardin, je suis obligée de lui dire stop car il en ferait pour un régiment! Il est tellement heureux de voir ces petits "bébés" devenir de beaux et forts légumes qu'il oublie les quantités a adapter à nos besoins...

Il a été précoce cette année, le printemps. Nous sommes fin avril et déjà, tous les arbres sont magnifiquement en fleurs, le pollen des champs de colza recouvre d'une mince pellicule jaune tout ce qui nous entoure. Le soleil pointe le bout de son nez de plus en plus tôt, et, ce matin, j'entends ma chienne qui jappe avec insistance dehors, dans la cour. Pas son habitude ! Sauf quand il y a quelque chose ou quelqu'un qui attire son attention. Je la sens énervée… Au bout de quelques minutes, cela devient encore plus fort, elle pousse des petits cris… Bon, il faut vraiment que j'aille voir ce coup là !

_ *Gazette ! Mais qu'est ce que tu fais ? Qu'est ce qui se passe ?*

Elle saute comme une biquette, sur place, en jappant après quelque chose qui se trouve par terre devant elle! Je vois une forme sombre qui bouge bizarrement.

_ *Mais c'est quoi ce truc ?*

Je me précipite dessus en même temps qu'elle et je n'ai que 3 secondes pour éviter qu'elle ne recommence à se déchaîner dessus….

_ *Laisses ! Laisses-moi voir bon sang !*

Je découvre une chauve souris… En piteuse état… Il y a un moment qu'elle lui sert de jouet ! Elle est pleine de sable et une de ses ailes est trouée ! Elle ouvre une gueule énorme en faisant un cri strident pour effrayer la chienne qui croit qu'elle joue !!!

_ *Oh, non ! C'est pas vrai ! Laisses-la !*

J'ai du mal à la faire se calmer. La pauvre petite bête, à terre, se contorsionne pour échapper à ses pattes ! Je trouve un plantoir posé juste à côté et, tout en repoussant la « biquette » qui jappe toujours autour de moi, je réussis à ramasser la malheureuse, tout en faisant attention à mes doigts car elle se défend encore et ouvre une gueule toute grande en montrant ses dents.

_ *Voilà ! Doucement ! ça va Gazette, arrêtes ! Je la tiens ! Mais ou tu l'as trouvé ?*

Regardant autour de moi, je découvre la plaque de protection de l'avaloir de la descente de gouttière de la maison retirée de son logement. Et des feuilles fraîchement retirées du trou béant.

_ *Elle se cachait là ? Mais c'est pas possible ! Mon dieu, elle a du tomber dans la gouttière pour se retrouver la dedans ! Bon, tu l'as sauvé mais tu l'as esquintée ! Comment je fais, moi, maintenant ?*

Me voilà avec une drôle de petite bête que je n'ai pas l'habitude de croiser ! Qu'est ce que je vais faire avec elle maintenant que je l'ai sauvé des griffes de mon griffon korthal de chien de chasse ! OK, j'ai besoin de l'aide d'un professionnel.

La petite n'a pas l'air en trop mauvais état malgré tout. Elle se calme et je la prends en photo pour demander des infos sur Face book dans un premier temps. Je la dépose dans un saladier avec un torchon dessus. Puis, je fais une recherche sur internet pour trouver un site qui pourra me conseiller. La technologie a du bon ! En tapant dans le moteur de recherche « comment sauver une chauve souris ? », je découvre qu'il existe un réseau de Chiroptérologues (spécialistes des chauves souris) sur toute la France. Une liste de numéro de téléphone nous guide dans toutes les régions. Magnifique. Dans le Loiret il y en a même deux. Le premier ne répond pas et j'ai plus de chance avec le second.

_ *Bonjour monsieur, je viens de découvrir une chauve souris et ne sais pas trop quoi faire ! Elle semble blessée mais bouge bien. Que puis-je faire ?*
_ *Et bien ça va être compliqué car je ne suis malheureusement pas chez moi en ce moment. Vous pouvez la mettre dans une boite à chaussure avec un couvercle percé de trou. Mettez un torchon pour en couvrir une partie, pour qu'elle puisse s'accrocher au dessous, une petite coupelle d'eau peu profonde. Il faudrait la nourrir avec des vers de farine et voir comment sa situation évolue. Voyez-vous ses ailes ? Des blessures ?*

_ *Une est troué et l'autre toute refermée, elle ne l'ouvre pas du tout. Il y a des traces de sang dans le saladier ou elle est pour le moment. Je vous fais des photos au fur et à mesure de ce que je vois et on reste en contact.*
_ *OK. Pas de problème. Merci de vous en occuper. Il est important qu'elle se repose maintenant.*

Ce matin, j'avais prévu d'aller chercher une courroie pour remplacer celle de la tondeuse qui vient de lâcher. Bon, j'ai le temps de passer par le magasin le plus proche qui a du matériel de pêche et une animalerie! Je devrais en trouver là bas des vers de farine ! Rapidement, je mets la main sur une boite à chaussure et l'installe dans la salle de bain, dans la baignoire, hors de porté du chat! Et du chien!

Je reçois un message de ma belle sœur qui a vu mon appel sur face book et m'envoie le même numéro de téléphone que je viens d'appeler ! Les grands esprits se rencontrent !

Me voilà parti faire mes emplettes…
De retour, en fin de matinée, avec mes petits vers de farine bien vivant, je reprends la boite à chaussure. La demoiselle s'est accrochée avec ses petites pattes sous le torchon. Je prépare mon matériel: Une pince à épiler, un gant pas trop épais, mes beaux vers, et mon portable version appareil photo.

Comme me l'a expliqué le spécialiste, je coupe un ou deux vers en deux et les présente à la belle avec ma pince à épiler (j'ai vu ses dents ce matin et ne voudrais pas que mes doigts lui servent de repas !). Elle les avale sans demander son reste. Je lui en donne encore quelques uns. Elle est affamée! J'arrive à prendre quelques photos pour les envoyer par SMS au spécialiste. Il m'apprend qu'il s'agit d'une pipistrelle commune et que seul 3 à 4 vers 2 fois par jour suffit à la nourrir. Elle en a mangé deux fois plus! Ce qui confirme qu'elle était affamée... Le spécialiste et moi allons rester en contact par SMS tout au long des 24 heures qui vont suivre pour qu'il puisse suivre son évolution et que je puisse m'adapter aux événements.
En soirée, je m'inquiète vraiment pour son aile. J'arrive à la prendre en photo pour l'envoyer et en retour, j'ai la confirmation que la chose va être difficile à gérer.

_ *Il n'y a malheureusement pas grand-chose à faire pour la soigner. Difficile de confectionner une attelle. Il y a un risque d'infection et elle va commencer à se ronger l'aile. Il lui faudrait un antibiotique mais les vétos*

acceptent rarement de le vendre.
_ Je tente le coup.

Le lendemain matin, je retrouve la fenêtre de la salle de bain grande ouverte! La température est à peine acceptable pour prendre une douche! Mais je comprends pourquoi quand le soir Jean Michel rentre à la maison et me dit :

_ C'était une infection dans la salle de bain ce matin! Petite bête! mais elle sent vraiment mauvais!

Il a raison! C'est une odeur très forte. Je décide de mettre la boîte dehors à l'entrée. Elle est bien fermée... Cela ne risque rien… Pour son aile, je décide de confectionner une attelle mais elle se retourne avant même que j'ai terminé et ronge les petits liens que j'ai réussi à faire avec minutie. Tout se défait. J'arrive à lui mettre un seul lien pour retenir son aile et là, elle n'y touche plus. J'appelle ma vétérinaire qui me répond qu'elle n'a pas le droit de me vendre des antibiotiques pour un animal sauvage… Elle me conseille de voir avec un spécialiste, je lui explique la situation, peine perdue, elle ne calera pas… Je dois me débrouiller.

La petite pipistrelle mange moins voracement. Je vois bien que son aile est cassée maintenant. J'espère que mes soins de magnétisme quantique vont la soulager… La patience est de mise et je prends du temps pour découvrir cette espèce mal aimée parfois, mais très importante dans la chaine des prédateurs et de la régulation des insectes, notamment les moustiques. Nous avons une mare auprés de la maison, autant dire que pour notre confort, cette espèce nous est précieuse ! La chauve souris pipistrelle fait partie de l'ordre des chiroptères, d'où le nom des spécialistes chiroptérologues. Ce sont les seuls mammifères ailés. Ils sont insectivores. Leur densité est en augmentation sûrement à cause du réchauffement climatique et elle étend son territoire vers le nord d'année en année. Chaque été, le soir, nous les voyons voler au dessus des champs de blé ou au dessus de nos têtes quand nous avons le plaisir de pouvoir rester dehors à la nuit tombée. Elles se nourrissent d'insectes volants et les happent au passage pendant leur vol.

Le lendemain matin, je la nourris comme d'habitude et trouve son aile un peu enflée et bien rouge, je décide de la désinfecter avec de la Bétadine coupé d'un peu d'eau, avec un coton tige et de lui faire une petite séance de magnétisme en même temps. Elle ne bouge pas du tout. Le petit lien qui retenait son aile s'est défait… La journée passe et le soir quand je viens pour la nourrir, je m'aperçois que son aile va un peu mieux, moins rouge, moins enflée…. Beau présage….

En me réveillant, le matin suivant, je m'aperçois que j'ai rêvé de cette petite mignonne durant la nuit! C'est drôle ça! Et j'ai même son odeur particulière qui vient me titiller le nez dès le réveil! Je saute du lit en me disant « il faut vite que je la nourrisse! Elle doit avoir faim! » .

Mais en ouvrant la boîte, quelle ne fut pas ma surprise en découvrant qu'il n'y avait plus personne! Aucun doute, la pipistrelle s'est envolée! Je pense qu'elle a réussi à passer par le trou qu'il y avait dans l'arrière de la boite! C'est qu'elle allait mieux alors! C'est très bien! Elle a choisi de retrouver la liberté et maintenant, elle doit s'occuper d'elle toute seule. Elle a fait son choix.

CHEZ NOS AMIES LES ABEILLES

Notre rucher, constitué de quelques ruches, est situé juste à côté du jardin. Idéalement placé en bordure de forêt, avec un champ de pâture à proximité, l'alimentation ne manque pas au cours des saisons. Entre les cultures de plein champs, les floraisons du jardin et du verger, et la végétation diverse de la forêt, il est bien rare que le « frigo » de la nature soit vide !

La quantité de ruches varie d'année en année. Le cheptel arrive à monter à une dizaine de ruches puis retombe à 2 ou 3 selon les aléas. Il faut être motivé pour continuer certaines années. Les embûches sont parfois vraiment décourageantes…

Une année, la saison semblait bien commencer et le rucher était garni de 10 ruches qui avaient bien passé l'hiver et nous étions bien confiants pour la suite ! Une belle météo de début de printemps nous faisait présager une superbe saison pour ces demoiselles.

Les premières visites montraient une population nombreuse et une activité importante. Pendant que dans les champs autour de nous les cultures poussaient tranquillement, les abeilles pouvaient se nourrir aisément et rien ne semblait pouvoir rompre cet enchantement. Pourtant, au moment ou tout était favorable (du moins le croyions nous….), la population des abeilles se mit à dépérir. A chaque visite, nous découvrions une baisse notoire de la quantité d'individus. La miellée qui aurait dû déjà avoir rempli une partie des cadres était presque inexistante. En quelques jours seulement, certaines colonies ont été détruites… Nous retrouvions les abeilles mortes dans les cadres, avec de la nourriture qui plus est. Nous avons perdu plus de la moitié des colonies et les autres ont mis le reste du printemps et de l'été pour s'en remettre. Pas de récolte cette année là… Et après une vérification sanitaire, et technique du rucher et des alentours, une seule cause pouvait être retenue : nous avions été victimes d'un traitement chimique dans une des cultures nous entourant et les abeilles, tout simplement, ont été empoisonnées…. Tout simplement ? Me direz- vous ? Et oui, il faut se rendre à l'évidence qu'il y a encore du travail de communication à faire pour faire comprendre la dangerosité des produits chimiques.

Et chaque printemps c'est une véritable épée de Damoclès qui s'abat sur les pauvres petites têtes des abeilles. Vont-elles passées entre les gouttes empoisonnées des traitements chimiques ? Vont-elles supporter encore une dose de substances toxiques dans leurs organismes ? Vont-elles retrouver le chemin de leur ruche après avoir inhaler les vapeurs mortelles des brumisateurs ? Les colonies seront-elles assez fortes pour passer l'hiver ?

Présentation

Mais il est temps maintenant de surveiller les abeilles de plus prés! Elles ont la particularité, elles, de n'avoir pas besoin de thermométre, d'internet ou de GPS ! Elles maitrîsent complètement leur cycle et nous devons être trés observateurs afin de suivre leur évolution et intervenir au bon moment sans les déranger. L'homme s'est adapté à elles et pas le contraire pour tirer une partie de sa subsistance. Et même si actuellement elles se débattent avec les produits toxiques qu'elles ingurgitent encore malgré les campagnes de sensibilisation à sa protection, leur persévérance est sans limite. Elles combattent, elles aussi, les revers de notre société : L'introduction accidentelle de leur prédateur tel que le frelon asiatique qui s'étend largement maintenant sur le territoire, l'agriculture intensive de certaines zones en monoculture qui diminue drastiquement leur alimentation en période de non production, les croisements effectués pour une meilleure productivité au détriment de leur resistance, les produits toxiques pour leur système nerveux, le réchauffement climatique et les aléas qui en découlent! Imaginez le courage qu'elles ont, elles aussi !

Au début du printemps, dés que les températures se relévent un peu, entre la fin février et la mi mars en général, elles vont progressivement augmenter la ponte dans leurs colonies et selon la température extérieur, l'augmentation sera exponentiel! Car elles savent qu'en même temps les végétaux font de même et que les premiéres fleurs du printemps vont bientôt arrivées! C'est la nourriture dont elles ont besoin pour vivre et se reproduire et la pollinisation dont les végétaux ont besoin pour produire des fruits, des graines! Et par la même nous nourrir…

Alors, prépares-toi! Prépares ton matériel car il ne va pas falloir trainer! La situation proche du jardin est certe bien pratique pour la surveillance mais un peu moins quand ces dames sont en colère! Les jours d'orages j'ai vu être obligé de rentrer car elles viennent tourner autour de nous pour nous prévenir! Les jours de récolte ou de visites poussées, il vaut mieux ne pas y aller car il reste des éclaireuses en colère dans les parages! Aprés quelques temps et quelques mauvaises rencontres, il suffit de tendre l'oreille pour écouter le bruit particulier qu'elles font quand elles sont en colère! Leur vrombissement est plus fort! Le vol est plus rapide! Et vraiment en colère, elles émettent une phéromone trés forte et particulière qui appelle leurs copines! L'odeur est reconnaissable! Alors là, il vaut mieux déguerpir si vous n'avez pas de protection vestimentaire adéquate! Il nous arrive encore de nous faire avoir et nous revenons humblement à la maison avec un dard planté quelque part. Notre chienne Delta qui va régulièrement se promener dans le jardin est, elle aussi, parfois "victime" d'une attaque. Nous la voyons courir avec la queue entre les pattes et en se retournant l'air terrifié! Et quand l'abeille arrive à la piquer, elle geint comme un bébé chien apeuré! Pour un chien de chasse, c'est hilarant! Avoir peur d'une si petite bête! C'est le comble...

Récolte d'essaim

Par une belle journée, trés peu de vent, des températures de printemps parfaites, une activité inabituelle se passe autour d'une ruche. La première visite de l'année nous avait avertie qu'elle serait précoce avec sa population déjà forte et ce qui se tramait depuis quelques jours se confirme aujourd'hui. Des abeilles sont entrain de voler en cercle autour et leur nombre s'intensifie en emettant un vrombissement inquiétant. Bientôt une grappe se forme au niveau de la porte d'entrée, un paquet d'abeilles entremelées se marchent les unes sur les autres, font vibrer leurs ailes avec frénésie. Comme une danse, un appel, toutes ensembles.

Et d'un seul coup la masse se détache de la porte, décolle du promontoire et commence à se rassembler avec les autres autour de la ruche. En un instant la nuée s'élance vers le ciel dans un bruit sourd et intense. Pour en avoir fait l'expérience à plusieurs reprises, je peux vous dire qu'à ce moment précis, quand on se trouve au plus prés de cette nuée, on peut ressentir les vibrations par les sons qu'elles émettent. Ça parcours le corps d'une façon indescriptible. Il m'est arrivé de me trouver dans ce genre de situation et croyez moi, les frissons sont justes merveilleux.

C'est ce qu'on appelle un "essaim " qui se prépare à partir. La ruche "essaime" pour faire de la place dans la colonie. Une reine a été élévée un peu plus tôt et, si la colonie est trop importante dans la ruche, alors la vieille reine partira avec une partie des abeilles pour créer une autre colonie. C'est leur manière de survivre, de croitre. Comme nos villes qui prennent de l'expansion, des lotissements qui se créent... Et plusieurs essaims peuvent sortir d'une même ruche dans un cours instant à cette période.

Voilà la nuée d'abeilles qui prend le large. Elle s'élance dans les airs, tourbillonne en vrombissant. Aujourd'hui il n'y a pas trop de vent, c'est parfait. Et la voilà qui, tranquillement, va se poser sur un pommier à quelques mètres de moi!
Il est plutot rare d'être là durant ce petit jeu! C'est un moment privilégié! Il faut l'apprécier à sa juste valeur.

Mais maintenant, il faut être efficace aussi. Le but étant de récuperer cet essaim pour agrandir notre rucher. Nous n'achetons pas de colonies. Chaque année, nous "cueillons" quelques essaims sur des arbres, des encoignures de fenêtres, des haies, parfois des clotures ou des toitures. Les gens nous appelent et nous allons faire une récolte parfois spéctaculaire selon l'endroit ou la nuée d'abeilles a décidé de se poser! C'est toujours une expédition car on ne sait jamais comment ça va se passer. Vont-elles être agréssives, sympathiques, cools, nombreuses? Quand l'escabeau est de mise pour les atteindre, ça peut être trés accrobatique!

Bien, jugeons de la situation : le pommier est plutot haut, la grappe assez importante (on appelle "grappe" le rassemblement des abeilles qui forment comme une"grappe" de raisin avec les grains bien rangés les uns à côté des autres). Ça fait comme un gros ballon de rudby avec des facettes mouvantes en surface. Le soleil se refléte sur les ailes des abeilles et renvoie des reflets changeants. C'est hypnotisant, captivant, ensorcellant avec ce vrombissement qui se calme doucement au fur et à mesure que les abeilles s'agglutinent les unes sur les autres. Elles protègent leur reine qui est au centre. Elles se sont chargées de miel avant de partir de la ruche pour assurer leur subsistance durant leur voyage et leur futur installation. Elles pensent à tout ... Maintenant, elles cherchent un endroit convenable. Peut-être leur faudra-t-il reprendre encore leur envol plusieurs fois avant de trouver leur "bulle" à elles et construire leur habitat.

Je m'apercois que toute seule ça va être compliqué pour cueillir cet essaim. Il me faut de l'aide. Il arrive parfois que la situation permette une cueillette facile alors c'est un plaisir décuplé que d'aller chercher une ruche ou une ruchette et de faire le travail seul car on doit faire chaque geste avec beaucoup de précaution et d'attention et l'observation prend tout son sens. On est comme dans un autre monde, une concentration complête et entière, une présence sans commune mesure. C'est un régal.....

A deux, il faut être bien organiser pour éviter les gestes brusques ou désordonnés. Chacun a sa place, son rôle pour ne pas effrayer les belles. Efficacité et rapidité d'action sont de mise.

Bon, ça tombe bien Jean Michel est là aujourd'hui ....

__ *Jean mi, un essaim est dans le grand pommier ! Tu viens m'aider ?*

__ *Ok , j'arrive ! On prépare le matériel ! Il est gros ?*

__ *Oui, pas mal !*

__ *Ok je prends une ruche alors !*

__ *Il est haut ?*

__ *Oui assez !*

__ *Ok, escabeau !*

__ *Je m'habille et je prépare l'enfumoir, le petit matériel, le sécateur de forçe...*

__ *Tu ne mets pas tes bottes ?*

__ *Oh non ,elles ne sont vraiment pas agressives, j'étais juste à côté quand elles se sont posées. Il n'y a pas de vent en plus. Ça va être du gâteau .... En mettant une petite table dessous l'essaim et la ruche sur la table, ça va être parfait .*

__ *Ok, on va voir ça ...*

Et nous voilà parti à la rescousse de cet essaim. En moins de temps qu'il ne faut pour le dire, le matériel est en place. Il y a toujours une petite table qui traine dehors auprés des ruches chez nous! Ça peut servir!! Nous revêtons nos tenues de protection, nos gants. J'allume l'enfumoir qui va nous servir à désorienter un peu les abeilles. Jean Michel cale la table précautioneusement sous l'essaim sans geste brusque, installe l'escabeau de manière à accéder à la grappe puis la ruche, débarrassée de son couvercle, est posée sur la table. Les cadres vides attendent depuis la saison dernière d'être nettoyés, propolisés, rempli de miel, parsemés de cellules royales, ensemencés de nymphes d'abeilles ....

La belle grappe garde son flegme impassible accrochée à une branche qui penche dangereusement. Pas une seule abeille ne vole pour l'instant. Les reflets sont à la fois vifs et sombres; On dirait une pierre sombre aux mille facettes.

__ *C'est beau quand même !* Me susurre Jean Michel en montant sur l'escabeau *Je vais les enfumer un peu. Tu coupera la branche avec le sécateur de force quand je te le dirais. Ok pour toi ?*

__ *Ok, je suis prête !*

En haut de l'escabeau Jean Michel tient la branche pour éviter les secousses lors de la coupe. Je me prépare à couper. J'installe l'ouverture du secateur sur la section de la branche. Une mauvaise manoeuvre et les abeilles le sentiront tout de suite... Elles sont sur le qui-vive pour défendre leur société .... J'appui sur les manches du sécateur et la pression fait trembler légèrement la branche...

__ *Tout doux, tout doux* ..... murmure Jean Michel

D'un coup la branche est sectionnée. Le mouvement produit un retour et la colonie est instantanément sur ses gardes. Des abeilles décollent et nous tournent autour. Le vrombissement se fait plus intense et notre adrenaline fait un bond! Le coeur bat fort dans ces moments là! L'instant est précieux et magique! Tout se jouent en quelques secondes.... Si ces dames décident que la ruche ne leur plait pas alors elles peuvent repartir aussi vite qu'elles sont arrivées.

Jean Michel posent délicatement la branche sur le dessus de la ruche et l'essaim se modéle, se déforme pour en épouser la forme .

Maintenant, nous avons un bout de branche de pommier sur le dessus d'une ruche avec un monticule d'abeilles enchevêtrées dessus, une nuée d'abeilles autour de nous qui vrombissent en recherche de la menace pour leur reine. Trés rapidement elles se rendent compte qu'elles ne craignent rien, que seul compte maintenant leur bien être et la recherche de leur prochain logis. Le monticule se réduit de seconde en seconde. Et pour cause, la grappe est entrain de descendre entre les cadres de la ruche, les abeilles "visitent" leur nouvelle maison. Va-t-elle leur convenir ? Rien n'est sûre à ce stade. Il arrive qu'un essaim reparte après une "visite" des cadres.

Il m'est arrivé, sur un essaim que j'ai rentré un jour toute seule, de l'avoir vu repartir quelques minutes plus tard. Je me suis retrouvée pendant quelques secondes avec toutes les abeilles en volent autour de moi. C'était à la fois magique et hallucinant! Le vrombissement émet des vibrations que l'on peut sentir physiquement. Il ne faut pas bouger et les laisser faire....De toute manière on ne peut rien faire. C'est elles qui choisissent. Elles ne sont pas agressives à ce moment précis, à moins de les attaquer délibérémment ou de faire de grand gestes brusques.

Bien, maintenant, il ne reste plus que quelques abeilles qui tournent sans grande agressivité autour de nous mais méfions nous quand même. Quelques fois les dernières finissent pas s'énerver et par trouver une faille dans nos équipements pour nous piquer!!

Dans la ruche, le calme s'installe doucement et sur le dessus des cadres on peut apercevoir des abeilles entrain de battre des ailes frénétiquement. Elles "appellent " les dernières à rentrer. Elles émettent des phéromones pour les appeler et communiquent entre elles de cette façon. La reine prend sa place et la vie de la ruche peut commencer. Sur la planche d'envol aussi les abeilles ont les ailes qui battent vite.

Jean Michel retire la branche en la secouant un peu pour retirer les dernières qui restent accrochées.

__ *Superbe ! Nickel ! La première de la saison ! C'est bien les filles! Tu as vu de quelle ruche l'essaim est sorti ?*

__ *Oui, c'est la bleue !*

__ *Ok, on ira la visiter la prochaine fois pour voir ou elle en est ! Elle ne fera peut être pas de miel au printemps celle là ! L'essaim est gros! On verra !*

L'activité dans les airs se calme pour reprendre de plus belle dans la ruche. Il y a du boulot! Chacune a sa tache pour que cette société marche comme sur des roulettes.

__ *On va la laisser un temps ici, elle ne gêne pas ! Et après, on la déplacera ! Si elle demarre rapidement elle peut faire du miel au printemps ou cet été !*

__ *Ah non, tu ne vas pas la laisser là ! Je ne vais pas pouvoir tondre autour !*

__ *Et bien ne tond pas ! L'herbe peut pousser, elle ne gênera personne ....*

__ *Ok Ok! C'est d'accord !*

Ah la la ! Il faut s'adapter à ces demoiselles! C'est elles qui donnent le ton de la saison. On en a besoin pour polliniser efficacement et rapidement les arbres fruitiers, les légumes, les fleurs! A cette époque de l'année elles sont les plus nombreuses des insectes pollinisateurs. Si la météo est clémente, elles feront encore de belles récoltes de pollen, de belles réserves de miel et une progéniture saine et travailleuse! Il va falloir suivre leur développement minutieusement maintenant et poser les "hausses" à temps pour que toutes n'essaiment pas si on veut un peu de miel! Il faut suivre presque jour après jour la montée en puissance de la colonie, repérer les signes de surpopulation trés rapidement car elles peuvent réagir plus vite que nous! Dés qu'elles se sentent à l'étroit, elle vont créer des cellules royales, de la gelée royale et faire naître des reines pour assurer le depart d'une partie de la colonie! Quand le corps de la ruche est plein, les étages supérieurs que l'on a pris soin de poser à temps (les hausses) sont remplis, et plus l'activité de la ruche est importante, plus les hausses se remplissent vite. Il nous est arrivé de poser jusqu'à 3 hausses mais maintenant cela est bien rare. Dans certains livres anciens, on peut lire que leurs nombres pouvaient dépasser les 3 ou 4! Actuellement quand on en pose 2 ou 3 on est drôlement content! Et rien n'est joué car la météo rythmant la vie de l'abeille, si une période de mauvais temps arrive durant la pleine saison, alors l'abeille ne pouvant plus sortir de sa ruche va devoir se servir de ses réserves pour se nourrir et videra donc les hausses. Il est arrivé que nous voyons nos hausses se remplir et puis se vider.... C'est le jeu, c'est comme ça que ça fonctionne dans la nature. Au printemps, ça peut aller trés vite. On doit être prêt à réagir rapidement. Le matériel est toujours prêt quelque part. Quand le téléphone sonne, c'est l'excitation. Quand on va au jardin, l'attention se porte invariablement sur les branches, dans le ciel, ou sur les alentours des ruches. Depuis que nous sommes là, de nombreux essaims ont "atterri" sur notre terrain. Nous sommes dans un endroit privilégié et les abeilles le sentent bien. Les anciens propriétaires avaient souvent leur visite aussi. Et jusqu'en juin, parfois juillet, ça va être une course un peu folle! Le téléphone sonne pour la énième fois!

_ *Allo? Oui! Ok! Elles sont posées ou? A quelle hauteur? Ok! On arrive! Isabelle ! Un essaim à aller chercher pas trés loin! Tu viens?*

_ *Oh! Tu me saoule avec ça! On en a assez!*

_ *Et bien ce sera pour Jean Claude! Ou Christophe! Allez! Viens! Il est facile celui là!*

_ *Bon! Okay! J'arrive!*

Jean Michel ne peut pas résister..... Et puis chaque essaim à faire est une petite expérience, une rencontre, un moyen aussi d'en parler avec les personnes qui nous ont appelé et qui parfois découvre un autre univers! De faire passer un message de bienveillance à leur égard ! D'expliquer la nécessité de les protéger aussi…

_ *Tiens je vais chercher un essaim avec Jean Claude! Ne m'attends pas!*

Voilà le printemps au rucher et aux alentours.....

Et bientôt, grâce à elles, le jardin va pouvoir revêtir ses plus beaux atours pour abriter les fruits et les légumes de l'année à venir.... Et si tout va bien, nous ferons une belle récolte de printemps d'ici quelques jours....

Récolte de printemps

Voilà un joli mois de mai comme le dit la chanson. Le début de la saison a été fulgurante chez nos abeilles. Les premières hausses ont été posées mi-avril tellement la population était nombreuse dans certaine ruche. Pour d'autre, il faudra attendre un peu. La ponte est régulière mais la population augmente moins vite. Les visites sont nombreuses en ce moment et tous les 3 ou 4 jours, il faut vérifier le remplissage des hausses posées. Elles peuvent se remplir trés vite avec les champs de colza bien jaune qu'il y a autour de chez nous.

_ *Bon, celle ci sera pleine dans quelques jours! Il faut penser à préparer quelques hausses!*

_ *Mais j'en ai presque plus avec des cadres construits! Il va falloir que je refasse des montages de feuilles de cire sur les cadres!*

_ *Pas le choix! Mélangez des construits et des non construits, comme ça elles travailleront plus vite! Et l'année prochaine, nous en aurons plus!*

_ *Bon, je fais ça demain.*

_ *Oui car ce week end, il va falloir les poser! C'est sûre!*

Et effectivement le week end d'après, il nous a fallu les poser en urgence. Toutes les populations étaient au plus fort de leur capacité et le rucher ressemblait à une seule et même ruche. Au jardin, on entendait distinctement les abeilles aller et venir à grande vitesse! Elles nous passaient au dessus de la tête en vrombissant. Il ne faut pas être sur leur chemin dans ces cas là! Pas le temps de s'arrêter ! Têtes baissées, leur chargement bien arrimé sous leurs pattes, le temps semble leur être compté alors elles ne se laissent pas distraire! Heureusement, Jean Michel a planté une haie devant les ruches pour les obliger à prendre de la hauteur au décollage. Ainsi, elles sont au plus haut, au dessus de nos têtes quand elles se trouvent au niveau du jardin.

Cette année, toutes les ruches ont au moins 1 hausse. Et trois sur les 8 en ont déjà 2 l'une sur l'autre! Et nous ne sommes que début mai! Super! Le temps est au beau fixe et semble rester comme ça encore un moment!

Il nous faut attendre encore. Le miel doit être suffisamment operculé dans les cellules. C'est à dire que les abeilles, par évaporation, vont réduire l'humidité dans le miel avant de produire de la cire pour fermer hermétiquement chaque cellule. On appelle cela l'operculation des cellules. Il faut que les 2 tiers au moins de la surface des cadres soit bien operculés pour que le miel puisse mieux se garder. Un miel trop humide a tendance à se déliter, à "mousser". Il reste comestible mais moins présentable. Il est bon pour la cuisine.

_ *Bon, demain, on prépare la miellerie! C'est parti pour la récolte de printemps! Les cadres sont parfaits! Regardes ça! Demain soir on pose les chasses abeilles!*

_ *Ah oui! C'est beau ça!*

_ *Tu as regardé si nous avions assez de pots? Là! Il va y en avoir du miel!*

_ *J'ai quelques seaux vides, neufs. Si les pots manquent, ça fera l'affaire!*

_ *Oui mais il faudra les passer au défigeur pour le remettre en pots!*

_ *Oui mais ça prendra moins de place aussi!*

_ *Dis donc, cette année on est drôlement en avance! Mi-mai, et déjà la récolte!*

_ *Pas de triomphalisme! L'été n'est pas encore passé! Est ce qu'on a assez de hausses vides pour remettre sur les plus fortes?*

_ *Oui, j'en ai fait pas mal. Elles vont nous avoir préparé de beaux cadres tout neufs!*

Le lendemain, en fin de journée, nous voilà entrain de poser les chasses abeilles. Ce sont des accessoires qui permettent aux abeilles de descendre dans la ruche comme tous les soirs pour maintenir leur essaim bien au chaud mais le lendemain matin, elles ne peuvent plus remonter.

Cela facilite le travail en limitant le nombre d'abeilles dans les hausses. Il faut être assez rapide dans la manipulation aussi bien pour la pause des chasses abeilles que pour la récolte le lendemain car les abeilles ne sont pas dupes! Mais à nous deux, pas de souci. Nous synchronisons nos gestes et ni vu, ni connu... Nous décollons les hausses de la ruche puis Jean Michel doit les soulever pour que je glisse le chasse abeilles entre la ruche et les hausses. Le poid des hausses à ce moment là l'oblige parfois à les enlever une par une avant de pouvoir accéder à la ruche elle même. Ce n'est pas une opération de tout repos, sous la chaleur, avec nos combinaisons. Le lendemain, la manipulation sera plus rapide. Et nous remettrons une hausse vide sur les ruches en pleine production pour qu'elles puissent continuer leur travail sans interruption.

_ *Super! Maintenant, je vais préparer la miellerie! Et recompter les pots!*

_ *Tu veux un coup de main?*

_ *Non , prépares plutôt les hausses vides pour demain. Et regardes si le camion est bien vide. Que l'on soit prêt.*

_ *Ok!*

Le lendemain matin , la météo n'est pas aussi belle que prévue mais il faut y aller quand même! On va attendre les heures les plus chaudes, quand le maximum des abeilles sont parties au boulot! Vers 12h30 le temps nous parait idéal.

_ *Bon, c'est parti! On se prépare?*

_ *Ok, le camion est prêt. Plus qu'à mettre notre tenue.*

Nous nous dirigeons vers le rucher avec le camion pour le garer au plus prés.

_ *On finit de s'habiller. Tu me mets du scotch sur les trous?*

_ *Ok, viens là..... Tournes toi, il y en a un derrière aussi....*

La confiance règne! Les abeilles sont quelques fois tellement en colère qu'elles arrivent à rentrer dans des trous infinitésimales! Aux files des années, on a compris qu'il fallait être prudent et rusé! Alors on calfeutre... Et aujourd'hui les bottes sont obligatoires.

_ *Comme d' hab, on commence par celle du fond. J'allume l'enfumoir. Tu prépare la hausse vide et les léve cadres. Nous avons les balayettes?*

_ *Oui, les voilà!*

Et comme une équipe médicale dans sa salle d'opération...

_ *Prépares la table, oui, ok, c'est bon. On y va pour la première....*

Ok, ça y est. Opération à coeur ouvert d'une hausse! La première de la saison! L'opération est délicate. On manque d'entrainement encore. La hausse se décolle facilement. Heureusement sur la première il n'y en a qu'une ; ça va nous faire un entrainement pour les prochaines.

_ *Wouahhou! Tout doux mes belles! Elles sont nombreuses encore dans la hausse. Il va falloir jouer de la balayette. Regardes un peu les beaux cadres bien pleins!*

_ *superbe! Emmènes-la sur la table, je remets la vide et ferme la ruche avant qu'elles ne se mettent en colère!*

Et voilà. Première étape faite. Maintenant chaque cadre va être "balayé" précautionneusement mais rapidement afin d'emporter le minimum d'abeilles, puis la hausse sera mise dans le camion qu'il faudra bien refermé avant d'aller en chercher une autre. L'opération ne doit pas durer trop longtemps. Les abeilles vont vite comprendre le petit remue ménage et l'odeur du miel encore bien chaud va vite les attirer!

Nous suons à grosses gouttes dans notre accoutrement. Une séance de sauna gratuite en somme! Mais il faut y aller! Pas le temps de s'essuyer et surtout pas possible! Entre les gants poisseux, et la moustiquaire qui risquerait de se coller à nos visage!

_ *On continue. La prochaine à 2 hausses. Amènes la vide, s'il te plait..... Tiens, emmènes la première, elle n'est pas lourde. Je fais la deuxième et à ton retour tu remets la hausse vide..... Voilà ....*

_ *Ok, elles n'y ont vu que du feu!*

_ *Attention la suivante n'est pas commode! Elle s'énerve pour un rien depuis le début de la saison! Et en plus elle a 2 hausses aussi! Bon, tu es prête?*

_ *Oui , va y ....*

_ *Oh ben dit donc! Il y a encore bien du monde dedans! Tu es sûre que le chasse-abeilles est dans le bon sens?*

_ *Et bien on va voir ça!*

_ *Ok, quand faut y aller, faut y aller....*

_ ....

_ *Les cadres se touchent presque tellement il y a de miel. Tout doux les cheries...*

_ *Je commence à les épousseter pendant que tu vas chercher la suivante.*

_ *Ok. Je t'ouvrirais le camion à mon retour.*

_ *Elles commencent à tourner dur autour de nous!*

_ *Oui, mais pour l'instant, elles ne sont pas trop énervées. ça va!*

Et la danse continue comme ça jusqu'à la dernière. Nous avons un beau paquet d'abeilles autour de nous. Et la pression commence à monter... J'entends le son de leur battement d'ailes qui augmente de minute en minute. Il ne faut pas trainer. Sans s'énerver non plus. Elles le sentiraient. Les abeilles ont le mérite de nous obliger à nous concentrer dans ces moments là. Si on ne panique pas alors tout va bien. Il faut continuer en douceur, c'est tout.

Arrivé à la dernière, mouvement de panique, elles sont en colère.... Dès l'ouverture, elles montrent des signes d'énervement. Certaines vrombissent fortement en sortant de la ruche, d'autres se rassemblent dans la hausse! Là , il faut speeder!

_ *Ok , celle-là! On la fait à l'arrache! Pas le temps de prendre des gants! Tu remets la hausse vide!*

_ *Attends! Il reste des abeilles sur le dessus!*

_ *Tant pis! J'ai pas envie de me faire attaquer! Aller, files avec la hausse!*

Heureusement qu'il y en a qu'une. N'ouvres pas le camion tant qu'on aura pas fini le reste! Elles sont VRAIMENT en colère ce coup ci!

De mon côté, j'arrive à me débattre avec la hausse bien pleine. Je retire une bonne partie des abeilles rapidement sans état d'âme pour celles qui résistent! Jean Michel me rejoint avec un nuage d'abeilles autour de lui...

_ *Je vais faire un tour dans les branches pour les "perdre"!*

_ *Ok, t'inquiétes pas! Je vais rentrer la hausse dans le camion! ça va aller!*

_ *Ok et après on fonce avec le camio*n!

Il revient avec encore deux ou trois abeilles qui cherchent une faille dans son équipement.

_ *Attends, approches, je vais te les retirer... Là, allez les filles, soit vous étes sympa et vous repartez chez vous, soit ça va barder pour votre matricule!!*

Ok, ça va. On peut y aller...

Ouf, récolte faite! On nage dans nos tenues, nous sommes trempés jusqu'aux os, mais tout est OK. Nous montons dans le camion et le ramenons auprès de la miellerie, bien au soleil, pour que la température monte un peu. Le miel doit rester bien au chaud le plus longtemps possible avant l'extraction. Car le miel de printemps fige très vite et est plus dure à sortir des cellules après.

L'opération la plus délicate est faite. Nous rentrons nous débarrasser de notre scaphandre et épancher une soif évidente! Une petite collation et il sera temps de faire l'extraction.

Pour cette opération la, c'est moi qui officie. Le camion est ouvert avec prudence car il y a encore quelques retardataires. Il ne faut pas rester devant les portes au moment de leur ouverture! Puis les hausses sont rentrées rapidement dans la miellerie. La température n'étant pas encore très élevée à cette période, il nous a fallu mettre un chauffage d'appoint pour avoir un minimum de 22 degrés ...

Heureusement que nous n'avons plus nos combinaisons! Il nous a même fallu nous changer! Nous étions trempés jusqu'aux sous-vêtements!

_ *Tu commence l'extraction toute seule?*

_ *Oui, oui. Fais ce que tu dois faire. Je peux me débrouiller.*

_ *Ok, je vais aller récuperer le matériel qu'on a laissé sur place et voir si tout va bien!*

Et me voilà entrain de désoperculer les cadres. Quelle bonheur de voir ce miel coulant, encore tiède. Il y a une odeur particulière très forte. Je ne peux m'empêcher de tremper mon doigt régulièrement dans ce nectar et de le lécher avec délice. Allez, encore un peu. C'est de l'or ce truc... Les cadres s'enchainent. Le robinet de l'extracteur laisse régulièrement couler un liquide chargé de particules de cire, de débris divers qu'il va falloir faire passer dans la première passoire, puis dans la seconde pour enfin se retrouver dans le maturateur. Et le maturateur se rempli doucement. Vais- je avoir assez de place? Il n'est pas très grand mon maturateur. On a encore jamais fait une récolte aussi importante! Il va falloir investir dans un plus grand bientôt!

Et bien non, ça ne tiendra pas, alors je vais devoir le mettre dans les seaux, comme je le prévoyais. Pas de problème. Que des solutions.

Le miel va rester jusqu'à demain, tranquille, il va maturer et les impuretés, les bulles vont remonter. Je le mettrais dans des pots dans la journée de demain. Pas plus tard, car dans 2 jours il sera figé! Le miel de printemps demande une attention constante tant qu'il n'est pas en pot!!

_ *Alors, tu en es ou?*

_ *J'ai pratiquement finis!*

_ *Tu en as combien de kilos?*

_ *Le maturateur plein fait environ 70 kilos et 3 seaux 10 kilos chacun!*

_ *wouahh! Et bien! C'est une belle récolte ça! Je ressors les hausses pour les mettre a "lècher".*

_*Ok, mets les plus loin, derrière le poulaillier! Que je puisse aller voir les cocottes demain sans problème!*

Une fois le miel extrait des cadres, nous empilons les hausses les une sur les autres dehors, pas auprés du rucher car cela pourrait les énerver! Elles vont sentir l'odeur du miel de loin et venir rechercher ce qui reste dans les cellules afin de le ramener dans leur ruche. Autant dire que rien ne se perd! Et ça nourri aussi les autres insectes du coin en même temps! Cela s'appelle de "lêchage" des cadres. Très rapidement, la pile de hausse va se retrouver dans une nuée d'abeilles qui va venir piller ce garde manger improvisé.

Cette année-là sera exceptionnelle, et ce miel se gardera quelques années car il est vraiment bien operculé. Cinq ans plus tard, je m'en sers encore pour la cuisine. Heureusement car depuis, nous n'avons pas fait d'aussi belle récolte!

Selon les saisons, il arrive que nous faisions un peu de miel d'accacia. Mais nous n'avons pas beaucoup de cette espèce autour de chez nous et beaucoup de forêt alors le plus souvent le miel n'est pas pur et ne peut donc être nommé "accacia". Le mélange fige au bout de quelques jours voir quelques semaines. Alors nous laissons les abeilles faire leur travail et le miel d'accacia se trouve mélé au miel d'été. Je n'ai pas d'attirance particulière pour ce miel trop liquide à mon goût et pas assez prononçé en saveur.

De plus cette récolte demande une rapidité d'action encore plus forte car la floraison des accacias ne dure pas très longtemps, et le miel doit être retiré rapidement pour ne pas être mélangé. Les abeilles ne se préoccupent pas de ce genre de détail et, sans relâche, elles remplissent leurs cellules sans se poser de questions. En général, la production d'accacia se fait sur 15 jours, juste aprés le miel de printemps. Depuis quelques années, la météo étant très capricieuse, il devient vraiment problématique de trouver un bon créneau! Alors, autant laisser faire la nature.

AU JARDIN POTAGER ET AU VERGER

La préparation des sols

Et voilà, quand on parle de lui alors il se réveille aussi! Là, c'est Jean Michel qui officit ! C'est son royaume, son antre. Attention à qui s'en occupe ! On ne fait pas ce qu'on veut, quand on veut ! Qu'on se le dise! Si dans le rucher c'est les abeilles qui choisissent, dans le jardin, c'est Jean Michel !

Notre terre est lourde en hiver et peine à se rechauffer au printemps. Il faut la manipuler dès qu'elle est prête ! Pas avant, ni aprés ! Trop sêche, elle craque, trop humide, elle colle. Il faut apprendre à connaitre sa terre avant de la travailler. Elle demande du respect, de l'attention. Elle aussi a son rythme de vie, ses qualités et ses défauts qu'il va falloir connaitre. Il est possible de l'améliorer avec quelques astuces. Selon ce que l'on veut y faire pousser, nous allons devoir adapter notre travail, nos méthodes culturales.

Le soleil commence à se montrer plus généreusement et les jours rallongent. Le sol se réchauffe doucement et bientôt l'herbe reverdit, les petits insectes du sol commencent leur travail microscopique de jardinier. Ils creusent le sol, le perforant pour l'aérer, lui permettre de se réchauffer plus vite et de faire circuler l'eau. De part leurs déjections, les insectes y apportent leur contribution alimentaire aux végétaux alentours. Encore une fois, chacun à sa place, son rôle à un endroit précis.

Pour recréer un sol de culture, une méthode simple et efficace : la lasagne végétale. Un peu d'huile de coude est nécessaire mais pour l'avoir essayé chez nous, cela marche magnifiquement bien. Nous avions une partie difficilement cultivable avec une terre très lourde, très humide l'hiver, très collante. Jean Michel a fait une lasagne sur 2 ans et maintenant certaines cultures peuvent y pousser sans problème.

Pour faire une lasagne végétale, il va falloir commencer par étaler une bonne couche de carton épais (en retirant les étiquettes pleines d'encres ou de scotch plein de colle synthétique), pour éviter que l'herbe ne traverse la lasagne le temps de la décomposition du tout. Sur cette première couche, déposer un lit de branchages moyens mélés avec des feuilles et du gazon puis, si vous pouvez en avoir du fumier (cheval, vache, ou autres), ensuite de la paille mélée à du compostage et pour finir de la terre naturelle ou simplement une couche de feuilles mélées à de la tonte de gazon par exemple. Le principe étant de superposer des couches d'éléments végétaux en mettant au fond ceux qui mettront le plus longtemps à se décomposer. La première année, une jachére ou un engrais vert peut facilement y prendre place pour que le terrain ne reste pas nu et que la vie du sol puisse commencer son travail. La deuxième année, il faudra sûrement rajouter encore de la paille, du fumier un peu plus décomposé, des tontes de gazon, des feuilles diverses pour augmenter la quantité d'humus. Avec les premières cultures et les paillages qui vont se succéder, le renouvellement de la matière organique suffira à parfaire le sol et à maintenir les éléments nutritifs essentiels à la conservation d'un bon sol de culture.

La permaculture

Jean Michel a décidé depuis peu de travailler son jardin en permaculture sur certaines zones. Progressivement, les méthodes culturales vont devoir changer. Le travail du sol va se faire plus rare : on ne retourne plus la terre pour laisser les insectes faire le travail par eux-même toute l'année. Le paillage du sol permet une réduction drastique de l'arrosage et des engrais et limite la pousse de l'herbe. Evidemment, aucun traitement chimique ne sera effectué. Seul des purins, solutions avec des huiles essentielles, savon noir ou associations de plusieurs plantes seront utilisées afin de maintenir l'état sanitaire du jardin au mieux.

Les excréments des poules, pigeons, furêts, lapins, mélangés à la paille est un excellent apport pour le jardin. Soit en paillage durant la culture, soit en engrais à étaler dans l'hiver pour que celui ci soit assimilé par les insectes, puis réduit en particules organiques qui vont nourrir et assouplir le sol.

Certaines feuilles présentent également de l'intérêt pour soutenir les sols ainsi que la tonte de gazon qui doit être utilisé avec parcimonie.

Plantons le décor pour cette année : Les graines dont Jean Michel a besoin ont été commandées cet hiver, en début d'année en général. Maintenant, il produit une grande partie de ses graines lui-même mais certaines seront tout de même achetées dans le commerce. Les produire soi- même permet de garder des variétés plus résistantes, qui ont fait leurs preuves, de retrouver des gouts plus authentiques, plus savoureux. Les jardiniers ont milles et une combines pour sauvegarder des méthodes ancestrales de culture ! Nous verrons cela au cours de la saison....

Dans sa tête, au début du printemps, le plan du jardin prend forme. Il faut penser à la disposition finale de chaque culture pour utiliser le terrain au mieux et créer une association positive avec tous les légumes; car, attention ! On ne fait pas n'importe quoi! Après chaque culture, il faut respecter des conditions particulières selon si ça a été une culture de pomme de terre ou de haricot vert ! La terre doit pouvoir se reposer entre certaines d'entres elles ou être suivi par une autre culture qui va l'enrichir ! Et la rotation demande du doigté ! Mesdames les salades, messieurs les choux, mesdemoiselles les fraises ont des besoins différents, à des périodes différentes !

Bon, le plan prend forme dans sa tête et se met en place. Je reconnais le début d'activité au jardin par les premiers achats qui pointent le bout de leur nez pour préparer la saison : le plants de pomme de terre, d'ail, d'oignon, d'échalotte. S'il en reste en cave, nous ferons du plant avec les dernières pommes de terre, les derniers cailleux d'ail ou d'échalotte; il va falloir aussi 1 ou 2 sacs de bon terreau pour faire les premiers semis dans les meilleurs condition ; 2 ou 3 sacs de cornes, d'engrais naturel tel que fumier déshydraté et algues écrasées. C'est un engrais très concentré en azote, phosphore pour aider le début des cultures. Et il va nous falloir aussi quelques granulés contre les limaces! Désolé mes belles, mais vous êtes parfois trop nombreuses! Nous utilisons le moins possible ce genre de produit mais par moment il faut choisir! Et manger des limaces n'est pas encore au programme! Les poules sont efficaces certes, mais il en reste... Et elles n’ont pas l’autorisation de venir gratter dans les planches de salades !

Pour les pommes de terre de printemps, il faut du plant "germé"; c'est à dire du plant qui a commencé à pousser. Il sera mit en terre dès que les dernières fortes gelées seront passées et sera encore protégé par un tunnel pour les faire se développer plus vite! On pourra en manger dès la mi-mai, si tout va bien! En général, nous mangeons la première poélée à la fête des mères! C'est une tradition chez nous.

Et la première vraie activité commence par une préparation minutieuse du sol. Avant Jean Michel mettait un point d'honneur à bêcher tout son jardin à la main. Il était fier de voir son terrain aussi nu qu'un vers avec un bêchage régulier sur toute sa surface. Aujourd'hui, sa méthode a évolué et il s'est rendu compte que pour la vie du sol, il était inutile de retourner toujours la terre. La permaculture est justement moins dynamique pour le jardinier car elle demande juste à laisser faire la nature... Et quand on avance en âge c'est pas mal non plus !

Dans les serres un paillage permanent a été déposé depuis l'année dernière avec paille, gazon, fumier. Il a permis de protéger le sol tout l'hiver et les insectes ont fait un gros travail de transformation en dessous ! Il suffira de rajouter de la paille et du gazon en debut de saison et le cycle repartira ! Le bémol est que cet abri sert également de refuge à nos amis les rongeurs... Et la lutte commence entre nos chats et eux... Parfois un piègage est nécessaire pour stabiliser la pression. Désolé ! mais il faut que tout le monde mange ! Et le jardinier défend ses petits légumes !

Les premières plantations

Un matin, en me levant, je découvre des paquets de graines sur la table de la salle à manger ! Ça y est, c'est parti ! Maintenant, on ne rigole plus. C'est le jardin, entre autre, qui va rythmer notre quotidien....
Les tomates sont sorties de leurs boites. Ces petites graines qui, il y a encore quelques mois, étaient dans le jardin, au coeur des alvéoles de belles tomates rouges, jaunes, vertes, oranges, noir ou blanches vont retourner en terre pour renaître à la vie !

Et, en attendant que le temps leur soit favorable, elles vont squatter ma salle à manger ! Ben voyons ! Dans chaque pot, une étiquette. Dans chaque pot quelques graines. Et il faut bien une bonne douzaine de variétés différentes au moins ! La diversité est aussi un régal pour la vue au jardin ! Et si une variété ne marche pas trop, une autre prend la relève ! L'idéale étant que toute marche bien sur ! Puis il y aura toutes les cucurbitacées ! Quel nom me direz vous ! Ce sont les citrouilles, potirons, jack bee little, pommes d'or, butternuts, concombres, melons et autres ! La famille est très nombreuses ! Et chez nous, on aime bien essayer de nouvelles variétés ou d'anciennes ressorties des placards. Sinon, le jardinage, ce serait moins marrant !

Par une belle journée ensoleillée, quelques outils partent s'étaler au jardin. Car des outils, il en faut dans un jardin ! Chez nous en tout cas, il y en a ! Je n'arrive pas à leur demander de rester à leur place ! C'est drôle, à chaque fois que j'en cherche un, il disparait ! Il change de rang, il se cache! On dirait qu'ils le font exprés ! Le cordeau, la binette, le rateau, la fourche, le plantoir, l'arrosoir, la pelle, la bêche, la raclette, la sarclette, ils sont tous à mettre dans le même bateau !
Bon, les premiers semis sont sacrés et doivent être réalisés avec prudence selon la météo. C'est quitte ou double parfois. On tente le coup !

Jean Michel est pressé, l'hiver a été long et il a hâte de retourner à ses activités favorites! Quand la météo lui joue des tours il enrage, trépigne. Sa terre l'appelle... C'est dans ses tripes... Il n'y peut rien... Il est comme ça... Et moi je le suis car j'aime ça aussi... Et puis ça m'ancre sur terre! J'ai besoin de ce contact avec cette matière : la terre... C'est elle qui me nourrit... qui me fait vivre...

Le printemps est important car il est le début de l'activité de l'année au jardin, le plan de culture va être décidé pour apporter un maximum de rendement pour nous nourrir toute l'année qui vient. Le défi est de faire alterner les plantations, les semis jusqu'à obtenir une optimalité parfaite. Optimiser l'espace dans l'espace temps...
Quand les gelées ne craindront plus, les plantations vont se succéder rapidement : tomates, poivrons, courgettes, aubergines, haricots vert, salades, carottes, navets, choux divers, radis, celeri... La liste est longue... Les jours aussi, alors les journées sont bien remplies ! C'est sans compter sur nos amis les animaux divers et variés qui peuplent le jardin, la forêt à proximité ! Jean Michel a bien du combat avec tout ça ! Il faut partager avec tout le monde ! Okay mais quand même ! Il nous a fallu mettre une clôture électrifiée autour du jardin et malgré cela les incursions de certains animaux nous laissent perplexes parfois !

_ *Dit donc Isa! Tu as été au jardin hier et tu as oublié de fermer la porte ! Les chevreuils sont entrés ! Et ils se sont régalés !!!*

_ *Ah mince! Ils ont mangé quoi ?*

_ *Toutes les salades! Et les feuilles des haricots vert !*

_ *Ouille! Désolée !!*

Et ça peut donner ça aussi
_ *Ah! Les poules arrivent à passer dans la clôture et grattent toutes les planches de semi !*

_ *Bah! Elles te mangent les limaces qui viennent manger les plants !*

_ *Ah oui mais les plants ne résistent pas non plus !*

_ *Ok, je vais y aller de temps en temps avec les chiens pour les faire sortir ! Et les laisser enfermer 2 ou 3 jours dans la volière pour qu'elles perdent l'habitude !*

Ou aussi ça :

_ *Les merles arrivent à rentrer dans la serre à tomates et piquent toutes les tomates !*

_ *Qu'est ce qu'on peut faire ? Si on laisse la porte fermée la température sera trop forte !*

_ *Et bien je vais installer un petit grillage sur la porte ! propose Jean Michel*

Et ça aussi :

_ *Mes fraises sont mangées au fur et à mesure par les oiseaux !*

_ *Mets un filet sur des arceaux !*

_ *Ah non, les oiseaux se prennent dedans ! C'est pas mieux !*

_ *Bon, alors essaie un voile de forçage !*

_ *Bonne idée ! En plus cela les protége des grosses pluies qui les abiment et du gros soleil qui les fait mûrir trop vite !*

Ah, quand je vous dis que ça occupe un jardin ! Une histoire sans parole chaque année ! Une découverte de l'adaptabilité de la nature ! Une bataille sans merci pour la survie !

Afin de limiter la perte d'évaporation, et les aider dans leur développement, le paillage est important surtout sur certains légumes telles que les tomates. Elles sont gourmandes et, tuteurées, le sol à leur pied se trouve nu et l'évaporation est forte. Leur éviter les stress hydriques (périodes d'humidité et de sécheresse importante) permet d'éviter les maladies, et une meilleure résistance dans la saison. Le paillage va se décomposer au fil des semaines et apportera des éléments nutritifs nécessaires.

Pour les cucurbitacées qui vont poussées durant l'été et finir par recouvrir le sol, le paillage permet de garder la souplesse du terrain et les branches des cucurbitacées vont pouvoir se déployer en developant des racines réguliérement pour nourrir les fleurs puis les fruits qui vont apparaitre au fil de la saison. La plante va "marcotter" au fur et à mesure de son developpement. La décomposition du paillage sera absorbée par les plants également au fur et à mesure de leur besoin. Les fruits peuvent se forment très tard en saison car les marcottages permettent une régénération du pied principal planté en début de saison.

Les tailles sur les tomates sont suivies pour limiter la végétation et permettre des fruits plus gros, plus réguliers. Attention à ne pas blesser les tiges car les ennemis rodent : les maladies cryptogamiques, les limaces ! Un petit traitement ou deux peuvent s'avérer necessaire! Avec du bicarbonate de soude par exemple, il est possible d'endiguer une attaque qui pointe le bout de son nez ! Il faudra éventuellement l'appliquer plusieurs fois de suite, à quelques jours d'intervalle !

Jean Michel a décidé maintenant de mettre ses tomates sous serre. Les pluies étant devenues acides avec la pollution, les saisons de plus en plus incertaines, nous n'arrivions plus à avoir des tomates digne de ce nom. Alors, en serre fermée, ou juste en tunnel ouvert des 2 bouts, la culture est plus facile et moins aléatoire. Nous mangeons des tomates du mois de Juillet jusqu'aux gelées sans problème. Nous avons 3 serres. Une petite qui abritent les premiers plants, bien fermée, elle bénéficie des premiers soleils, un grand tunnel que l'on peut fermer des 2 bouts pour l'hiver et le printemps et qui permet une culture protégée des aléas climatiques telles que les fortes pluies, les forts vents, et les attaques des chevreuils, liévres, poules et autres animaux friands de bon légume bio ! Et un tunnel ouvert des 2 bouts, déplacable chaque année, réservé aux tomates. Il a été spécialement concu par Jean Michel et notre fils pour être démonté et remonté facilement avec des arceaux modulables.

Cette année, Jean Michel accepte de laisser quelqu'un d'autre que lui planter les tomates, les concombres, les melons dans la grande serre.... Une amie, qui voudrait se lancer dans le jardinage, vient nous aider pour voir comment cela se passe. C'est à marquer d'une pierre blanche ! Il nous fait confiance. Avec moultes conseils, nous enchainons le travail. Jean Michel a préparé le terrain. Nous allons chercher les plants dans la petite serre.

_ *Attention! Ne mélangez pas les variétés ! Il y a des étiquettes !*

_ *Bon, ditsnous combien tu en veux de chaque.*

_ *Et bien il faut répartir sur les différents rang ! Posez un cordeau pour planter droit ! Et disposez vos pots avec un intervalle régulier.*

_ *Ok chef !*

_ *Un peu moins de "chef" et un peu plus de boulot !*

Nous voilà pouffant de rire, cordeau à la main, plantoir dans l'autre. Il fait déjà chaud dans la serre, pourtant elle est ouverte ! Nous repérons les différentes variétés et décidons lesquelles seront plantées. Distribuées à intervalle régulier, elles seront débarrassées du carcan qui leur servait de pot. Leurs racines commencaient à y être à l'étroit. Le plantoir nous sert à creuser un trou assez large et profond. Il ne faut pas hésiter à creuser un peu pour enterrer la tige de la tomate car elle va faire des racines supplémentaires au-dessus du collet qui vont lui permettre d'avoir un système racinaire fort et efficace pour toute la saison. C'est le principe d'un marcottage : enterrer une partie de la tige pour que s'y forment des racines. Certains végétaux ont cette particularité la.

_ *Pensez à bien les arroser après! Et bien au pied de chaque plant pour les "sceller" à la terre ! C'est important pour la reprise ! Sans mouiller le feuillage si possible car avec cette chaleur, c'est un risque de brûlure pour elle ! Videz le tuyau de son eau trop chaude avant de commencer ! Et passez le bien entre les rangs pour ne pas les écraser en le tirant !*

_ *Oui chef ! A vos ordres, chef !* Répondons nous en coeur en rigolant .

_ *Oh les filles ! Un peu de sérieux ! Bon, on boit un coup maintenant ?*

_ *Ah oui ! Bonne idée ! C'est cayenne là dedans !*

_ *ouaih ! Elles vont être super bien les petites tomates !*

Un temps de pause pour nous désaltérer, nous permet de faire le point sur les travaux suivant. Un monologue commence....

_ *Dit donc, on a bien avancé ! A trois ça va plus vite quand même !*

_ ......

_ *On plante quoi aprés ?*

_ ....

_ *Tu me laisses faire des semis ?*

_ .....

_ *Tu prépares quoi comme terrain après ?*

_ .....

Ok, j'ai compris. Je suis toujours trop bavarde ! Jean Michel aime profiter de son jardin "silencieusement". Et nous les pipelettes, on lui casse les oreilles ! Profitons de ce moment privilégié avec ce soleil superbe qui nous réchauffe doucement (dans la serre, il est plus mordant !) et le son des abeilles qui passent au-dessus de nos têtes pour aller chercher leur nourriture dans les derniers colzas en fleurs plus loin...

Quand je tonds autour du jardin potager, les coupes de gazon sont étalées immédiatement aux pieds des fruitiers ou en complément du paillage dans les serres et sur le terrain nu. La couche ne doit pas être trop épaisse car le gazon a tendance à asphyxier le sol si on en met trop.

Dans le coffre recouvert des châssis en verre, les salades cotoient les radis depuis mars ! C'est du bonheur qu'une petite laitue toute tendre, que les limaces ont bien voulue nous laisser ! Ou quelques radis que madame la taupe n'a pas retourné ! Même les poules s'y mettent, alors il faut bien penser à fermer les châssis! Et le jardin !
Le beau plant de tomate bien fier, qui a levé au chaud auprès du poêle, dans ma salle à manger, a été repiqué en châssis, en pleine terre ou en godets, pour qu'il prenne de la forçe tout en étant encore protégé des dernières gelées. En rang pas trop serré, il va pouvoir faire des belles racines bien fortes pour supporter sa transplantation, dans la cour des grands.

Les plants de cucurbitacées poussent très vite. Il ne faut pas qu'ils "filent"(qu'ils ne grandissent pas trop vite avec une tige fine et fragile) alors eux aussi vont avoir droit à un stage sous châssis ou en serre avant le grand saut !

A ce moment de la mise en route du jardin, la météo est scrutée chaque jour. Rien n'est laissé au hasard. Tout se joue maintenant. Ce sont des mois décisifs pour le restant de la saison.

Une année, des fortes chutes de pluie et une inondation partielle ont ravagées le jardin en Juin. Vous imaginez ? Il y avait déjà pas mal de chose de faites, de prêtes, d'engagées ! Il a fallut refaire des semis, décompacter la terre, essayer de sauver ce qui pouvait l'être ! Les pommes de terre n'ont pas été parfaites cette année là ! Les carottes ont mis du temps à récuperer pour être aussi grosses que d'habitude ! Et les cucurbitacées, elles, n'ont rien fait du tout. La récolte a été décevante... Et oui, la nature a choisit ! Tout le restant de la saison, il a fallu se battre pour essayer de relever le désastre. Et en fin de compte, ça c'est passé pas trop mal. Il faut du courage pour continuer ! De la détermination ! Ou de l'entêtement ! Une bonne dose de folie parfois !

Notre terre étant lourde et souvent inondée, Jean Michel a remonté le niveau à grand renfort de camions de terre, de fumier, de sable, de matière organique. Le travail incessant de ce passionné acharné a payé ! La terre est redevenue fertile même s'il faut en prendre encore bien soin ! Et comme toute peine mérite salaire, la nature le grattifi de belle récolte une fois le travail accompli !

Présentation du verger

Dans le verger, la floraison a été abondante. Les pommiers, poiriers, cerisiers, pruniers, de toutes variétés, ont revêtus leurs plus beaux atours. Les abeilles s'en sont données à coeur joie ! Et les pluies de fin du printemps ont laissées des pétales blanches, roses, rouges sur le sol un peu partout. Nous avons une bonne soixantaine d'arbres fruitiers en tout. Etendus sur l'ensemble de la propriété, ils ont tous leur place. Du chataignier qui donnera ses fruits en fin d'année au cerisier que les oiseaux dépouillent bien avant nous, la palette est entière. Les kiwis commencent enfin à donner quelques fruits au bout de 10 ans de plantation. Le terrain n'est pas idéal pour eux. Ils s'accrochent quand même et s'adaptent tant bien que mal. Les pommiers à cidre ont pris leur place et bientôt il va falloir penser à sortir le pressoir ! Les néfliers greffés poussent un peu en biais à cause des vents et surtout du poid de leurs fruits certaines années!

Dès le début du printemps, il faut être vigilant car la situation proche de la forêt nous améne son lot de risques potentiels. Pour nos fruitiers ça peut être une invasion d'insectes et, surtout à cette période, des chenilles qui deviendront papillons !!! Une année, les premières feuilles et bourgeons ont été ravagés par des milliers de chenilles. Les chênes de la forêt étaient eux aussi complétement dénudés. On se serait cru à l'automne ! Certaines variétés, plus tardives, ont été moins touchées mais cette année là, aucun fruit, très peu de fleurs...

Jean Michel a construit quelques nids en bois et les a accrochés auprès des arbres fruitiers pour attirer les oiseaux. Ce sont des aides précieuses dans le grand cycle de la vie au jardin. Même si on peste contre ceux qui mangent les fraises ou les jeunes feuilles de betterave (les pigeons en raffolent au printemps), les tomates ou les framboises et les groseilles !

Pour limiter certaines invasions, Jean Michel a travaillé sur un traitement insecticide et fongicide avec des huile essentielles. Une bonne surveillance est nécessaire car, comme pour les abeilles, cela peut se jouer à quelques jours si l'on n'y prends pas garde. Une observation minutieuse apportera la réponse au bon moment. Pour son mélange, il va incorporer 7 gouttes d'HE de laurier sauce, 3 gouttes de citronnelle et 3 gouttes de clous de girofle. En les diluant avec de l'eau, en pulvérisation fine, toujours le matin ou le soir pour éviter les rayons du soleil. Ce traitement est effectué une fois au printemps quand les arbres ont pris leurs feuilles et une fois en été.

Pour les invasions de pucerons, rien de mieux que le savon noir. A effectuer dés la première infestation et renouveller régulièrement dans la saison. C'est aussi efficace sur les plantes d'appartement, sur les rosiers ! Comme le bicarbonate de soude, il faut toujours en avoir à portée de main dans un jardin.

La taille des arbres fruitiers est importante pour la production. Jean Michel conduit certains poiriers et pommiers en forme de "palmette à la diable", d'autres sont laissés libres ou prennent des formes de gobelets. La taille des fruitiers est un travail particulier qui nécessite de bonnes connaissances car il faut reconnaitre les bourgeons floraux des bourgeons feuillus, savoir enlever le bois nécessaire à une évolution guidée et précise. Le fait de "couder" les branches provoque une montée de séve et fait se développer les bourgeons à fruits. Selon la maturité de l'arbre, il va être nécessaire de limiter leur production certaines années pour ne pas les épuiser, les fragiliser, et avoir de beaux fruits réguliers. Encore une fois, une bonne surveillance apporte les meilleures situations pour effectuer ces travaux au juste moment. Au tout début du printemps, la météo peut faire démarrer les arbres très rapidement et parfois le mois de février nous surprend avec des variétés déjà bien débourrées.

Les noisetiers ne nous ont pas encore régalé de leurs petites noisettes ! Entre les vers qui y élisent domicile au début de leur formation et les écureuils qui se servent avant nous, la récolte est faite ! Je crois que nous avons créé un paradis pour nous et pour les animaux du coin aussi !

Rien ne se perd dans la nature, tout a son utilité et sa raison d'être. Il faut juste être patient et observer. Les anciens mettaient les coquilles d'œufs non cuite dans des petits filets, et, accrochés dans les pêchers, ils évitaient la propagation de la fameuse cloque du pêcher. C'est un champignon qui passe l'hiver dans les écailles des bourgeons et dans les replis des rameaux à l'état de spores. Ils prolifèrent au-dessus de 10 degrés, avec un temps humide, soit dès le début du printemps. Les feuilles atteintes finissent par tomber et la fructification est compromise. Il faut donc intervenir dès les beaux jours...

La coquille d'œuf contient un élément actif encore mal connu que la poule produirait pour protéger sa progéniture pendant sa formation. Sa composition de 97% de carbonate de calcium, de protéine et de minéraux tels que du magnésium, du potassium, et du fer en fait un excellent engrais pour le sol. Broyé grossièrement, il repousse les limaces et les escargots.

Chez nous, tout le monde a sa chance dans la chaine alimentaire ! Il faut juste trouver le « maillon faible » et le bon moment ! C'est un petit jeu du chat et de la souris…

_ *Et les gars! Venez voir par ici ! Il y a des belles salades ! Regardez les rangs d'haricots vert ! C'est pas beau ça? Goutez voir ça ! Un vrai restaurant 3 étoiles et primé au guide du bio !*

_ *Ouais mais fait gaffe ! Il y des chiens qui ne sont pas sympa par ici ! S'ils te tombent dessus, gares à toi! Leur maître, il est pas mieux ! Il est pas fin ! Fait gaffe, il est chasseur de son état !*

_ *Pfff , même pas peur ! Il est écolo quand même !*

_ *Un écolo qui n'est pas végétarien !*

_ *Juste un petit tour ! Et après je retourne dans mon terrier !*

Messieurs les chevreuils, eux, se permettent même de choisir leur menu. Tant qu'à faire…

_ *Euh, aujourd'hui j'ai une petite faim. Je vais juste grignoter un peu de ces magnifiques pousses d'épinards toutes fraichement poussées. C'est de la rosée !*

_ *Moi je préfère les plants de choux ! Regardes ! Il y en a de plusieurs couleur !*

_ *Attention à la clôture électrique quand vous repartirez ! Elle pique un peu ! Il a du la recharger, il n'y a pas longtemps !! En sautant l'autre jour, j'ai décroché les fils avec mes pattes de derrière! ça m'a piqué !!*

_ *Regardes, même pas besoin de sauter les fils ! Cette année il a essayé de planter dans le carré à l'extérieur du jardin !*

_ *bah ! C'est des pommes de terre ! C'est pas bon ! Imbéciles !*

_ *Wouaihh ! Mais à côté , il y a des choux !!!!*

Effectivement, cette année-là , nous avions un beau carré de choux ! Croyez bien que rapidement nous avons mis un grillage autour ! Les choux ont poussé après quelques déboires mais ils sont venus quand même ! Non mais !!

DU COTE DU POULAILLLER

Ce matin j'ai été réveillé par un cocorico plus fort que d'habitude ! Oh ZUT ! J'ai oublié de fermer la porte du poulailler hier soir ! J'espère que tous va bien ! Monsieur coq a déjà bonnes pattes, bon oeil ! L'hiver a été long pour les volailles. Elles qui aiment batifoler dans les grands espaces, les jours courts les obligent à rentrer tôt à leur logis et en plus, pour éviter les rencontres malfaisantes avec les renards ou autres rodeurs du coin, la porte de leur enclos leur est fermée chaque soir! Quand j'oublie de la fermer, elles s'en donnent à coeur joie le lendemain. Mais c'est à leur risque et péril ! La nature a ses règles et monsieur goupil les connait bien ! Gare à ceux qui croisent son chemin quand il a faim ! Pour l'instant, nous n'avons pas eu de forte prédation. La présence humaine régulière, l'odeur de nos chiens et des furets à proximité y est sûrement pour quelque chose...

Des alliés indispensables

Dés le début du printemps, la ponte reprend de plus belle avec leurs activités préférées. Chez nous, le terrain ne manque pas et, à part le jardin ou nous aimerions bien qu'elles fassent moins de dégats, le reste de la propriété leur est ouverte ! Rien n'est interdit pour leurs pattes et leur becs. Elles grattent, picorent, se grattent par terre et chassent les insectes, les serpents, les limaces. Elles sont de bonnes alliées pour le maintien de la propreté du sol si elles ont assez de place pour évoluer. Leurs habitudes sont innées et, une fois adaptées, c'est immuable. Pas besoin de montre pour elles ! Elles vivent avec le soleil et les saisons !

Les poules partagent leur poulailler avec les pigeons. Chacun d'eux ont leurs nichoirs et ils partagent la nourriture. Parfois les pigeons vont pondre et couver là ou les poules pondent, alors, elles acceptent de laisser leur place un temps. Le soir chacun trouve un coin pour passer la nuit à l'abri. Elles sont tout à fait adaptées à nos chiens car elles les voient très souvent et cela pose le problème des promeneurs qui passent dans le chemin bordant le terrain avec leur gentil toutou qui, eux, se retrouvent nez à nez avec des volatiles qui n'ont pas peur. Réguliérement, elles y laissent des plumes.... Monsieur renard n'est pas encore venu rendre visite au poulailler. Pourtant, réguliérement, nous en voyons autour de chez nous. Ils respectent notre espace vital, sûrement... Un accord tacite... Par contre, nous avons réguliérement des familles de rats qui s'installent. Et là, la bataille fait rage.

Je vidais la case à fumier quand, arrivée vers la fin du tas, je vis partir un énorme rat vers le poulailler. Bon, ok, celui là est parti ! Je continue et la prochaine fourchée que je plante dans le tas de fumier rentre très facilement, comme dans du... beurre.... Je ressors ma fourche et vois apparaitre une nichée de petits ratons tout rose ! C'était la maman qui s'était enfui peu de temps avant ! Et plantés dans les dents de ma fourche, 2 ou 3 petits ratons bien roses se secouent ! Wouahhhh ! Ames sensibles s'abstenir car n'écoutant que mon instinct, je mets fin aux jours de ces bébés sans états d'âmes. Car je sais que ce sont eux qui sont capables aussi de s'en prendre à nos bébés pigeons, à manger des oeufs de poule avec des poussins dedans et même à attraper des poussins de quelques jours. Pas de quartier donc ! La nature c'est ça aussi !

Nos pigeons sont habitués à nous également et, tous les matins, ils attendent leur pitance avant d'aller se promener et le soir dès que le jour descend, ils s'agglutinent devant le poulaillier pour rentrer à la nuit. Si je suis en retard pour les nourrir, ils sont mécontents et me le font savoir en venant voler au ras de moi rapidement ! Leurs ailes claquent à mes oreilles pour me faire entendre leur mécontentement.

Au début de l'hiver, il a fallu quelques fois les pousser vers la porte ou attendre que les derniers rentrent avant de pouvoir la fermer le soir venu ! La liberté est bonne et comme les poules d'ailleurs, ils aiment pouvoir faire ce qu'ils veulent ! Mais il ne faut pas trop tenter le diable ! Et l'hiver est long pour tout le monde ! Alors prenez l'habitude de rentrer tous les soirs pour être bien protégé dans votre poulailler mes chéries !

Au printemps, les jours rallongent et progressivement la porte sera ouverte de plus en plus tôt, fermée de plus en plus tard... Au rythme du lever et du coucher du soleil... Puis, je ne prends même plus la peine de la fermer… Il faudrait que je me lève vraiment tôt et que je me couche vraiment tard !! Alors à vous la liberté ! A nous les bons œufs pour cuisiner ! Profitez !

Et quand la ponte des pigeons reprendra, il faudra de temps en temps limiter leur nombre. L'espace n'est pas extensible ! Ça nous fera quelques terrines de salmi de pigeons pour les pigeons agés ou pour les plus tendres quelques pigeons aux petits pois du jardin avec des petites carottes fondantes !

Nettoyage de printemps

Ce matin, je m'en vais nettoyer la volière ! Après une fin d'hiver bien pluvieuse, la place est plutôt sale et le poulailler a besoin d'être nettoyer de fond en comble ! Alors je sors le gros matériel : le tracteur avec la benette sera garé juste devant. La brouette avec la grande raclette sera à disposition dans la volière et la fourche va me servir à sortir toute la litière de paille souillée du poulailler. Je vais même sortir tous les nichoirs afin de les vider et les gratter. Si j'ai le temps, je les passerai au karcher avant de les remettre en place avec de la paille fraiche. Les poules sentent le remu ménage et caquettent à qui mieux mieux! Elles n'aiment pas les changements chez elles! Les pigeons décollent et reviennent pour me signaler leur mécontentement aussi ! Ça dérange les mamans qui sont encore aux nids ! Il va me falloir faire attention car elles sont capables de me mettre des coups d'ailes quand je serais trop près ! Certains nids ne pourront pas être nettoyés ! Tans pis, ce sera pour la prochaine fois ! Il me faut entre 3 ou 4 gros nettoyages par an. Entre eux, le raclage de la volière, le simple rajout de paille ou vider les nids de leur paille souillée suffit. Les trois quart du temps, les volailles sont dehors et ne rentrent que pour dormir ou pondre.

Donc me voilà avec ma fourche entrain de pousser la paille vers la porte. Une poule veut à tout prix rentrer pour pondre sans doute !

_ *Mais tu vas sortir de là toi ! Allez ! Ouste ! Laisses moi finir et tu reviendras plus tard !*

Mais les habitudes ont la vie dure et comme elle pond tous les jours, à une heure bien précise, elle ne comprend pas ce qui se passe ! Et comme je la repousse énergétiquement, son caquetage attire le coq qui decide de venir voir ! Il défend ses dulcinées ! Me voilà avec beaucoup trop de monde dans un petit espace ! Le coq décide de monter dans ma brouette pleine de paille et la poule de passer sur la fourche que je m'apprête à lever pour la mettre dans la brouette !

_ *Oh lala ! Vous allez me laissez travailler !C'est pour vous que je fais ça moi !*

Bon, après une petite bataille de territoire, je peux remettre en place un paillage du sol tout propre ! Mais comme les pondoirs de ces dames ont disparus! Elles tournent en rond maintenant !

_ *Et bien, vous attendrez encore ! Pondez par terre pour une fois !*

Je vois bien que ça ne leur plait pas ! Avec la raclette, je continue le nettoyage dans la volière. Le sable que j'avais étalé il y a quelques semaines a presque disparu et le peu qui reste est mélé avec les fientes. Cela va faire un mélange extra pour le jardin avec la paille ! Ça, c'est de "l'or en barre", comme on dit! Du caviar pour les végétaux qui s'en nourrissent ! Une mine d'or naturelle qui sent un peu fort, il faut bien l'avouer! Nous avons la chance de ne pas avoir des voisins proches pour s'en plaindre...

Bien, je pars à la recherche du tas de sable pour reconstituer le sol de la volière. Les grains de sable sont importants dans les gésiers des volailles pour broyer les grains qu'elles absorbent pour se nourrir.

Les récipients sont lavés et remplis d'eau propre. J'ai tout juste fini que les pigeons se mettent à plonger leurs becs dedans pour se laver les plumes, ils s'ébrouent frénétiquement. Ils adorent ça, l'eau propre. J'ai l'impression qu'ils me remercient en même temps!

_ *Ah ! Il était temps ! Enfin de la bonne eau pour se laver ! Merci ! Merci !*

Ma benette est bien pleine ! Je vais pouvoir aller la vider dans un coin du jardin et l'étaler bien précautioneusement et réguliérement ! Voilà une partie prête pour le jardinier ! Mais attention les fientes de volailles sont fortes en éléments nutrififs. Il va falloir l'étaler un peu avant de cultiver ou laisser le terrain se faire avant. De retour il me reste les pondoirs à nettoyer. Avec la pression ce sera du gâteau ! Elle décolle tout sans problème. Encore un temps de séchage et remise en place !

Voilà un poulailler tout propre pour un début de printemps ! A vous les filles ! Choisissez votre pondoir ! Ne vous battez pas ! Et ne couvez pas trop non plus ! Car une poule qui couve ne pond plus d'oeufs pendant un bon moment ! Et même si avoir des poussins c'est trop mignon, c'est pas vraiment la priorité chez nous! Monsieur coq est très assidu pourtant après ses cocottes et il ne les lache pas d'une semelle ! Alors invariablement, nous avons toujours une poule ou deux qui veulent couver. A forçe de les déranger, elles finissent par aller couver dans l'herbe haute, cachées, tranquilles. Pendant quelques années, nous avons eu une poule naine qui avait prit l'habitude de faire 2 couvées naturelles par an. Quand on s'apercevait de son absence car elle ne rentrait plus le soir dans la volière, puisqu'elle couvait dieu sait ou ! On se disait : "*bon, soit elle a été prise par monsieur renard, soit elle couve quelque part !*" et invariablement, nous la voyions revenir quelques temps plus tard avec des petites boules de plumes autour d'elle ! Elle était très mère poule et même nos chiens ne pouvaient s'en approcher. Elle les chargeait sans peur pour défendre ses poussins ! Et les chiennes faisaient demi tour! Parfois elle couvait des oeufs qui n'étaient pas les siens alors elle avait des poussins plus gros qu'elle! C'était marrant à voir ! Les poussins dépassaient de sous leur mère et elle passait son temps à les remettre en place ! Et puis un jour, nous avons retrouvé des plumes au fond du jardin. Elle avait des poussins à ce moment là. Nous avons pensé qu'elle avait laissé sa vie pour protéger ses bébés. Heureusement ils étaient déjà bien avancés et ils ont survécu sans leur maman. Les autres poules les ont acceptés... Mais ils sont restés très timides et sauvages. Le soir, ils avaient du mal à rentrer au poulailler. Nous ne les avons pas gardés... Nés en liberté, les poulets restent difficilement sociable après. Alors, ça nous fait là aussi quelques poulets à manger pour l'année. Et de temps en temps nous achetons quelques poules pondeuses pour régénérer le sang...

Après le grand nettoyage de printemps justement, il va falloir décider si nous changeons certaines poules. Quand elles arrivent à un âge certain, il vaut mieux les remplacer par des plus jeunes! Pour assurer une ponte régulière sur l'année ! Et puis une bonne poule au pot à la sortie de l'hiver, c'est pas mal non plus! Celles qui seront moins actives dans les semaines qui viennent n'ont qu' à bien se tenir !

Chez les pigeons aussi, il va y avoir du changement. Jean Michel les sélectionne pour leurs couleurs. Il pratique la chasse avec des appelants vivants afin de réguler leur nombre dans les champs aux alentours. De temps en temps, il fait un "tri" dans la volière pour en supprimer certain et garder ceux qu'il considére plus beau. L'occasion de manger du pigeon...

Le pigeon est domestiqué depuis plus de 5000 ans et a servi de transmetteurs de messages avant l'arrivée de notre technologie bien aimée. Aujourd'hui, il est dénigré pour les dégâts qu'il occasionne dans les villes, sur les toits, dans les champs. Il existe des méthodes simples pour maintenir la population : les pigeonniers contraceptifs, les chasses avec des rapaces ou des appelants pour limiter leur nombre sur un territoire. Chez nous, nous limitons leur nombre par la sélection pour la chasse et les rapaces du coin en font autant, ainsi que parfois les rats !

En période de germination ou de récolte dans les champs

environnants, nous les gardons enfermés pour ne pas qu'ils fassent des dégâts ! C'est de bonne guerre.

Sauvetage surprise

Un matin, en allant au poulailler, Jean Michel tombe sur des bébés pigeons à peine emplumés qui sont tombés du nid. Peut être un rat qui les a dérangé encore cette nuit ! Ces petites choses moches et maigrichonnes doivent être sauvées ! Alors il me raméne ces créatures à la maison dans un recipient converti en nid d'appoint. Il faut les remettre au chaud urgemment. Au printemps, la température est essentielle pour eux. Nous avons toujours une lampe qui attend de sauver une âme en détresse, alors j'installe ces nourissons dans un paniers en osier avec la lampe chauffante au dessus, dans la baignoire de notre salle de bain ! Et oui ! Après les plants de tomates dans la salle à manger, la chauve souris en convalescence dans la baignoire, parfois la salle de bain se transforme aussi en nurserie !

Et me voilà à donner la béquée à ces petites choses. L'exercice est plutôt scabreux au début car les pigeonneaux sont un peu désorientés et il va falloir les habituer à leur nouvel environnement! Jean michel invente une seringue de nourrissage avec une cartouche de silicone vide et lavée précautionneusement, un pistolet de bricolage, et un mélange de pain, eau et graines écrasées. Et je dois patiemment nourrir ces ventres affamés plusieurs fois par jours. Au début, c'est un peu par la forçe que je les nourris mais par la suite, ils comprennent et j'ai moins de mal. Dès que je m'approche d'eux, ils piaillent à qui mieux mieux, comprennant qu'ils vont enfin manger. Ils tendent leurs petits cous encore nus et ouvrent un bec timide. Tard le soir et tôt le matin, c'est le dernier et le premier de mes travaux de la journée. Au bout du compte, ces petits bouts de rien deviennent des belles boules de plumes.

Et je dois rentrer une cage à la maison car elles deviennent plutôt curieuses maintenant et avec une chienne de chasse (même habitué à tous ça), il faut quand même être prudent ! Mais notre chienne n'en fait pas plus de cas que ça et les oiseaux peuvent batifoler à pattes de temps en temps dans la salle à manger sans problème ! Je fais moins confiance au chat qui les regarde comme un beefteak dans une poéle.

Bientôt, je vais pouvoir les réintroduire dans leur environnement naturel avec leur congénères. Progressivement, je vais les réadapter dans la volière et leur apprendre à se nourrir tous seul aussi. La becquée, c'est fini !

Il va falloir qu'ils mangent tout seul maintenant. Mais ils ont pris une drôle d'habitude. Il va falloir les affamer un peu pour qu'ils comprennent. Je met leur cage d'abord dehors la journée auprès de la maison pour avoir un oeil dessus puis, toujours, dans leur cage, je les met dans la volière pour que tous le monde puisse faire connaissance et pour qu'ils puissent commencer à reprendre leur instinct de pigeon. J'ai bien été leur maman pour les nourrir mais pour leur apprendre à voler, ça va être plus compliqué ! Ils vont devoir se débrouiller un peu !! Et bientôt, les voilà qui prennent leur envol. Mais ils restent imprégnés par l'homme et, de toute la volière, ils sont les seuls à accepter de venir vers moi, à me rejoindre quelques fois quand je m'occupe des lapins. Ils ne se laissent plus attraper mais ils sont là, pas très loin... Leur imprégnation leur sera fatale quelques temps plus tard car les dangers rodent. Entre les renards, les éperviers, les buses et les chasseurs, il ne faudra pas longtemps pour que ces deux petits pigeons finissent leur vie prématuremment. C'est la loi de la nature aussi ! La vie sauvage ne fait pas de cadeau et il faut y être préparé ! C'est une sorte de selection naturelle pour la faune sauvage. Des animaux trop imprégnés par l'homme perdent leur instinct de survie. Nous les avons sauvé à leur plus jeune âge d'une fin qui semblait inéluctable juste pour retarder ce qui devait leur arriver. Mais nous avons écouté notre coeur dans une situation d'urgence...

Des nouveaux arrivants

Une année, j'avais décidé d'élever des canards et des oies. Ce fut un drôle de travail... Nous avons acheté une dizaine de canetons de barbarie et 5 oisons en avril. Jean Michel m'a préparé un espace protégé dans une sorte de petite cabane faite de pierres, de terre et de chaux en forme de demi sphére qu'il y a sur notre terrain juste à côté de la mare. Un encadrement en bois surélevé faisait office de parc à l'intérieur et la lampe chauffante maintenait la température 24 heures sur 24, au début. Puis progressivement, la durée était diminuée au fur et à mesure que le temps extérieur se réchauffait et que les palmipèdes grandissaient ! Un peu de nouriture spéciale canetons puis j'ai introduit des orties hachées. J'avais lus qu'ils aimaient ça. Effectivement, ils ont adorés. Chaque jour je leur faisais une pâtée. C'était trop mignon de les voir grossir. Bientôt, la petite cabane n'a pas suffit et nous avons fait un enclos devant pour agrandir leur espace. Ils commençaient à être bien curieux mais toujours craintifs. Avec un ou deux individus, il est facile de tisser un lien mais avec un troupeau de la sorte, ils restent craintifs et sur la défensive. J'avais élevé un jard seul quelque dizaines d'années plutôt et là, ça avait été plus fort car il s'était vraiment attaché à moi. La relation était plus forte jusqu'à ce que nous devions le laisser plus souvent à l'extérieur. Il avait bien grandi... J'étais enceinte de mon premier enfant et je ne pouvais plus m'en occuper autant ! Il l'avait bien senti et était devenu agréssif. Même notre chienne avait dû se défendre en le mordant méchamment. Il nous avait fallut l'abattre plus tard. Il a servi de repas de noël cette année là...

Mais élever une bande de volailles de ce type est vraiment marrant. Quand ils ont été adultes, nous les laissions gambader librement dans la journée et je les avais habitué à retrouver leur espace de nuit en les nourrissant au moment de les enfermer ! Ils ont vite compris le piége et certain soir, c'était accrobatique ! Quand ils s'ébrouaient dans la mare, c'était magnifique ! Les oies retrouvaient une agilité qu'elles perdaient sitôt sorti de l'eau ! Les canards aussi ! Et un barbarie, c'est vraiment lourd ! Les chiens ne s'en approchaient pas ! Les oies les tenaient à distance ! On auraient dit qu'elles protégeaient même les canards. Ils étaient toujours en troupeau sauf dans l'eau. Quand certains se baignaient, d'autres se doraient au soleil ! Les oies déplacaient l'eau en plongeant sur de longues distances. C'était superbe de les voir ressortir de l'eau puis replonger et s'ébrouer. Mais le revers de la médaille, c'était que ces gentilles petites choses mangeaient, trépignaient tous ce qui passait entre leurs pattes et leurs becs. Le tour de la mare commencait à ressembler à une cour de ferme ! Et certaines plantes dont elles raffolaient ne devaient pas s'en remettre ! Et puis nous ne pouvions pas garder tous ça ! Il a fallut s'en occuper à la fin de la saison ! Le sport pour les attraper ! Le sport pour les préparer! Finalement, elles ont toutes fini en marmite... Ce fut une expérience mémorable.. C'est là qu'on se rend compte du travail des éleveurs traditionnels... On a une bonne qualité de viande, c'est sûre ! Mais on a vu ce qu'ils ont la capacité de manger ! Cette année là, au jardin, j'avais d'énormes courgettes, concombres. Alors je les coupais avec un économe pour faire des bandes fines et elles les avalaient en un rien de temps. Chaque jour, il me fallait trancher, trancher, trancher, et elles mangeaient, mangeaient, mangeaient... en plus de ce qu'ils trouvaient autour de la mare... Cette année là, les fleurs en ont souffert plus que de la chaleur !

DANS LA CUISINE

Le printemps est synonyme de reprise d'activité au jardin, chez les poules, dans la nature en général, et en cuisine, je dirais que c'est une période de transition.

Les derniers légumes d'hiver ont été mangé depuis longtemps et les conserves diverses ont permises d'attendre les premiers légumes du jardin.

C'est une période plutôt calme sur le plan culinaire pour permettre une activité plus intense dans le jardin, chez les abeilles. Beaucoup de choses à mettre en place pour la saison à venir.

Ménage dans les réserves

J'en profite pour faire un peu de ménage dans la cave ! Les dernières pommes de terre seront dégermées et suffiront à attendre les prochaines ! Les plus molles iront rejoindre le tas de compost ! Je fais un état des conserves qui reste ! Ok ! Cette année il va falloir faire un peu plus de tomates au naturel ! Elles sont bien parties cet hiver ! Je demanderais à Jean Michel de m'en faire quelques unes de plus peut être. Et j'espère que l'on aura quelques fruits car je n'ai plus de fruits aux sirop ! Quand aux confitures, je ne vais pas en faire beaucoup ! Nous n'en consommons plus trop ! Il devient nécessaire de diminuer le sucre dans notre alimentation !

Je suis ébahie pas le nombre de bocaux que ma cave recéle ! Ce n'est pas possible ! Il faut faire quelque chose ! Je nage dans les bocaux vides. Nous ne sommes plus que 2 à la maison.Nos enfants ont grandi et volent de leur propres ailes ! Plus besoin de tant de réserves ! Allez, ouste. Faisons du ménage. Je distribue quelques uns autour de moi mais bientôt je me retrouve avec un stock de verre à évacuer à la décheterie. Comme par magie, je retrouve de la place sur les étagères !

_ *Et bien ! C'était pas du luxe !*
_ *Je confirme ! Regardes ce que j'ai retrouvé sur les étagères ! De la vaisselle dont je ne me suis jamais servie ! Et quelques bouteilles de vinaigre ! J'ai un stock pour plusieurs années !*
_ *ça fait du bien de faire du vide !*
_ *Veux tu garder ces vieilles bonbonnes ?*
_ *pffff ! Non, allez ! Mais gardes quand même quelques grands bocaux*

pour faire la choucroute à l'automne !
_ Ah oui ! C'est vrai ! Et les ruches en paille ?
_ Je vais les emmener à l'association ! C'est pas la peine qu'elles se perdent ici !
_ Bonne idée ! Il faut aussi faire le tri dans les bouteilles de vin ! Tu regardera lesquelles je pourrais mettre dans la cuisine ou au vinaigre cet hiver !
_ Ah oui ! Ne va pas me mettre les bonnes bouteilles !

Dans le congélateur, il reste juste un peu d'épinard ! Vivement les nouveaux ! Ils commencent à repousser au jardin C'est une variété plus robuste que la variété classique. Ils passent l'hiver sans entretien, à part les chevreuils qui viennnent les "brouter" quelques fois puis, au printemps, ils se remettent à faire des belles feuilles vertes succulentes, qui vont finir par faire des fleurs puis des graines au début de l'été, pour se ressemer ensuite. Je vais laisser pousser un mêtre ou deux sur le rang de l'année précédente, et quand la floraison sera fini, les graines vont se former sur la hampe florale. Jean michel la coupera, la fera sêcher à l'ombre et ensachera les graines pour l'année prochaine. Pour cette année, il va donc semer les graines de l'année dernière !

Encore une fois, rien ne se perd chez nous ! Tout se transforme ! Tout a son utilité ! Les petits pois de la saison passée sont finis depuis longtemps ! Les prochains commencent à sortir au jardin ! Super !

Je vois qu'il me reste encore des oignons qui se sont bien gardés alors je vais faire une tournée d'oignons poelés pour faire des tartes ! Les dernières soupes à l'oignon de la saison chasseront les derniers rhumes de l'hiver !

Et dans le jardin les derniers poireaux seront cuisinés en fondue de poireaux, à la vinaigrette aussi ! Et je vais en mettre coupés en tronçons au congélateur pour les premières soupes d'automne en attendant que les poireaux de l'année soit assez gros ! Les dernières salades d'hiver sont entrain de monter à graines ! Elles serviront de nourriture pour les poules et les pigeons. Ils aiment bien avoir des feuilles de salades dans leur nourriture et ça évite qu'ils ne viennent trop au jardin. Je leur amène à domicile auprès de la volière !

Nos poules pondent parfaitement maintenant et, parfois, les quantités d'oeufs sont telles que je dois me mettre à la cuisine pour ne pas les perdre ! Aujourd'hui, je vais faire des pâtes. Ma machine est prête et je voudrais essayer de faire des lasagnes avec un reste de viande.

Me voilà avec mon kilo de farine et 7 beaux oeufs. Le mélange est plutôt long à faire car il ne doit pas être trop sec ni trop mou. La consistance est essentielle pour avoir un bon rendu et pouvoir bien former la pâte. Je mèle le tout avec un tout petit peu d'eau. Je prends une belle boule de pâte qui va passer plusieurs fois entre les rouleaux de la machine avec un pliage entre chaque passage. La pâte se "fait" pendant ce temps. Il existe différents moules pour avoir différentes sortes de pâtes. Je me sers d'un séchoir à fromage pour faire sêcher les pâtes durant quelques jours sur les clayettes à l'abri des mouches. Il faut une température clémente et un air assez sec pour qu'elles sêchent en toute sécurité et rapidement. Ensuite, je les conserve dans des boîtes en fer. Ayant découvert mon intolérance au gluten, j'ai essayé avec d'autres farines, comme la farine de petit épeautre, en mélange avec un peu de farine de riz ou pas. Elles sont peut-être un peu moins goûteuses mais ça marche aussi...

Pour les lasagnes, il suffit de ne pas passer la pâte étirée dans les moules et de la garder en plaques fines pour s'en servir toute fraiche avec une sauce tomate agrémentée d'un reste de viande qui sera haché, et d'une sauce blanche faite juste au moment de monter les lasagnes. C'est un pur délice qui peut même être congelé et servir de plat d'appoint à servir en cas d'urgence.

Ortie mon amie

Dés les beaux jours, j'attends fébrilement la pousse des ortie aussi ! Une mal-aimée qui a bien des choses à nous raconter ! Un régal, un concentré de vitamines, une cure de jouvence ! Et un médicament aussi bien pour nous que pour le jardin ! La nature pense à tout ! Il va falloir une bonne paire de gants et un ciseau !

Je coupe les extrémités des tiges sur quelques centimètres seulement. C'est la partie la plus tendre. Elle va me servir à faire de la soupe aujourd'hui. Je les cuisine comme de l'oseille: revenu dans un petit peu d'huile, je vais rajouter de l'eau puis des pommes de terre coupées en morceau. La cuisson est rapide. Un coup de mixeur et voilà un concentré de vitamines de printemps. Si je veux un velouté ou une soupe plus épaisse, je vais mettre plus ou moins de pomme de terre.

Cuite comme les épinards, on peut les servir comme tel ou en quiche, en cake. Et l'année dernière, j'ai essayé la confiture ! Impressionnant avec ce vert presque surnaturel ! Il faut vraiment prendre que les têtes pour éviter les fibres et il en faut une bonne quantité pour faire quelques pots ! Mais c'est original ! Ça change. Le jardinage, c'est aussi faire des nouvelles expériences. Essayer de nouvelles recettes, de nouveaux mélanges.

Pour le jardin, je vais aussi faire une mixture très importante : le purin d'ortie. Pour se faire, toutes les parties de la plante peuvent être utilisées (feuilles, tiges, racines). Avec de bons gants, les orties sont arrachées puis coupées en fragments pour les mettre dans un grand contenant. Prévoyez un couvercle ! Vous allez comprendre plus tard ! Remplissez le contenant en tassant au fur et à mesure puis apporter le auprès d'une source d'eau. Remplissez jusqu'au bord et recouvrez le contenant. Laissez "infuser" auprès du jardin sans vous en soucier avec le couvercle dessus ! Le purin sera prêt quand vos tomates seront prêtes à être plantées ! C'est un engrais très concentré qui devra être dilué avant d'être appliqué. Pur, il pourra être conservé dans des bidons opaques après filtration. Pour des voisins un peu délicats, le purin peut présenter des mauvaises surprises car il sent trés fort dès qu'on le bouge une fois fermenté alors, prévenez-le avant de commencer à l'appliquer dans votre jardin ! L'odeur s'imprègne bien sur les mains et reste tenace malgré de nombreux lavages, pensez à mettre des gants. Pour favoriser la reprise des tomates aprés la plantation, pour donner un coup de fouet à un plant de choux ou de poireaux. Il ne faut pas arroser en plein soleil. Privilégiez un soir pour que l'odeur s'estompe pendant la nuit.

Chez nous , nous ne manquons pas d'ortie une grande partie de l'année car nous avons une mare et un terrain qui reste humide dans certaines zones, alors, rien ne sert de faire des réserves ! Il suffit de se pencher et de ceuillir !

J'ai essayé aussi les orties déshydratées avec un déshydrateur électrique. A utiliser en complément alimentaire, soupoudré sur des salades, omelettes comme du persil, ou mélé à un yaourt le matin. Cure de vitamines gratuites ! L'idéale étant que la récolte se fasse dans des zones non polluées par des pesticides, bien sur. Petit conseil : gardez des gants pour les laver. Passer chaque tête sous un filet d'eau car les petits poils sur les feuilles retiennent les impuretées.

L'ortie est un magnifique diurétique, Bon pour tous le systéme urinaire. Elle est très riche en vitamines A, B, C et en faisant des recherches sur internet, je m'apercois qu'elle a été remise à l'honneur à partir des années 20 pour ses capacités dans le monde du textile : De la soierie d'ortie faite avec ses fibres légères qui ont la propriété d'emprisonner l'air dans ses cellules, avec donc un pouvoir calorifuge très puissant ! Ou des cordage très résistant.

Pourrait-on imaginer qu'elle reviennent en force dans l'industrie pour palier à la culture du coton ou des fibres textile polluante ? Elle s'adapte dans des terrains difficiles pour d'autres cultures, et ne demande aucun intrant (engrais, traitements...). Cela pourrait être encore une piste utile dans le developpement durable. En attendant, elle est mon amie car elle me nourrie !

Premières récoltes au jardin

Au mois de mai/juin les premières fraises font leur apparition aussi. Et avec un taux de pollinisation record dû à toutes nos petites abeilles qui sont au travail sur tout les akénes des fraises, elles deviennent énormes ! Pas une fleur ne coulent ! Elles donnent toutes un beau fruit rougeoyant ! A nous les confitures, les coulis, les fraises aux sucres, ou dans du fromage blanc ! Ou à manger directement dans le jardin ! Ou simplement coupés et mélés avec du miel. Le miel les enrobe et donne un jus fondant.

Le vinaigre de fraise se fait en laissant des fraises un long moment macérer dans du vinaigre de vin. Remplissez un bocal de fraises lavées et équettées puis recouvrez de vinaigre. Ensuite le vinaigre est filtré, les fraises écrasées et essorées pour récupérer le jus qui est filtré egalement. Le tout est chauffé avec un peu de sucre puis mis en bouteille. Ce vinaigre peu s'affiner quelques années en cave et parfume superbement les vinaigrettes ! ça marche aussi avec des cassis, des framboises !

J'ai toujours un vinaigrier à la maison et de temps en temps je soutire le vinaigre, le mets en bouteille et hop ! A la cave ! J'en ai qui date de 2010 encore. Il s'affine... Et comme ça, quand je veux faire des vinaigres sucrés (fraises, framboises, cassis...), j'ai toujours ma base de vinaigre de vin. La mère (champignon qui transforme le vin en vinaigre) est lavée tous les 1 ou 2 ans, selon l'utilisation et remit avec du vin pur et un petit peu de vinaigre. Je mets aussi bien du vin blanc que du vin rouge, un peu de cidre ou un reste de bulles. Nous ne buvons pas beaucoup de vin et ainsi, plus aucun fond de bouteilles ne se perd !

Les premiers légumes tendres sont à cuisiner avec respect ! Les premières carottes toutes tendres peuvent garder leurs fanes si elles ne dépassent pas 5 à 6 cm de long. Ne coupez que les extrémités et gardez 3 ou 4 centimétres de verdure. La cuisson rapide les gardera croquantes à souhait. Juste un peu caramélisées dans la poéle, c'est un régal aussi bien pour les yeux que pour les papilles.

Les petits pois sont aussi bon crus que cuis ! Ce n'est pas un légume dont je raffole à ceuillir car le travail d'égrenage est ensuite fastidieux mais le plaisir de les manger est tellement fort que tout les ans, je me fais avoir ! Le goût est vraiment différent des boites de conserves et tous les enfants devraient pouvoir y gouter au moins une fois. Ajoutez-y des petits navets bien tendres, des petites carottes et le tableau est parfait dans l'assiette. Les années oû les récoltes sont abondantes, je fais des sachets au congélateur avec petits pois épluchés, carottes tranchées et navets en dés. L'hiver, il ne me reste plus qu'à jeter quelques poignées encore congelées dans une casserole avec un oignon et un verre d'eau et c'est prêt !

Après une petite visite au jardin, cette année, je me retrouve devant des rangs qui viennent juste d'être semés. Un doute m'assaille....

_ *Mais qu'est-ce qu'il a semé là ? Il y en a des rangs ! Non.... Il n'a pas semé tout ça quand même !*

Je croise Jean Michel qui revient au jardin

_ *Eh dis donc , chéri !!! C'est des rangs de quoi tout ça ?*

_ *Et bien carottes nouvelles, navets, petits pois, radis, choux ...*

_ *Mais tu as semé combien de rang de petits pois cette année ?*

_ *Ben euh ! 2 ! Pourquoi ?*

_ *Pffff... Je vais encore passer des heures à les éplucher ! Tu les fera toi même !*

_ ....

Et voilà les petits pois qui arrivent et Isabelle qui les ceuille et qui les .... épluche quand même ! J'aime pas jeter... Mon côté écureil encore....

Mais avec des petites carottes et des petits navets, c'est un régal de printemps. Le clou du spectacle, c'est quand les pommes de terre nouvelle arrivent en même temps. Alors là, on peut devenir végétarien ! C'est trop bon ! Mais l'année dernière, j'ai eu d'abord les petit pois, ensuite les pommes de terre et bien plus tard, car la météo l'avait décidé ainsi, les carottes ! Pour les navets de printemps, il a fallu faire une croix cette année là ! Et oui ! On ne peut pas gagner à tous les coups !

Les bonnes salades de printemps sont excellentes et je me régale à faire des assiettes colorées : salades, petit radis, petites carottes, oeufs durs ou mollets, cake ou quiche à l'ortie et, pour parfaire ce décor, quelques fleurs de bourache !

Comestibilités végétales

La bourache est une plante semi sauvage que l'on peut trouver dans les grandes prairies, autour des champs, sur les bas côté des routes, si peu qu'elle est cultivée aux alentours. Elle est très utilisée en engrais vert également et se ressème toute seule, d'année en année. Nous en avons constamment chez nous car à forçe de faire de l'engrais vert, il y a toutes sortes de plantes de ce type qui repoussent un peu partout. C'est une grande source de nourriture pour les abeilles. Et un régal pour compléter les salades ou grignoter en se promenant. Ses fleurs ont un goût iodé d'huitre. Sa couleur d'un bleu léger nuancé, est une beauté qui relève les assiettes composées de tous les autres légumes du jardin. L'appétit vient en mangeant et la beauté est dans l'assiette !

Quand on est un peu curieux de nature, on se rend vite compte que de nombreux végétaux sauvages sont comestibles. Autrefois, les pissenlits étaient précieux au printemps et les rosettes, tout juste sorties de terre, devenaient une salade trés parfumée. Avec les fleurs, on peut faire de la confiture aussi. Il faudrait que j'essaie un de ces jours ! Quand j'avais des bébés lapins aux printemps, je coupais les pissenlits autour de chez nous pour les donner aux mamans qui allaitaient leurs lapinoux. C'est une plante qui favorise la lactation des femelles.

Une autre plante sert à faire de la "sole végétale". C'est la consoude. Grandes feuilles larges, très épaisses et granuleuses au touché. Son développement est rapide. Il faut choisir des feuilles pas trop larges, pas trop épaisses, d'une dimension un peu plus large que la main. Passez les sous un filet d'eau et laissez les s'égoutter dans une passoire. Pendant ce temps, fouettez quelques oeufs comme pour une omelette et dans une grande assiette, mettez de la chapelure avec un peu de farine.

Les feuilles égouttées, prenez en quelques unes dans vos mains. Le but étant de les assembler les une sur les autres en couches successives, et ensuite de les tremper dans les oeufs fouettés, puis dans la chapelure, recto et verso. Posez le tout dans une poéle chaude avec un bon filet d'huile. Laissez saisir la feuille quelques minutes avant de la retourner pour l'autre face. L'omelette va cuire et souder les feuilles entre elles. Un peu de sel et c'est prêt ! Servir avec une salade de printemps évidemment ! Ou coupez en petit morceau pour un accompagnement d'apéritif original ! Vous allez découvrir un vrai gout de poisson ! Et même l'odeur ressemble à celle du poisson !

Nous parlions d'apéritif ? Et bien il est temps de surveiller le noyer alors ! Il a formé ses noix, bien verte, entre ses feuilles. Il faut être précis, car là, j'ai besoin d'un moment bien particulier dans leur croissance. La noix passe par plusieurs stades avant de devenir le fruit que nous connaissons, avec ces 2 cerneaux gorgés d'huile, recouverts par une coque épaisse et dure. Elle est petit fruit vert et tendre, puis coque plus ferme avec un lait blanchâtre dedans, sans forme particuliére, puis enfin, on devine les cerneaux qui se forment, entourés d'une pellicule brune. La coque se durcit un peu et s'épaissit. Et au fur et à mesure que les semaines passent, les cerneaux se gonflent, font gonfler la coque qui se durcit et se réduit pour devenir une coque dur et marron et laisse autour d'elle une membrane encore verte pour un temps. Cette membrane va commencer à se déssêcher en fin d'été pour s'entrouvrir et laisser tomber les noix en septembre/octobre.

Moi, j'ai besoin du stade oû les cerneaux sont formés mais restent encore mous à l'intérieur. Je récolte donc quelques noix verte en Juin. Il va m'en falloir 12 belles exactement.

Je pense bien à mettre des gants, car la séve des noix tache les mains et le tanin est fort! Il s'incruste dans les pores de la peau ! Il faut parfois plusieurs lavages avant de retrouver des mains blanches !

Je coupe les noix en morceaux, puis les plonge dans 3 litres 1/2 de vin rouge à environ 13 ou 14° d'alcool. J'y ajoute 800gr de sucre, 1/2 litre d'eau de vie à 40° d'alcool et 1 orange coupée en morceau. L'orange est facultative, selon les goûts.

Je vais laisser ce mélange macérer à température ambiante durant 40 jours pour ensuite le filtrer et le mettre en bouteilles. Elles seront bouchées puis conservées en cave. Elles se garderons longtemps en prenant une particularité chaque année. Plus le temps passe, et plus ce vin de noix devient liquoreux et sucré.

Dans le même registre, cet été nous ferons du vin de pêche en faisant macérer des feuilles !

Une autre plante sauvage délicieuse à déguster, c'est le pourpier, feuilles charnues et acidulées, en salades ou juste poélées, il ne faut consommer que les extrémités sur 3 à 4 centimètres. Il en existe plusieurs variétés différentes que l'on peut semer dans son jardin. Une année, Jean Michel en avait semé deux variétés. Une avec des tiges vertes et une autre avec des tiges rouges. Le goût est différent. C'est une curiosité. Mais attention, cette espèce se ressème très bien aussi toute seule !

C'est étonnant comme la nature est généreuse. Avec un peu de curiosité, il est possible de se nourrir avec une ceuillette sauvage. Des précautions devront être prises quand à la propreté des produits. Un lavage minutieux, des zones choisies judicieusement, des informations prises avant consommation si un doute persiste, une cuisson adaptée.

ET COTE SANTE

Le printemps est une saison ou, comme nous l'avons vu plus haut, tout redémarre. Et dans notre corps également, toutes les fonctions vitales, qui s'étaient un peu ralenties durant l'hiver, vont se réveiller.

Il est dommage que la vie trépidante actuelle ne nous laisse plus la possibilité de faire un vrai repos nécessaire à notre organisme durant la période hivernale. Pourtant, c'est essentiel pour notre équilibre. C'est pour cela que la nature ralentie aussi son rythme, pour permettre un repos de chaque particule vivante et laisser le froid faire son travail sur les éléments. Le cycle naturel de la nature prends une pause pour recharger ces "batteries". La pluie, la neige, le froid, même le vent font parti intégrante de ce cycle pour recharger les réserves d'eau necessaire, pour laisser le temps aux graines d'absorber l'énergie du sol afin de pouvoir germer ou pour les disséminer progressivement sur des territoires plus vastes.

Pour faire évoluer la structure même des sols, les cycles des saisons ont leur importance par la pression qu'elles y émettent lors des glaciations, des dégels successifs, des périodes de sècheresse ou de pluie intense. Les feuilles finissent leurs cycles en se décomposant durant l'hiver, pour servir de nourriture au printemps aux mêmes branches qui les ont portées la saison précédente. Le petit écureuil va retrouver ses provisions cachés durant l'été pour survivre et s'alimenter. Sa fourrure sera épaisse pour supporter le froid... Au printemps ses hormones se réveilleront également pour assurer sa prochaine progéniture.

Chaque détail compte et à son importance. Notre corps a aussi son propre rythme qu'il va falloir comprendre, entendre. Tel une horloge, il a sa cadence. Mais chacun a son horloge personnelle. C'est ce qui fait la difficulté d'aujourd'hui car certains voudraient nous faire rentrer dans un moule, conditionner, informatiser une espèce vivante. Mais la vie, c'est la liberté ! Donc, potentiellement, nous devons être libres pour vivre. Quand nous perdons cette liberté, notre corps nous le fait savoir par des pathologies diverses et variées. Il devient courant maintenant de faire la relation entre les pathologies de nos corps et ce qui se passe dans nos vies. Nous nous rendons compte que le corps « parle » ainsi pour nous envoyer des messages. Et si nous « tirons trop sur la corde », si nous n'écoutons pas notre intuition, les conséquences deviennent les maux de notre organisme.

Sans rentrer dans les détails voici quelques exemples :

Le mal au dos signifie que l'on en a plein le DOS. On en fait trop. Trop de responsabilités, trop de contraintes et pas assez de plaisirs.

Le mal de tête signifie que l'on pense trop. Mental trop occupé à réfléchir. Pas assez de moment de détente.

Le gros rhume qui nous oblige à rester coucher nous demande de prendre un peu de recul sur une situation. Il nous empêche de sentir, coupe nos sensations le temps d'un repos forçé et bien mérité.

La respiration

Pour apprendre à vivre autrement et plus en adéquation avec nous même, il va falloir veiller à ce que l'organisme puisse réagir correctement et au bon moment. Le printemps est souvent synonyme d'un regain de vitalité! D'énergie qui arrive comme par magie ! Et on se retrouve dans une frénésie qui nous pousse à des activités plus créatives que ces dernières semaines d'hiver ou le temps nous semblait long et terne. Les jours rallongent, les activités s'enchainent et selon la météo du moment, il faut suivre le fil ! Toutes les activités reprennent en même temps ! La fébrilité du printemps est communicatrice.

Le corps se réveille de sa léthargie. Nous pouvons l'y aider en retrouvant une activité saine comme la marche, le vélo, ou tout autre sport, de façon graduelle. Inutile de partir trop précipitamment. Il faut préparer nos cellules à cette activité.

Pratiquez la respiration active pour faire circuler l'oxygéne. Un jour de plein soleil, au mois d'avril, essayez de ressentir sa chaleur sur votre visage. C'est une énergie pleine et entière. C'est une activité qui réveille notre peau et l'habitue aux prochaines ardeurs du soleil de l'été. Un moyen de bronzer sans abimer sa peau. Les gens qui travaillent dehors toute l'année le savent bien! Et ceux qui sont dans les bureaux, eux, se font "griller" chaque année durant le peu de temps qu'ils consacrent à leurs activités de plein air !

Alors comme la nature reprends ses activités tranquillement, suivons la !

Voilà un exercice pour reprendre le temps de communiquer avec votre corps :

Un jour de printemps, partez seule dans la forêt. Ou simplement avec votre chien. Marchez sans forçer en respirant tranquillement au début. Puis accélérez le pas jusqu'à ressentir des palpitations. Ralentissez puis

recommencez plusieurs fois. Vous aidez vos cellules à rejeter ce que vous avez accumulé durant l'hiver pour vous préserver du froid, et du manque (même si nous ne manquons de rien chez nous l'hiver!). C'est un mécanisme de défense.
Faites de grandes inspirations en déployant votre corps comme pour l'ouvrir d'avantage. Vous remplacez l'oxygéne vicié de nos logements surchauffés par de l'oxygéne pur produit par nos amis les arbres grâce à leurs feuilles toutes neuves nouvellement arrivées.

L'alimentation est importante aussi. Cet hiver a laissé la place aux petits plats mijotés, parfumés de mille saveurs. Les soupes chaudes et épaisses ont hydraté notre corps. Nous n'avons pas lésinés sur les corps gras non plus et les périodes de fin d'année nous ont gaté à ce sujet. Il va falloir retrouver une alimentation plus légère, détoxifier nos cellules des acides gras qui les entourent. La soupe d'ortie sera idéale car pleine de fibres végétales toutes neuves. Les radis et les asperges sont pleins de minéraux qui nous font évacuer les mauvaises graisses. Si nous sommes raisonnables avec le beurre ou la crême bien sur !

La reprise de la végétation chez les arbres est synonyme de reprise de l'activité de la sêve dans ses differents canaux. La sève brute va être transformée en sève dite élaborée pour nourrir l'ensemble de ses fonctions vitales. Le ressenti énergétique que l'on peut avoir en touchant un arbre nous conduit directement vers notre propre énergie vitale. Et comme les arbres nous donne notre oxygéne si cher à notre coeur, ils nous donnent donc l'énergie dont nous avons besoin pour vivre.
Le processus est simple pour qui veut bien en faire l'expérience.

Trouvez un arbre qui vous plait, avec lesquel vous sentez déjà de loin quelque chose de spécial.

_ *Tiens ! Celui là me plait bien par sa forme, sa hauteur, son espèce !*

Vous allez poser les mains dessus ou l'entourer de vos bras. Comme vous voulez à ce moment là. Vous vous détendez et les pieds bien à plat sur le sol, vous respirez tranquillement. Vous ressentez juste le toucher de ce tronc rugueux et laissez votre imagination vagabonder. En étant dans le lâcher prise, vous ressentez des sensations qui viennent de ce tronc et vos mains peuvent se trouver happées par le tronc. C'est lui qui choisit la dose d'énergie dont vous avez besoin.

J'ai découvert cette forçe en découvrant mon magnétisme et cette capacité incroyable que nous avons tous en nous. La vie est une énergie vitale pour tous, autant que l'oxygène. Quand on perd cet oxygéne, on perd la vie ! On perd notre énergie ! Vous rendez vous compte de l'importance de cet arbre qui vous "nourri" de cette énergie vitale ! Les arbres ont même la faculté d'absorber le gaz carbonique pour le transformer en oxygéne. Un dépolluant naturel en somme.

Tout ça pour dire l'importance de l'air que nous respirons. Pour dire l'importance de la respiration dans la santé en général. Quand une douleur ou une peur nous surprend, nous respirons plus vite. Alors le coeur bat plus vite aussi et le systéme nerveux s'emballe. Cela "détraque" la machinerie de notre corps. Comme le pied de la tomate agressé par une blessure, puis attaqué par une limace, nos cellules vont être fragilisées et se laisser détruire par le premier ennemis venus.

Apprendre à respirer pour gérer ses émotions et donc les attaques potentielles sur notre santé est la clé pour prévenir un grand nombre de maladie. Une promenade par temps sec et froid est idéale, même quand on est fortement enrhumé. L'oxygène pure qui entre péniblement dans votre nez, dans votre gorge, dans tous votre systéme respiratoire va envoyer un signal de changement, un renouvellement d'air. En général, après une promenade de ce type, la respiration s'améliore. Il faut bien se couvrir evidemment et renouveler l'exercice chaque jour.

Une chose que j'aime au printemps, c'est regarder les abeilles s'activer au rucher. Elles semblent mûes par une force invisible qui les poussent au dehors de la ruche. Comme si quelqu'un leur donnait un coup de pied au derrière pour les éjecter de leur habitat! La "respiration" de la ruche se fait à grand coups d'ailes. Durant les visites de printemps, je sens aussi cette "respiration" dans le bruit qu'elles émettent. Leur vrombissement est fort comme une inspiration puis une expiration. Et je me suis aperçue que ça régulait les miennes aussi, en m'obligeant à rester calme, à maintenir la mienne tranquille quand je sens qu'elles s'énervent. Elles sentent les vibrations augmenter et elles augmentent d'autant les leurs. Alors maintenir sa respiration calme et posée permet de réduire le taux de stress, d'énervement, d'inquiétude. Ça fait parti du travail à faire sur soi quotidiennement.

Je travaille ma respiration quand je pratique mon magnétisme. Je « rentre » en moi, en quelque sorte. Je descend dans mon cœur et je parle à ma petite voix intérieure. Elle me répond par résonnance, par vibration, par intuition. En ce début de printemps je décide de faire une petite expérience.

Avec les dernières pommes de la saison (bon, j'avoue, ce ne sont pas des bio ! Dernier achat simplement) j'en sélectionne deux et je les positionne dans mon cabinet de travail. Avec une pierre bien particulière, une obsidienne, entre les deux. Sur une, je ne ferais rien. Sur la deuxième, je fais une séance de magnétisme. Puis, je les conserve à la même place sans plus intervenir du tout… Nous sommes le 17 Avril ….

Du miel et du thym

Voici une recette toute simple pour retrouver un nez parfaitement débouché après un gros rhume de printemps : du miel et du thym. A compléter avec les sorties en nature.

Avec le thym, vous pouvez faire des infusions, à boire tout au long de la journée pour dégager les voies respiratoires, c'est un excellent antiseptique. Il régule la digestion également.

Avec le miel, vous avez un antibiotique naturel pour les voies respiratoire et un reconstituant énergétique pour les cellules. C'est un anti oxydant naturel (flavonoïdes), composé à 80% de glucides. Avec ses 2 sucres simples, le fructose et le glucose, le miel ne nécessite aucune transformation dans l'organisme et est donc trés facilement assimilé par le corps. Ces bienfaits sont instantannés. Il a un effet pré biotique.

Tout les produits de la ruche (miel, propolis,gelée royale) sont excellent pour la santé s'ils ne sont pas trop travaillés. Utilisés pur ils sont de vrai mine d'or pour nos organismes fatigués à la sortie de l'hiver. Lors d'une récolte ou simplement d'une visite de nos ruches, il m'arrive de machonner un morceau de propolis trouvé sur un cadre, de cire d'abeille avec des cellules pleines de miel encore tout chaud (ça, c'est excellent!).

Le thym posséde des propriétés très fortes, antiseptiques, grâce au thymol qu'il contient. C'est un des alliés les plus utile dans le jardin.
Pour la petite histoire, dans les temps reculés, en Egypte, entre autre, l'utilisation de thymol servait à conserver les momies. Les corps en étaient recouvert avant de les enrouler dans les bandelettes de tissus.

Le miel et le thym sont deux éléments qu'il est nécessaire d'utiliser le plus possible dans l'hiver afin de profiter au mieux de leurs bienfaits.

Je vous livre une recette de bonbons au miel maison et facile à faire:

Avec la même quantité de miel, beurre, et sucre, vous montez ce mélange à la température de 140° en remuant constamment. Vous aurez pris la précaution de vous munir de petits moules résistants à la chaleur extrême du sucre et, rapidement, avant refroidissement, vous remplissez les moules uns à uns. Attention aux éclaboussures qui brûlent ! Si vos moules sont un peu trop gros, et avant que la pâte ne soit trop dur, vous avez la possibilité de couper les bonbons en deux ou trois à votre couvenance, avec un ciseau tout simplement. Déposez les immédiatement sur un lit de sucre glace et retournez les avec une cuillère pour enrober le bonbon de sucre afin qu'ils ne se collent pas entre eux aprés. Sans conservateur, vous pourrez les garder un mois mais en général, ils ne restent pas longtemps ! Certes, la cuisson a détruit une part des propriétés du miel mais cela permet de pouvoir adoucir les gorges en cas d'angines !

Vous pouvez ajouter des gouttes d'huiles essentielles (pin, citron, eucalyptus..) . Pour ma part, je trouve dommage de dénaturer le goût du miel.

Durant la saison au jardin, n'hésitez pas à faire sêcher des branches de thym et à les conserver dans un sachet respirant. Les huiles essentielles peuvent aussi être intéressantes en désinfectant naturel intérieur. Quelques gouttes sur un oreillet permet d'avoir une respiration plus facile la nuit en cas de rhume. Attention toutefois au surdosage dans les solutions à boire ou à ingérer. Je vous conseille de vous renseigner auprés de personnes qualifiées. Chez les enfant, les femmes enceintes et les personnes âgées, il pourraient y avoir des intolérances. La pharmacopée naturelle demande aussi des précautions.

Les propriétés de l'ortie

Dans le paragraphe de la cuisine , nous avons parlé de l'ortie. Véritable mine de vitamines, elle croit dès la sortir de l'hiver. Dans des sols un peu lourd, elle devient énorme et conserve des feuilles tendres une grande partie de l'année si on prend soin de la couper de temps en temps.

Chaque saison, je conserve un endroit ou elle se plait et ne gêne pas. Je ne fais que couper les extrémités des branches pour pouvoir me servir au besoin. Au bord de la mare ou elle croit rapidement, je m'en sers pour fabriquer le purin qui nous servira au jardin car je peux en couper de grandes quantité rapidement avec ses racines
Elle est reminéralisante également pour tous les organes de notre corps.

En jus d'ortie au printemps, c'est plus efficace que n'importe quelle gellule de vitamines chimique. Elle n'a pas été cuite et garde donc toutes ses qualités. Elle est défatigante et soulage les douleurs articulaires grâce à tous les minéraux qu'elle contient, à condition de ne pas la cuire car la cuisson les détruirait.

En régle général toute cuisson altére les minéraux et les propriétés naturelles des plantes. L'utilisation de ces végétaux frais est une assurance de garder le maximum de leurs bienfaits. Ce n'est pas toujours possible... Alors il faut trouver un juste milieu pour conserver une part des bienfaits tout en s'assurant en avoir sous la main toute l'année.

Connue depuis l'antiquité, elle peut être aussi utilisée en cataplasme et mélangée à de l'argile verte pour soulager les douleurs de l'arthrite et des rhumatismes. Je vous promets d'essayer dès que j'en aurais besoin…

Le jus d'ortie, très riche en fer, en vitamine C, renforce la prostate. Il est tonique et reminéralisant. Essayez de le mélanger avec une orange, et une pomme en automne. Avec un extracteur, pas besoin d'éplucher les fruits s'ils sont bio bien sur. Avec du raisin, le goût est différent. J'ai essayé aussi avec des carottes, du céleri, ou de la betterave…Imaginez le cocktail de vitamines !!

Il est possible de faire du jus d'ortie sans extracteur : en mixant les feuilles dans une petite quantité d'eau puis en le filtrant.

2 L' ETE

Chaque saison ayant ses particularitées, l'été en est bien fourni. Les travaux sont nombreux dans le jardin, le verger et la cuisine. Le rucher et le poulailler ont pris leur rythme de croisière. Les jours sont longs alors tous ce petit monde est de bonne heure au travail et rentre tard au bercail. Chacun fait ses réserves pour passer l'hiver !

Les couleurs sont bien franches partout dans la nature maintenant. Le vert tendre des arbres est passé au vert foncé. Les fruits dans les arbres du verger commencent à prendre les leurs et se gorgent de sucre. Les légumes se développent bien et les tomates prennent leur couleur également ! Le matin, avec la rosée, avant la chaleur, il y a une atmosphère de repos, avant l'agitation de la journée. C'est un renouveau à chaque fois. Le soleil pointe le bout de son nez dans des nuances de rose, de rouge et d'orange pastel et hop ! La journée commence pour tous. Et hop ! Chacun va vaquer à ses occupations. C'est une renaissance chaque matin. C'est immuable... Les couleurs du soleil au réveil donne le ton de la journée.

Rien ne sera laisser au hasard et chaque tâche, chaque évènement aura son utilité. Il va y avoir beaucoup à faire durant cette saison et, après la cure de vitamines que l'on aura faite au printemps pour retrouver son tonus, il va falloir continuer à bien s'alimenter et s'hydrater pour supporter les vagues de chaleurs. Les tomates charnues et juteuses, les fruits rouges plein d'anti-oxydants, les pommes de terre presque sucrées selon les variétés, le jardin regorge de bienfaits naturels.

Ce matin, j'ai prévu une grasse matinée… Enfin… si rien ne vient la contrarier ! Nous allons faire une partie de pêche en fin de matinée et aucun travail ne requière ma disponibilité d'urgence ! Alors, je traine un peu dans mon lit...

Mais bientôt l'appel du devoir à accomplir coûte que coûte me tire de ma rêverie. Bon, c'est pas tout ça mais les cocottes et les pigeons vont avoir faim ! Allez debout ! Il est bientôt 8 heures quand même ! Jean Michel est sûrement depuis longtemps dans son jardin, lui ! Travailler à « la fraiche » permet d'être plus efficace et l'organisme peine moins vite… L'arrosage est plus facile, pas de vent, moins d'évaporation. La terre se gorge plus vite, le stress hydrique est moins fort pour les plantes en pleine croissance.

Je me prépare et me voilà partie nourrir la basse cour. Comme d'habitude, les pigeons m'attendent au coin du hangar. Ils me regardent arriver et me devancent auprès de la mangeoire. Les poules ne sont pas loin non plus et je sens bien leur impatience. Allez, une dose de céréales, un peu de pain à tremper dans la gamelle et quelques récipients d'eau fraiche pour que tout ce petit monde puisse se rafraichir... C'est la cohue, tout le monde veut être au plus prés !

_ *Oh... Doucement... Il y en aura pour tout le monde... Tiens, monsieur coq est parti en goguette ?*

Toutes les poules sont là. J'en profite toujours pour les compter au passage. Un reflexe. C'est l'appel du jour... Je me dirige ensuite vers le jardin pour y retrouver Jean-Michel et mettre au point l'horaire de la matinée pour les préparatifs de la pêche. Je distingue dans le sous bois un tas de plumes qui n'étaient pas là hier.

_ *Tiens, un pigeon qui s'est fait attrapé par un rapace ou par Mr Goupil ? Ah, non, les plumes sont trop grandes. Ce ne sont pas des plumes de pigeons! Mais c'est quoi alors ?*

Je regarde autour de moi et ne vois rien d'autre dans mon champ de vision. Arrivée au jardin, Jean-Michel est bien occupé à planter de la salade, les arroseurs marchent et la fraicheur est bien agréable. J'entend l'eau murmurer dans les tuyaux, les oiseaux piaillent à qui mieux mieux.

_ *Te voilà enfin levée ! ça va ? Pas trop fatiguée ?*
_ *Non, non. Ça va bien. Tu a vu les plumes dans le sous bois ?*
_ *Non, ou donc ? C'est quoi ?*
_ *Vers le tas de bois ! Je ne sais pas ce que c'est ! C'est des grandes plumes, pas de pigeon en tout cas.*
_ *Bon, allons voir ça de plus près alors....*

Nous nous dirigeons ensembles vers la dite zone et découvrons de plus près le tas de plumes.

_ *Tu a s vu les poules ce matin ?*
_ *Oui, ce ne sont pas elles..*

_ *Et le coq ?*
_ *Attends, je retourne voir....*

Je repars contrôler une nouvelle fois le poulailler et vais recompter le cheptel qui est encore entrain de manger. Les poules sont là. Pas de problème. Le coq, qui n'est jamais bien loin de ses belles semble encore absent, lui.

_ *Mince alors, il manque le coq !*

Nous nous avançons dans le sous bois et découvrons encore des plumes. Elles jonchent le sol en direction de la clôture qui nous sépare du chemin… Un trou béant dans le grillage, juste à cet endroit, laisse à penser que le tueur s'est enfui avec sa proie. Mais pas une seule plume de l'autre côté. La trace s'est volatilisée. Pas l'ombre d'un cadavre…

_ *Un chien serait passé et son maître a ramassé le pauvre coq ? Tu a vu ou entendu quelque chose toi ?*
_ *Non, juste deux vélos tout à l'heure, mais c'est tout ! Pas de caquetage intempestif non plus, pourtant il était bien bavard sitôt qu'il se sentait un tant soit peu en danger ! Et un chien aurait aboyé s'il avait eu du mal à l'attraper !*
_ *Monsieur renard est un rapide et un discret. Mais pourquoi les traces s'arrêtent là ?*

Nous continuons nos recherches et tombons sur d'autres plumes un peu plus loin, en longeant la clôture … Comme le petit poucet….

_ *Ah, là, du sang, des plumes .... Tiens plus loin, regardes là bas ! Le voilà !*

Le pauvre a parcouru une bonne distance avant de tomber mort, vidé de son sang, au vu de ses blessures au cou, que nous ne pouvons que constater…

_ *Il a dû être déranger, Mr Goupil, c'est tout frais ! Regardes !*
_ *Ah oui ! Le corps est encore tout chaud. A peine raidi...Le sang pas coagulé...*

Je ramasse le volatile qui a sûrement donné sa vie pour protéger ses belles.

_ *Bon, je sais ce qu'il me reste à faire. Il ne sera pas mort pour rien... Plumer, vider, et congeler... Un coq au vin pour cet hiver. Moi qui voulais me faire une matinée cool avant la pêche... Au boulot.*
_ *Tu l'ébouillante pour le plumer ?*
_ *Non, il est encore tout chaud, ça va aller comme ça.*
_ *En fin de compte, ça tombe bien, je voulais le remplacer à l'automne ! Je commençais à le trouver un peu agressif et comme une de nos poules couve, nous garderons un de ses rejetons !*
_ *Bonne idée, en plus ces œufs là viennent d'un autre poulailler, ça changera le sang !*
_ *Oui, et ce sont des œufs de race Marans!*
_ *Ah Ah Ah ! ça c'est marrant !!*

La race des poules marans est issue du marais poitevin. Les œufs sont de couleur roux, marrons et la poule est, elle, de couleur noire avec des reflets cuivrés. Une très bonne pondeuse, couveuse, résistante aux maladies. J'ai hâte de voir arriver la marmaille ! Leur maman sera blanche, elle ! ça va être drôle de voir ça !!

CHEZ NOS AMIES LES ABEILLES

La récolte de printemps faite, nous laissons donc ces dames continuer leur travail tranquillement. Elles sont dynamiques, travailleuses et nous devons surveiller les populations de temps en temps afin de rajouter des hausses au besoin. Dès le début de l'été, nous effectuons une visite pour voir ou en sont toutes les colonies.

Cette année, nous avons rentré 3 essaims. Ce qui monte notre nombre de ruches à 11 ruches. Mais elles ne vont pas toute donner du miel! Si le printemps a été excellent, rien n'est joué pour l'été. La ruche qui a essaimé n'a pas pu faire une grande quantité de miel et elle doit reconstituer sa population. Nous devons être vigilant dans son developpement. Elle doit pouvoir prendre de la force et la garder pour passer l'hiver prochain. Il faut penser d'abord à ses propres réserves avant de lui demander de nous en donner! Donc la hausse sera bien posée mais il n'est pas sûre que l'on puisse avoir du miel.Tout va dépendre de la météo de cet été. S'il fait beau, elle aura le temps d'engranger et de se peupler. Sinon, elle devra s'auto-alimenter pour soutenir sa population et donc nous n'aurons pas de surplus! C'est le jeu si nous respectons la nature. Contrairement à certains qui veulent produire à tous prix et utilisent des méthodes pour le moins douteuses, nous ne nourrissons les populations qu'en cas de besoin vital.

Il faut savoir que les abeilles peuvent produire du miel simplement à partir du glucose que l'on trouve dans le commerce. Il suffit de les nourrir avec pour pouvoir récolter du miel. Mais ce ne sera pas du miel de « fleurs » ! Mais du miel de glucose… Et la ruche ne peut pas vivre de glucose puisqu'il faut du pollen pour nourrir les larves. Le système a ses limites…

Les autres ruches qui n'ont pas essaimé sont plus ou moins populeuses. Si certaines ont bien produites au printemps, elles restent encore fragiles. Et, encore une fois, seul le déroulement de l'été va nous dire si les hausses se rempliront. Nous avons vu des années ou les hausses posées juste après la récolte de printemps avaient dû être retirées au cours de l'été car le mauvais temps avait réduit leur temps de récolte. Alors prudence est mère de sûreté, comme on dit ! Restons vigilant.

La quantité de ruches n'est pas régulière dans notre rucher, d'année en année. Il nous serait possible d'en acheter, mais nous préférons laisser faire dame nature et travailler avec une souche plus naturelle qui essaime donc, au printemps, pour assurer sa croissance. Cela permet également de soutenir une race libre qui n'est pas croisée et garder la souche naturelle. Actuellement, les reines qui sont élevées artificiellement semblent encore moins résistantes. Si nous continuons de la sorte, la perte de la souche va affaiblir encore plus cette espèce. Il existe, sur l'île d'Ouessant en Bretagne, une souche d'abeilles qui est méticuleusement protégée. Il s'agit de l'abeille noire Apis Méllifera Méllifera. Une petite abeille très docile. Elle se trouve protégée des toxiques et pour l'instant de certaines maladies. Nous la trouvons encore dans nos contrées mais jusqu'à quand ?

Visite des ruches

Nous voici encore revêtu de notre "scaphandre" d'apiculteur pour faire une petite visite de contrôle sur le rucher. Le temps est parfait et dès 11heure toutes ces belles dames sont au travail. Ça nous laissent le temps de bien regarder dans les ruches!

_ *Tu as de quoi remplir l'enfumoir, Isa?*
_ *Oui, je vais ramasser des aiguilles de sapins bien sêches. Il va falloir faire attention de ne pas mettre le feu! La végétation est bien sêche autour des ruches!*
_ *Oui, tu as raison. Gardons la petite table pour poser l'enfumoir dessus entre les ruches.*

L'ouverture d'une ruche peut s'avérer quelque peu compliquée à cette période. La population est forte et vigoureuse. Certaines sont agressives. Il va falloir être rapide et efficace.

_ *Ok, on commence toujours par le fond. Celle-la nous a donné une belle hausse de miel au printemps. Allons voir ce qu'elle a fait depuis.*
_ *Je l'enfume avant que tu ne l'ouvre... Ok, vas-y... Tout doux.... Wouhah ! Il y a du monde dans la hausse ! Tu crois qu'on va pouvoir regarder dessous ?*
_ *Pas la peine ! A voir la population, je pense qu'il voudrait mieux remettre une hausse supplémentaire ! Regardes, celle-là est déjà bien pleine !*
_ *Ok ! Je vais en chercher une !*

Nous passons à la suivante.

_ *Oh ! Regardes ! La hausse est vide! Pas une abeille dedans ! Mais qu'est*

ce qui s'est passé? Elle était belle à la récolte ! Je retire la hausse et on regarde dedans.
_ Ok, donnes moi la hausse. Je l'emmène au camion.... Attention en retirant la grille à reine !

Nous insérons une grille que l'on appelle "grille à reine" entre le corps de la ruche et la première hausse pour éviter que la reine ne monte dans la hausse et ne ponde dedans. Ce qui nous handicaperait pour la récolte !

Certains apiculteurs ne la mettent pas. Chacun sa méthode. Cela nous permet aussi de récuperer de la propolis neuve car les abeilles ont la manie de remplir tout les interstices qu'elles trouvent dans leur ruche, et qui pour elle ne leurs sont d'aucune utilité, avec cette substance étanche pour isoler leur logis. Elles en enduisent même les insectes qui ont le malheur de rentrer dans leur maison pour isoler les microbes potentiel. C'est une forme de momification en somme.

Et ces grilles vont avoir une autre utilité : Juste après les avoir retirées de sur les ruches, je les mets quelques minutes au congélateur puis les secoue au-dessus d'une table et des petits morceaux de propolis se détachent. Je les mets dans un bocal avec de l'alcool, puis laisse macérer en secouant de temps en temps. La Propolis fond et devient un parfait traitement pour le bois. C'est un mélange parfaitement naturel pour entretenir les corps des ruches ou enduire les neuves qui vont recevoir les nouveaux essaims. Ça ressemble à de la lasure naturelle qui protège le bois de l'humidité et des insectes. A utiliser dans un local bien aéré à cause de l'alcool évidemment...

_ Ah oui ! Ok ! Elle a essaimé celle là ! On s'est fait avoir! Elle a été trop rapide en développement !
Bon, tanpis pour nous, maintenant, regardons la population....

Jean Michel lève un à un les cadres avec les abeilles dessus qui continu leur travail comme si de rien n'était. Quelques unes nous tournent autour sans agressivité. Pour l'instant, pas de souci. Tout le monde est tranquille. On en profite pour aller voir le couvain. Si on pouvait voir la reine, ce serait drôlement bien !

_ Le couvain n'est pas très nombreux. Il est disparâtre.... Ce n'est pas bon signe.... Je ne vois pas la reine non plus.... Attends... Regardes.....

_ ....
_ *Non, je ne la vois pas.....*
_ *Moi non plus....*
_ *relevons un autre cadre ... Peut être...... Ah, la voilà !*
_ *Bon, à surveiller de près celle là ! Elle ne me dit rien qui vaille...*
_ *Laissons lui une chance et si elle ne démarre pas, on la rassemblera avec un essaim de cette année.*
_ *Oui, on verra....*
_ *Ne remet pas la hausse pour l'instant. Il faut refaire une visite dans quelques jours pour voir comment elle évolue.*

Nous passons à la suivante. Celle qui nous avait attaqué à la récolte de printemps ! Là, on y va avec des pincettes...

_ *Attention à l'enfumage ! Juste ce qu'il faut ! Si tu en mets trop, ça va les mettre en colère... Là... stop. J'ouvre...*
_ *Elles ont l'air de se tenir tranquille.. .La hausse n'est pas trop pleine. On attends un peu.*

Elles ont toutes bien travailler en général. Encore une ou deux qui sont faibles mais elles vont avoir le temps de progresser. Pas d'inquiétude pour l'instant. Pendant que l'on est là, nous visitons les essaims récoltés au printemps. Ils ont tous bien démarrés. Celui qui est arrivé le premier va nous donner du miel d'été. Une hausse est posée dessus... Parfait... La saison ne s'annonce pas si mal que ça !

_ *Ces 2 essaims là me gênent un peu quand je tond. On ne pourrait pas les déménager rapidement pour pouvoir les mettre à leur place définitive ?*
_ *Si, si, tu as raison, on va le faire rapidement. On le fait dans la semaine...*

Quand les essaims se posent chez nous, nous devons ensuite les déplacer à quelques kilomètres de là, dans un autre rucher en général, afin de les désorienter. Nous les ramenons quelques jours plus tard pour les installer à leur place bien définitive. Si nous les mettions tout de suite à leur place, les abeilles ne retrouveraient pas leur ruche le lendemain. Leur sens de l'orientation est tellement développé qu'elles ont cartographié l'endroit ou elles ont élu domicile et chaque jour, elles reviennent au même endroit sans GPS, au mêtre près. Donc, si on veut les changer de place, il faut les emmener beaucoup plus loin puis les ramener. En effectuant ce travail de nuit, toutes les abeilles reprennent leurs activités sans se rendre compte du changement dès le lendemain. Nous nous échangeons ce genre de service entre apiculteurs. C'est un jeu de chaises musicales en quelque sorte.

_ *Il va falloir mettre les piéges à frelons aziatiques aussi. Je crois bien en avoir vu la semaine dernière ! On a encore ce qu'il faut pour en faire ?*
_ *Oh oui, je pense, je vais voir ça après.*

Ce prédateur fait des ravages dans certains ruchers. Chez nous, nous avons de la chance. Nous avons vu quelques spécimens mais rien d'inquiétant. Peut être que les poules qui gambadent autour leur font la chasse ! Dans certains endroits de la région, il y a des colonies qui détruisent des ruchers entiers. L'invasion progresse.. Il faut être sur ses gardes. Il faut piéger mais pas trop car nous prenons aussi d'autres insectes en même temps. Donc, il est necessaire de garder une vigilance et d'intervenir au bon moment. Nous ne posons les pièges que quand nous voyons des spécimens et aussi en fin de saison pour prendre les futurs reines qui engendreront les futurs colonies de l'année d'après.
Il faut trouver un juste milieu pour tout le monde.

Une récolte perdue

La première visite d'été effectuée, nous sommes content de la tournure des évènements ! La saison s'annonce bien, nos colonies se portent plutôt bien pour la plupart et nous avons remonté un peu notre rucher en quantité et en qualité. Mais voilà que la météo devient capricieuse quelques jours plus tard. Les températures se dégradent et la pluie se met à tomber de manière assez intensive... L'été se transforme en quelque chose de pas très sympathique ! Une semaine passe... deux semaines... Et le temps ne s'améliore pas. Un week end semble arriver avec une accalmie.

_ *Bon, c'est maintenant qu'il faut y aller ! Tu es prête !*
_ *Oui, oui ! Il ne faut pas louper le moment ! Je finis de ranger mes affaires et j'arrive !*
_ *Vu ce que la météo annonce après, pour le moment, je me demande si on ne va pas retirer les hausses sur certaines. On va voir ça...On est déjà mi juillet et elles vont devoir encore faire leur réserves... J'ai ce qu'il me faut pour commencer. J'y vais.*

Prendre le risque de laisser les hausses si la météo persiste ainsi, c'est aussi laisser un espace vide que les abeilles vont devoir chauffer inutilement. Elles sont mieux protêger dans le corps de la ruche. Et puis les seules réserves qu'elles pourraient faire seraient au détriment des réserves à faire dans le corps de la ruche pour cet hiver. Prendre le risque de retirer les hausses maintenant, c'est prendre le risque de devoir les remettre rapidement si la météo change. Car elles recommenceraient immédiatement leur travail et les ruches pleines de réserves pourraient essaimer. Le dilemme est important chaque année. La décision est prise à l'instinct du moment.

_ *Tu peux me mettre du scotch derrière ? Je ne veux pas prendre de risque ! Et comme il y a un moment qu'elles ne sont pas sorties, elles vont être sur le qui vive !*
_ *Ah oui ! C'est sur ! Tournes toi ! Voilà ! Attends moi. Je m'habille et j'arrive.*

Mais Jean Michel est pressé, alors il commence sans moi.... Je reviens mettre mon équipement et retourne rapidement le rejoindre.

_ *Et bien ! C'est pas top !*
_ *Ah bon ? Qu'est ce que tu as vu déjà ? Lesquelles as tu visité ?*
_ *Dans la première, la deuxième hausse que nous avions posées est désespérément vide. Je l'ai retiré et celle du dessous est moins pleine qu'à la précédente visite ! La deuxième a remonté un peu sa population, mais elle devra être nourri dès l'automne si on veut qu'elle tienne l'hiver. La troisième a bien rempli sa hausse mais pas au point d'en remettre une autre. Laissons-la encore tranquille. Voilà. Pour l'instant j'en suis là !*
_ *Ok. Bon. C'est l'jeu ma pauvre Lucette ! Elles ont fait de leur mieux.*
_ *On regarde les essaims aussi ? C'est peut être aussi l'occasion de les déplacer ! Qu'en penses tu ?*
_ *Oui, tu as raison. On va les faire ce soir. Comme ça, ce sera fait. Et de ce temps là, on aura pas à attendre trop tard qu'elles soient toutes rentrées à la ruche !*

Nous finissons les visites ensembles et nous ne pouvons que constater que les colonies n'ont fait que se maintenir. Aucune réserve n'a augmenté. Certaines ont diminué, voir disparu complètement... Nous sommes presque au plus tard de la saison et nous ne pouvons pas attendre trop longtemps avant de réaliser la récolte pour qu'ensuite les colonies puissent se préparer pour l'hiver.

_ *Maintenant, la météo nous dira ce qu'il en est. Si elle se relève d'ici quelques jours, ça ira peut être sinon, la saison est perdue... Laissons faire les choses... On y peut rien...*
_ *On prépare le camion pour emmener les 3 essaims ce soir?*
_ *On ne va pouvoir en emmener que 2 puisqu'il y a une hausse sur la troisième!*
_ *Ah oui, c'est vrai! Alors les 2 qui restent.*
_ *Je vais chercher les draps, mousses, ficelles. Et on attend que la nuit tombe.*

Voilà. C'est fait. Nous attendons que le jour décline suffisamment et au moment ou toutes les abeilles sont rentrées, nous amenons le camion au plus prêt. La ficelle est étalée au sol puis le drap dessus auprès d'une des ruches.

_ *Pousses toi un peu que je mette la mousse sur l'ouverture de la ruche!*

Pour éviter que les abeilles ne sortent durant la manipulation, la mousse, coincée dans la porte d'entrée, va les contenir à l'intérieur. Puis nous rassemblons les 4 coins du drap sur la ruche puis la ficelle va servir à maintenir le tout ensemble. Un beau paquet cadeau en somme! A nous deux, c'est plus facile de monter la ruche dans le camion. La même manipulation pour la deuxième ruche et nous voilà parti avec les 2 colonies. Un petit voyage pour elles. Nous les ramènerons de la même manière 2 à 3 semaines plus tard pour les remettrent à leur place définitive dans le rucher.

<u>Fin d'été au rucher</u>

Bon, le restant de la saison n'a pas été très top. Mais les abeilles ne s'en sont pas trop mal sorti, et c'est l'essentiel. La récolte n'a pas été exceptionnelle mais ce n'est pas aussi catastrophique que l'on pensait. Chaque colonie a pu prendre le temps de faire des réserves. Un nourrissage sera peut être nécessaire à l'automne mais pour l'instant, c'est pas mal. Elles s'en sont bien sorties. Il va falloir penser à les protéger d'un de leur sérieux ennemis : le varroa.

C'est un petit insecte originaire d'asie qui se fixe sur les abeilles et qui "suce leur sang". Cela épuise l'abeille qui peut en mourrir. Cet insecte vit entre 1 et 2 mois en été et entre 6 à 8 semaines en hiver pour la femelle. Le mâle, lui, meurt après l'acouplement. La femelle va pondre dans les cellules de la ruche et contaminer les nymphes dès le début de leur developpement. Une colonie trop infestée peut en dépérir rapidement et développer la Varoose. Maladie qui induit une ponte disparâtre dans la ruche et des nymphes qui se développent mal et deviennent des abeilles malformées. C'est pourquoi il est important de réduire au plus vite l'infestation avant l'hiver afin de réduire le risque. En réduisant la population de varroa avant l'automne, on réduit cette contamination sur la population qui devra passer l'hiver.

Pour ce faire nous utilisons des produits naturels présents dans la nature, mais à des concentrations plus importante pour tuer les varroas mais pas les abeilles. Il s'agit de l'acide oxalique, du thymol (vous vous souvenez, le thymol qui vient du thym à des propriétés antiseptique et anti biotique!), de l'acide formique également. Des huiles essentielles comme le camphre, le menthol peuvent aussi être utilisées. Il est nécessaire de changer chaque année le traitement pour éviter une adaptation de la souche du varroa.

Le traitement se fait par évaporation dans la ruche grâce à des lanières imprégnées suspendues entre les cadres, ou des évaporateurs avec buvards positionnés juste au dessus des cadres. Il faut respecter une température clémente afin d'obtenir une efficacité optimum. La période d'intervention se fait en deux applications après la récolte d'été , et juste avant l'hivernage. Cette année, nous décidons de procéder avec de l'acide formique et des évaporateurs. Mais Jean-Michel est bien occupé au jardin, alors je vais m'en occuper moi même. Pas de problème. Le temps est meilleur depuis quelques jours, et les belles sont reparties au travail. Je vais intervenir en plein après midi. Il n'y aura plus grand monde au bercail !

La préparation du matériel va devoir être minutieuse car il ne faut rien oublier ! Une fois en action, tout doit rouler ! Des hausses vides seront posées sur chaque ruche pour avoir l'espace necessaire afin de poser l'évaporateur sur une lingette de protection. Le buvard va tremper dans l'acide et la chaleur de l'espace confiné va disséminer les vapeurs de l'acide dans l'ensemble du corps de la ruche. La manipulation doit se faire avec une grande concentration afin de ne pas l'inhaler ou le renverser. Les gants sont hautement conseillés !

Selon la chaleur, il faudra revenir vérifier dans quelques jours et réadapter les niveaux afin que l'évaporation soit continue sur une période d'une quinzaine de jours pour être efficace. Les lanières sont plus faciles à utiliser car elles peuvent rester entre les cadres sans avoir la hausse à poser. Et en période de fin de saison, avec une météo instable cela peut s'avérer plus pratique. Cette année tout va bien. Il faut en profiter. Je pars faire mon travail en toute confiance. Le matériel est prêt. Jean-Michel est au jardin.

_ *Je commence le traitement ! Tu n'as pas peur de te faire piquer en restant au jardin ?*
_ *Mais non ! Je verrais bien !*
_ *Je commence par poser toutes les hausses puis les évaporateurs ! Fait attention car au deuxième passage, elles sont moins sympa !*
_ *C'est bon , c'est bon ! Vas y !*

En posant les hausses, je distribue le matériel pour les évaporateurs comme ça au passage suivant je n'aurais plus qu'à les remplir et à les stabiliser... Les abeilles ne s'intéressent même pas à moi. Elles continuent leur travail tranquillement. Ça me laisse le temps de bien positionner les évaporateurs. Parfait. Le deuxième passage sera plus scabreux... Je les sens plus énervée... Je finis avec quelques unes qui s'énervent autour de moi.

_ *Allez les filles... Tout doux.... C'est pour votre bien ! Encore un peu de patience !*
Voilà, j'ai fini.. Je reviens vous voir dans quelques jours....

Et me voilà reparti. Tout s'est bien passé. Enfin pour moi... Je vois Jean- Michel qui sort du jardin et se dirige d'un bon pas vers la maison en faisant des moulinets avec ses bras autour de lui.

_ *Tu te fais attaquer ?*
_ *Oui! Il y en a une qui m'a piqué ! La garce !*
_ *J'arrive !*

Je me précipite et comme je suis encore protègée avec mon camail, je l'aide à se débarrasser des dernières qui l'assaillent. Quand elles sont en colère, la seule solution est de les tuer avant qu'elles ne vous piquent !

_ *Ok , c'est bon ! J'ai eue la dernière !*
_ *Ouf ! Elle m'a piqué sur le front celle-là ! Regardes ! La sueur a du l'attirer !*

_ *Ah oui, tu es bien rouge ! Attends, je retire le dard qu'elle a laissé ! Et ça commence à enfler un peu déjà !*
_ *Bon, je rentre ! Ça va ! On va les laisser se calmer !*

Bon, la journée au jardin est compromise on dirait. Nous rentrons, penauds. Elles ont gagné !

_ *Pour la peine, je m'en vais faire une sieste devant la télé ! Na !*
_ *Et bien va ! Ça va te calmer ! Et puis il fait trop chaud pour continuer !*

Le voilà parti faire un roupillon. Et pendant ce temps le venin de son amie l'abeille va faire son travail.... A son réveil, une heure plus tard, il sent bien qu'un de ses yeux est tout engourdi et qu'il n'arrive plus à l'ouvrir... La paupière a gonflé... Tout un côté du front est rouge, gonflé, tendu et ça descend sur la paupière progressivement.

_ *Isa ! Viens voir !*
_ *Oui ? J'arrive !*
_ ...
_ *Wouah ! Mais qu'est ce qui t'arrive ? Tu ressemble à Dumbo !!*
_ *Et ça me démange.... GRRR....Je ne vois plus rien !*
_ *Elles ne t'ont pas loupé !*
_ *Tu as encore de la pommade ?*
_ *Regardes dans la pharmacie !*
_ *Bon, j'en ai pour quelques jours. Et demain, je vais être coquet! Et je dois conduire !*
_ *Ah oui! J'en ai bien peur ! C'est parti pour te démanger un petit moment! Il n'est pas question que tu conduises ! C'est moi qui prendrais le volant, si ça ne s'arrange pas !*

Mais rien ne l'empêchera de retourner dans son jardin vers la fin de la journée. Les abeilles auront tout de même eut le temps de se calmer.
Il lui faudra 2 jours pour retrouver un visage digne de ce nom. Et la palette du rouge va avoir des belles nuances !

Après une ou deux vérifications sur le niveau d'acide dans les évaporateurs, je les retire, retire les hausses et remet en place les toiles de protection. Ça y est pour cette année. On vérifira à la prochaine visite l'infestation sur les abeilles. J'ai mis du temps avant de pouvoir voir à l'oeil nu les varroas sur les abeilles. Il faut être vraiment très patient. Pas plus gros qu'une tête d'épingle, ils se mettent sur une patte ou sous l'abdomen. Plus ils grossissent et plus ils sont visibles.

Pour l'instant nous n'avons pas eu de fortes investations chez nous. Nous arrivons à les réguler. Il est possible également de diviser les colonies pour augmenter artificiellement le nombre de ruche dans un rucher. Le principe est de forcer les abeilles à produire une reine en « coupant » la colonie en deux. Jean-Michel a décidé de faire un essai cette année. Il va fonctionner de la sorte : Il va poser une hausse ou une ruche l'une sur l'autre. Puis avec l'enfumoir, il va forcer une partie de la colonie à monter dans la hausse ou la ruche du dessus. Les deux corps seront séparés d'une planche mais toujours l'un sur l'autre pour ne pas perturber l'ensemble. Dans la partie ou la reine sera absente, les abeilles produiront des cellules royales, puis élèveront une reine avec la gelée royale prévue à cet effet. Et une nouvelle colonie verra le jour. Il faudra attendre qu'elle soit assez importante pour pouvoir en tirer du miel, comme après la récolte d'un essaim, et lui faire faire un petit voyage dans un autre rucher pour la déplacer sur son espace définitif.

AU JARDIN POTAGER ET AU VERGER

Si le printemps nous a permis de mettre les choses en place, l'été va nous booster pour commencer à récolter ce que nous avons semé ! Il va falloir être efficace car tout va s'enchainer. Rien ne devra être laissé au hasard ! Quand les légumes sont prêts ! Il faut y aller ! Les haricots vert n'attendent pas ! Les cornichons seront trop gros demain ! Les tomates mûres vont éclater ! Les salades vont monter ! Et les framboises seront tombées ou mangées par les oiseaux !

Et les derniers semis devront être assurés correctement pour les récoltes d'automne. Et il va falloir travailler avec le soleil. Si la chaleur est intense, les arrosages seront effectués le soir ou très tôt le matin. La surveillance des maladies cryptogamiques dès l'apparition des premiers symptomes va permettre de les juguler rapidement et efficacement. Etre dans l'attention de ce que le jardin a besoin au bon moment est aussi un travail quotidien.

Le fait de poser des tuyaux goutte à goutte dans les rangs de tomates sous la serre va permettre un arrosage tout en douceur et régulier sous le paillage en place. En cas de forte chaleur un complément pourra être effectué au tuyau, à chaque pied, si besoin est. Et la rampe brumisateur, pour maintenir humide les rangs de semis fraichement réalisés, sera mise en route de préférence le matin, à la fraiche, pour éviter les brûlures sur les petites feuilles tendres. Je vais « jongler » avec l'ensoleillement pour les récoltes ! Cueillir des haricots verts ou des fraises sous le soleil n'est pas très agréable ! Comme de travailler sous les tunnels !

Ce matin, je me suis levée de bonne heure pour, justement, arroser le jardin. Il fait très chaud en ce moment. Les carottes viennent d'être semées et sont entrain de lever dans leurs rangs bien tracés et refermés avec un peu de tourbe, pour garder l'humidité juste ce qu'il faut en cette période. Jean Michel est absent quelques jours alors je prends le relais. Il m'a donné les directives avant de partir ! Je mets la rampe d'arrosage en route sur la dite planche. Et, pendant que la brume descend doucement jusqu'au sol pour l'imprégner d'eau sans tasser la terre autour des petites graines qui germent en silence à quelques millimètres de profondeur sous la tourbe, je m'en vais arroser dans la petite serre, tomates, poivrons, aubergines, melons et concombres. Je tire le tuyau sur la pelouse recouverte de rosée et l'installe dans la serre. Précautionneusement, en mouillant le moins possible le feuillage, je commence à arroser chaque pied. Au bout de quelques minutes, mon regard s'égare un peu partout. J'en profite pour inspecter les alentours...

_ *Il va bientôt falloir faire un peu de désherbage ! Les herbes commencent à devenir un peu envahissantes par endroits ! Et la vrillée recouvre le paillage ! Elle a la vie belle avec cette chaleur ambiante !*

Au bout de quelques minutes, mon regard se pose sur un petit levreau, à peine à un mètre de moi. Tapi dans le paillage, entre deux pied de melons, il me regarde avec ses grands yeux ébahis et surpris ! Sans qu'il ne bouge le moins du monde, j'ai le temps de lui dire :

_ *Eh ! Coucou toi ! Qu'est ce que tu fais là ! T'es trop mignon ! Ne serais tu pas le petit que j'ai réussi à attraper l'autre jour dans la planche de fraise avec l'aide de Delta, et que j'ai relâché plus loin dans les champ ? Fait gaffe ! Elle n'est pas loin ! File vite avant qu'elle n'arrive! Un jour, elle ne te loupera pas ! Je ne serais pas toujours là pour te protéger !*

Il me regarde toujours avec ses grands yeux... M'a t il compris ? Il ne me le dira pas, mais à ce moment précis, il s'élance prestement vers la porte et je l'entends détaler vers le pré qui jouxte le jardin. Il a eu chaud encore une fois.... Delta doit batifoler un peu plus loin... Quel bonheur que ces rencontres à 6 heures du matin, avec juste un levée de soleil pour fond et la fraicheur de la nuit... Et quelques moustiques aussi...

La serre est bien arrosée. Je vais arrêter la rampe dans le semis de carotte. Les premiers rayons de soleil font briller la terre humide, des papillons blancs s'en donnent à cœur joie et se gorgent de cette manne providentielle. Ils sont parfois regroupés par 3 ou 4 et virevoltent de plus belle. Ce sont des Piérides ! La fameuse piéride du choux qui fait un ravage dans les cultures de crucifères... Ils sont beaux à l'état de papillons, moins à l'état de chenille dans les plants ou dans les belles pommes de choux ! La chasse est ouverte, il va falloir user de milles combines pour les protéger ! Les choux, les chenilles ou les papillons ? Il y a de la place pour les trois mais les chenilles doivent éviter des croiser les choux, c'est tout ! Des purins (d'ortie ou de tomates), des associations avec des tomates ou des céleris, une plantation d'herbes aromatiques à proximité peut protéger les plants en cas d'infestation. La surveillance est de mise... Il existe aussi un produit naturel : le bacillus thuringiensis. Un champignon microscopique à pulvériser. On peut le trouver maintenant facilement en jardinerie. Il est aussi très efficace sur la chenille processionnaire qui fait un ravage maintenant dans certaines contrées…

Jean-Michel pratique aussi la rotation des cultures qui permet d'éviter la ré-infestation d'année en année des plants concernés. Des semis précoces ou tardifs pour éviter les périodes ou les chenilles se développent. Dans les rangs de semis, des œillets d'inde ont pris place. Ils se dressent fièrement pour montrer leur importance… Ils ont raison… L'œillet d'inde est aussi une plante très importante dans un jardin, il repousse les pucerons et autres insectes par leur forte odeur… Un allié indispensable…Une lutte biologique intégrée naturelle en somme… Et puis quand les carottes auront poussées, cela fera un joli camaïeu de couleur. L'œillet d'inde dégage une odeur forte aussi bien par ses feuilles, ses fleurs et même ses racines. Cela en fait une incontournable du potager. Il libère une substance « le thiophène » qui empêche le liseron et le chiendent de se développer trop vite également.

Plus loin, c'est un rang de souci dont les premières fleurs commencent à s'ouvrir. C'est une plante annuelle de la famille des asters qui se ressème toute seule très facilement. Le souci fait parti lui aussi des espèces importantes au jardin. Et pour cause : Il repousse les pucerons, attire les insectes butineurs mais tient à distance les aleurodes et son purin est aussi efficace que le purin d'ortie. Sa fleur est surnommée « la fiancée du soleil » car elle suit le mouvement du soleil. Elle agrémente les salades composées. Et les boutons se consomment comme des câpres. Cette année est une année d'essai en cuisine pour elle…. Et pas que… Vous connaissez le nom scientifique du souci ? Le calendula. Ça vous dit quelque chose ? Il est utilisé en phytothérapie, en cosmétique, en pharmacie. Avec ses vertus calmantes, cicatrisantes, anti-inflammatoires, il agit aussi sur les douleurs pré-menstruelles, les troubles gastriques, les problèmes cutanées…. Cette année je dois aussi faire un essai de macérât avec les fleurs. Le macérât consiste à faire macérer des fleurs dans de l'huile végétale pour en extraire les principes actifs. Une fois filtrer, le mélange se conserve plusieurs mois et sera utilisé pur ou dilué. Je dois me procurer une bonne huile bien bio pour faire ma mixture maintenant…

Les premières récoltes

Une période intense pour moi car, à ce moment là, je vais passer des heures dans le jardin à récolter, arracher, couper, désherber et arroser aussi. De concert avec Jean-Michel pour les grosses opérations, ou par intervales réguliers, selon les légumes.

La récompense des premières heures passées au jardin au printemps est arrivée : Sur le podium, avec la médaille d'or, nous trouvons la récolte de pomme de terre. Avec un été plutôt pluvieux, elles ont eu du mérite. Elles ne se sont pas laisser abattre et ont réussi à s'en tirer pas trop mal ! Les feuilles ont jauni d'un coup pour que les tubercules finissent de mûrir et un matin....

_ *Je monte au grenier chercher les caisses pour commencer la récolte des patates ! Il est temps !*
_ *Prépares aussi des étiquettes pour ne pas mélanger les caisses !*
_ *OK. On va les arracher sur plusieurs jours pour ne pas trop se fatiguer ! Il va faire chaud ! 2 ou 3 rangs chaque matin, ce sera fini dans 5 ou 6 jours ! Tu peux préparer un endroit dans le hangar pour les stocker proprement en attendant de les trier et de les rentrer dans la cave ? Elles vont devoir y rester 1 petit mois !*
_ *J'y vais. J'ai retrouvé une vieille couverture pour les proteger de la lumière !*

Une pomme de terre doit éviter le soleil sinon elle verdit et n'est plus bonne à la consommation ! Chaque variété sera bien séparée car l'utilisation n'est pas la même! Entre celle qui ira en soupe, celle qui sera parfaite dans la poêle, et celle qui deviendra fondante en ragoût, il faut être vigilant. Et le fait de réutiliser les dernières en plants pour l'année d'après demande un peu de rigueur. Nous attendons quelques temps avant de pouvoir les trier définitivement et de les rentrer en cave. Durant ce temps, celles qui sont abimées commencent à pourrir et cela permet de faire le tri et de ne pas faire pourrir les autres. J'avoue avoir utilisé un temps un produit pour éviter la germination. Mais ça, c'était avant. Maintenant, je dégerme 1 ou 2 fois durant l'hiver et ça suffit. Il existe des variétés qui germent moins vite que d'autre aussi. C'est un critère que Jean-Michel prend en compte dans son choix. Chaque année il plante un panel de 4 à 5 variétés différentes. Il y a les incontournables et les petites nouvelles... On ne sait jamais... Il pourrait se trouver une super patate !

La médaille d'argent des récoltes de cet été revient à la tomates. Super protégée sous les tunnels, elle a réussi à passer l'épreuve des nuits fraiches aussi et nous avons bien travaillé en la plantant ! Jean-Michel a eu raison de nous faire confiance ! Et c'est un bonheur renouvellé chaque année que de la voir commencer à mûrir, grossir, de voir les grappes s'allonger au fur et à mesure des tailles. Les différentes couleurs égaillent les rangs et je découvre les formes qu'elles peuvent prendre quelques fois naturellement ou quand elles se trouvent coincées entre les tuteurs ou les attaches! Selon la quantité récoltée au jour le jour, la décision de faire des bocaux, de les manger nature, ou de les déshydrater sera prise.

_ *Ouh lala! Tu as vu sur les tomates du bout du tunnel ? Il y a quelques feuilles qui sont bien tâchées !*
_ *Oui, j'ai vu ce matin en faisant le tour... Opération bicarbonate de soude... Je ferais ça demain matin... En intervenant maintenant, ça ne prendra pas de proportion... Par contre, si tu peux faire un complément d'arrosage au tuyau directement au pied, ce serait bien. Evitons, en plus, un stress hydrique. Il faut les maintenir humide. S'il pleut dehors, ce n'est pas le cas sous abri !*
_ *Ok, je m'en occupe.*

Dans la petite serre bien fermée, la récolte va commencer dès le début juillet. Dans le tunnel ouvert des 2 bouts, il faudra attendre le début d'aout et, dans le grand tunnel fermé, les premières apparaitront mi-aout. Et nous pourrons étaler la production jusqu'aux premières gelées dans la petite serre, car la taille se fera en gardant des bouquets de fleurs jusque tard en saison. Contrairement aux autres pieds, qui eux ne conserverons que les bouquets de fleurs de l'été. Avec un entretien minutieux, nous cueillons des tomates jusqu'en novembre sans problème. Les dernières finissent de mûrir à la maison, évidemment. Elles seront moins goûteuses mais c'est agréable de pouvoir en profiter si longtemps.

Pour la médaille de bronze, plusieurs cultures se battent la place. Toutes les cucurbitacées sont en concurrence... Entre les cornichons, les concombres, les courgettes et les citrouilles diverses et variés, elles sont dans une course effrénée. Leurs tiges s'allongent si rapidement que tous les jours, on peut les voir pousser.

_ *Tiens, aujourd'hui j'ai repoussé les tiges de concombres qui commençaient à sortir sur le chemin ! Les premiers se forment dans la serre ! Hier, il n'y avait rien !*
_ *Regardes bien les cornichons ! Ça ne va pas tarder ! Si on en veut des fins, il faut y aller tous les jours ! Tu as encore du gros sel ?*
_ *Oh, oui ! Je vais essayer une nouvelle recette cette année !*
_ *Encore ? Tu est sûre qu'elle sera bonne ?*
_ *Ben non, mais il faut bien changer de temps en temps et prendre des*

risques !
_ *Moui... Si tu veux....*

Les petites courgettes grossissent vite et selon l'utilisation il va falloir les cueillir plus ou moins grosses ! Jean-Michel en sème plusieurs pieds à intervalles réguliers dans l'été pour avoir une production étalée jusqu'aux gelées, aussi. Quelques fois, un simple voile de culture les protège des premières gelées de novembre et repousse les dernières de quelques jours.

Les citrouilles commencent à s'étaler. Les pommes d'or et les butternuts sont très rapides en développement. Si les liévres et les chevreuils ne viennent pas les grignoter, elles vont devenir énormes avec tout le paillage qu'il y a ! Cette année, elles sont à l'extérieur du jardin ! Quelques fois les chevreuils viennent grignoter les feuilles et parfois même les fruits, mais cette année, ils ont été sympas !

Dans la serre nous mangerons notre premier concombre avant la première tomate ! Puis Jean-Michel en sèmera dans la grande serre plus tard. Si la variété nous convient, il essayera de garder de la graine et de la reproduire l'année prochaine. Pour cela, il faut planter des variétés non croisées. C'est à dire pas de F1 ou F2 (correspondant au nombre de sélections). En général, c'est un détail que l'on remarque sur les étiquettes, dans le commerce. En milieu d'été, je tombe sur un plant de cucurbitacé qui a levé tout seul.

_ *Tiens ! C'est quoi ça ?*
_ *Je ne sais pas ! Il ne gêne pas, alors laisses le pousser et on verra bien !*
_ *Ah oui ! Ça peut être marrant !*

Quelques semaines plus tard...

_ *C'est bizarre ça ! Regarde la couleur des feuilles !*
_ *Ben oui ! On a pas fait de cette variété depuis un moment !*

On laisse pousser encore...

_ *Ca y est ! Voilà un fruit ! Mais... C'est une courge de siam ?*
_ *On dirait bien... J'en ai pas semé depuis un bon moment pourtant !*
_ *Sûrement une graine qui a attendu le bon moment et le bon endroit pour elle !*
_ *Et elle a de la chance ! Elle a trouvé sa place !*
_ *Depuis le temps que je voulais en refaire ! J'espère que la météo va être clémente car il lui faut du beau temps et une belle arrière saison aussi, si on veut des beaux fruits !*

Et voilà. La saison sera idéale pour elle à partir de ce moment et on se retrouvera avec un nombre impressionnant de fruits à l'automne. Sachant qu'ils peuvent se garder jusqu'à 2 années en cave. La nature a choisi ! Une culture va être particulièrement impactée par la météo cette année. C'est le haricot vert.

Le premier semis a pourri avant de lever, à cause de la pluie. Le deuxième a eu du mal à lever car les limaces étaient voraces et bien présentes à ce moment là. Il faudra attendre le troisième pour avoir de quoi faire quelques bocaux pour l'hiver. Par contre le dernier, lui, va produire jusqu'aux gelées avec des arceaux et un voile qui les protégeront un peu. Ce qui est drôle avec lui, c'est que les lièvres et les cheveuils en raffolent et ne mangent que les feuilles. Alors quand ils font une virée au jardin au moment de ce légume, nous le découvrons vite ! Maintenant, je les protége avec des voiles dès les premières "attaques". Quand ils y gouttent une fois, c'est fini pour la saison. Ils reviennent invariablement. La clôture est "secouée" régulièrement! C'est rageant mais efficace.

Cette année, j'ai même droit à 2 rangs de soja ! Quelle joie !! C'est un des légumes que je trouve le plus dur à écosser. Et avec 2 à 3 graines seulement par gousse, il faut de la patience. Mais au moins, il est sans OGM celui-là ! Et messieurs les lièvres et les chevreuils adorent ça aussi, alors c'est pas gagné pour le récolter ! Etrangement, cette année, ils n'y toucheront pas. Et Jean-Michel pourra récuperer des graines pour l'année prochaine....

Les oignons ont eu du mal aussi avec l'humidité. Eux qui aiment plutôt le sec, n'ont pas été gâtés ! Il a fallut les arracher de bonne heure et les rentrer en tunnel pour les faire sêcher. Il reste des petits oignons blanc qui repoussent encore ! Ça fera une récolte décalée ! Et en les laissant grossir un peu, ça complètera ceux qui n'ont pas poussé ! Tout l'été, il va falloir suivre les arrosages, les desherbages, les tuteurages, les tailles, les sarclages, le paillage. Les trop gros légumes et ceux abimés iront nourrir les poules. Elles raffolent des salades montées, du mouron qui pousse un peu partout, des grosses courgettes coupées en deux ou elles picorent les graines, et puisqu'il n'y aura plus de lapin, les restes des autres légumes serviront de paillage, ou iront se décomposer sur le tas de compost qui sera réétalé plus tard ! Le jardin est à son maximum. Pas un rang ne manque, pas une place n'est perdue. Les carrés, qui vont bientot se libérer, devront être paillés ou ensemencés avec de l'engrais vert. Aprés la culture de pomme de terre, le sol y est réensemencé avec un mélange différent chaque année.

L'année dernier, Jean-Michel avait semé un mélange de plantes floriféres et méllifères. Cette année, certaines refleurissent sur le terrain qui n'a pas été cultivé. Un magnifique parterre de souci, de volubilis, et plein de couleurs différentes va nous donner une palette superbe, changeante, jusqu'aux gelées. Les abeilles s'en donneront à coeur joie. Entre les pommiers, les pruniers, c'est un champ de fleurs qui se renouvellent chaque jour. C'est aussi un paradis pour les insectes, et même le gibier. Une cache parfaite ! Et une bonne protection à voir les traces de part et d'autre !

En ce qui concerne le verger, l'été nous y apporte son lot de fruits mûrs à point qu'il va falloir défendre de toutes sortes de prédateurs ! Entre les oiseaux qui adorent les cerises, les limaces qui creusent les fraises et les pommes tombées, les chevreuils qui mangent les pommes directement dans les arbres, les vers qui élisent domicile dans les prunes et les noisettes, il faut être vigilant ! On a tous juste réussi à gouter nos cerises depuis que nous sommes là ! Les noisettes, on n'en parle pas ! Et les pommes, avec toutes les variétés que Jean-Michel a planté sur l'ensemble du terrain, nous en mangeons de mi juillet à fin octobre les années ou elles donnent toutes ! Les récoltes s'étalent et les dernières se gardent juqu'à la fin de l'année. Alors nous pouvons en partager quelques une avec nos amis des bois !

Les fraisiers

Nous partageons aussi pas mal de fraises durant la saison. Même avec les voiles, les merles et les petits moineaux arrivent à les trouver et ce n'est pas une limite pour les limaces! Le sol étant lourd et plutôt long à se réchauffer au printemps, jean Michel a réhaussé les planches de fraisiers, en maintenant les bords avec des planches d'une dizaine de centimètres de haut. Une toile de plantation accrochée sur les bords grâce à de grosses agraffes permet de maintenir la propreté et limite l'évaporation, et les plants de fraisiers sont plantés, à intervalles réguliers, sur trois ou quatre rangs en quinconce. Nous avions essayé la paille, en paillage, mais les temps humides font pourrir les fraises. Ce n'est pas aussi efficace que la toile qui, elle, peut rester en place 3 années durant (Le temps de production pour les plants), et laisse passer l'eau rapidement pour assainir leur espace. Cette année, un ami nous a donné une astuce pour faire du plant à moindre frais, facilement, rapidement.

_ *Il s'agit de laisser les "stolons" pousser entre les pieds. Une fois bien développé, tu remplis des pots de terreau légèrement tassé. Tu les arrose copieusement pour bien l'hydrater. Avec du fil de fer assez fort, tu vas préparer de petits crochets d'environ 3 à 4 cm de longueur. Les pots peuvent être regroupés dans des barquettes du type que l'on trouve en jardinerie, par 6, 8 ou 10. La manutention sera plus pratique et le suivi de l'arrosage aussi. Quand les stolons sont bien développés, tu choisis ceux qui te conviennent et chacun d'entre eux sera déposé sur un des pots, puis fixé avec un crochet pour l'enterrer légèrement et le maintenir dans cette position. Normalement, les stolons devraient être coupés du pied principal du fraisier. Là, tu vas le laisser accrocher tranquillement à son pied qui continuera à l'alimenter le temps de la pousse des racines sur le stolon. Sur ta planche de fraisier, tu vas te retrouver avec plein de pots plantés de stolons bien accrochés avec leur petits crochets. Les autres stolons seront supprimés pour soulager le pied mère. Un arrosage régulier et copieux permettra de garder une humidité précieuse pour le developpement des racines. Deux à trois semaines plus tard environ, tu vérifies que le marcottage s'est bien réalisé, et tu peux le séparer du pied-mère pour retrouver un pied tout neuf qui donnera environ 3 ans.*

Et voilà une méthode qui évite d'acheter du plant de fraisier chaque année. Nous réalisons cette opération 1 fois sur chaque variété. Ce qui permet de remplacer les pieds tous les 2 à trois ans, quand il faut refaire la planche complète. Entre les planches de fraisiers, nous remplissons l'espace de tonte de gazon, paille, herbes diverses arrachées (pas montées à graines surtout!). La décomposition de ces éléments maintient l'humidité, apporte des aliments nutrififs au sol, évite la pousse de l'herbe...

Les stolons sont des rameaux émis par les pieds en été, qui rampent sur le sol et s'enracinent au niveau des noeuds végétatifs pour produire un individu identique. De nombreux végétaux peuvent être multiplié de la sorte. Tous ceux qui ont la propriété de pouvoir faire pousser des racines sur leur tige peuvent être "marcotter" de la sorte.

En cueillant les premières fraises, je me suis aperçue qu'il manquait quelques pieds disparus cet hiver. Quelques stolons repiqués directement à la place vont remplir rapidement les trous et produiront dès la fin de l'été. Je prépare les pots pour commencer ma petite opération de marcottage ce matin.

_ *Jean-Mi !Tu en veux combien de fraisiers pour l'année prochaine ? Je fais quelle variété ?*

_ *Commence par les remontantes et tu complète par les autres aprés ! Il m'en faut pour refaire une planche complète, alors fais-en 200 et je choisirais les plus beaux. L'année prochaine, nous achéterons une autre variété pour les changer un peu.*

_ *Oh! J'aimais bien ceux là, moi ! Elles donnent bien ! Et régulièrement !*

_ *Oui mais j'aimerais bien en avoir une qui donne des fruits plus gros. J'en ai vu une autre qui pourrait être pas mal....*

_ *Hummmmm, toujours à chercher la variété parfaite !*

_ *Ben oui, comme toi avec tes essais culinaires !*

_ *Ok. D'accord. C'est bon. Fait comme tu veux...*

_ *Ben oui, elles sont déjà commandées chez le producteur... On ira les chercher en sologne...*

_ ...

Les réserves pour passer l'hiver

En fin d'été, il va être temps de commencer à préparer la cave pour y stocker les premières réserves.

Les pommes de terre vont être triées drastiquement et rangées par variétés. Ce sont elles qui prennent place dans la cave les premières ! Et après, selon la météo, vont venir les oignons, l'ail et les échalottes. Puis il faudra attendre l'automne pour que le reste suive le même chemin... Les bocaux, eux, commencent à prendrent une bonne place. Entre les tomates au naturel, juste épépinées et épluchées puis stérilisées, la sauce tomate prête à l'emploi, la ratatouille, les haricots verts et beurres, les fuits au sirop, poires, cerises, prunes, la compote de pomme et les cornichons au vinaigre, la production doit nous nourrir tout l'hiver ! Et j'en fais toujours quelques un en plus, pour le cas ou la saison suivante ne marche pas !

Nous avons construit une cave sur mesure dans le hangar. Une pièce avec une isolation renforcée sur les murs et, au dessus du plafond, la réserve de paille garantie une isolation supplémentaire à l'étage. Chaque hiver, nous sommes récompensés de notre travail en voyant que nos légumes se conservent très bien. Il faut juste penser à aérer régulièrement pour éviter l'humidité. Ne pas trop l'ouvrir quand il gèle fort. Il nous a fallu 1 fois ou 2 mettre un petit chauffage d'appoint, quand les températures baissent vraiment mais c'est relativement rare maintenant.

Les légumes qui vont devoir passer une partie de l'hiver dans le jardin, et même parfois tout l'hiver, vont devoir être coucouné. Notamment les poireaux. Ils sont particulièrement mis à l'épreuve durant leur culture. La chaleur et la sécheresse de l'été sur le semis peut être dévastateur. Celui ci ne devra pas peiner d'eau pour se développer correctement avant le repiquage entre la mi-juillet et le début août selon les saisons. Pour ce faire,

Jean-Michel referme les rangs des semis avec de la tourbe, qui va garder l'humidité plus longtemps. Par contre, il ne faut pas la laisser se déssêcher car la réhumectation est parfois délicate et compromet la levée des graines. Quand le plant est bien développé et que la base commence à se renfler légèrement, le "fût" du poireaux commence à se faire. Jean-Michel procède à son repiquage. Il prépare le terrain pour l'ameublir correctement et trace ses rangs pour faire 2 belles planches. Si la terre est trop sèche, il l'arrose pour qu'elle soit juste humide mais pas collante. Quand je suis disponible, il m'arrive de l'aider et de lui préparer le plant.

_ *Tiens, si tu veux, je peux t'aider ce matin pour repiquer les poireaux !*
_ *Ah, oui, je veux bien ! Ça ira plus vite avant qu'il ne fasse trop chaud ! Tu vas commencer à préparer le plant pendant que je prépare les planches ! Attention, il y a 2 variétés ! J'ai essayé une variété plus résistante, il parait ! Le feuillage est plus vert, il se différencira de l'autre variété ! J'en fais une planche de chaque si j'en ai assez. Commence par celle de d'habitude et je compléterai avec la nouvelle variété !*

Arraches bien les racines, mets les par paquets de 20 ou 25 puis coupes les racines de quelques centimètres pour les égaliser et les stimuler à en produire de nouvelles. Ensuite coupes leur feuillage presque de moitié sur la partie verte. N'ais pas peur de couper. Cela leur permet de limiter leur surface d'évaporation le temps de faire des nouvelles racines. Entreposes les dans cette bassine avec de l'eau afin de bien les hydrater avant leur plantation. Tu peux déjà en faire 200. On verra aprés !

_ *Ok ! Je m'en occupe !*

Aprés quelques minutes d'arrachage et de coupe, le plant attend bien sagement en trempant dans la bassine.

_ *Maintenant, tu vas les poser à intervalle régulier sur les rangs et moi je passe derrière pour les planter. Je vais faire un trou profond avec mon plantoir, faire descendre le poireau dedans et refermer en faisant le même trou juste à côté et en appuyant la terre sur sa longueur du poireau. Ça va coller la terre aux racines, et un bon arrosage finira de le sceller. Il ne faut pas laisser de poche d'air au niveau de ses racines qui pourrait compromettre la reprise ! Voilà! C'est parfait.... Tu peux passer le tuyau entre les rangs, dans la rigole, pour les arroser ?*

L'eau va couler doucement dans le rang en creux pour bien détremper la terre. Le travail est facilité par une terre bien meuble et bien légère.

_ *Ok ! On a finit ! Un bon travail de fait ! Je vais mettre les arceaux à intervalle régulier. Peux tu aller chercher le rouleau de voile d'hivernage dans le hangar ? Et la ficelle aussi ?*
_ *Ok, j'y vais. Les ciseaux aussi. Tu ne mets pas les tuyaux d'arrosage goutte à goutte ?*
_ *Si, Si ! Je m'en occupe pendant que tu ramènes tous le reste du matériel justement. Le temps que je fasse les branchements, tu as le temps !*
_ *Ah bon ! Ok !*

Depuis quelques années, Jean-Michel protège ses poireaux de la mouche en mettant un tunnel sur la planche dès le début de la culture, avec un voile de forçage dessus. Le travail est important à la mise en place mais aprés, il n'y a plus rien à faire et cela évite de se retrouver avec des poireaux minés par les vers ! Des tuyaux de gouttes à gouttes sont installés entre les rangs pour pouvoir les arroser tout l'été plus facilement sans perte. Une fois le voile posé sur les arceaux, et maintenu par une corde, il va être calé de part et d'autre avec un bon lit de paille pour boucher les trous éventuels, et augmenter la protection. Aucun insecte ne pourra passer dans les prochains mois ! Il faudra juste ouvrir deux ou trois fois le tunnel pour enlever les herbes trop présentes, buter les poireaux afin de leur assurer un fût assez grand, et parfois rajouter un peu de sang déssèché entre les rangs pour les booster un peu. Nous ne retirerons le voile qu'au mois de décembre quand les températures deviendront négatives et que je commencerai à en avoir besoin pour les bonnes soupes.

<u>Trop de pommes au verger</u>

C'est un comble, cette année les pommiers d'été croulent sous les pommes. La première variété, qui arrive mi juillet, est une variété ancienne qui donne des pommes ne se gardant pas très longtemps. Il faut réagir vite pour les ceuillir au bon moment. Si je les récolte juste un peu avant sa complète maturité, je peux espérer les garder un peu plus longtemps, en les mettant au frais dans le hangar.

Mon imagination sur les différentes façons de les accomoder va devoir s'enrichir. Et je vais affûter mon matériel. Entre les jus de pommes, la compote, les tartes, les pommes au four, le cuir de pomme, les smothies, la pâte de fruit, les sorbets, les crumbles, et les gâteaux aux pommes, la palette est large. Chaque année, j'adapte mes recettes avec la production et les variétés. Et toutes les bonnes idées sont les bienvenues.

Les variétés qui arrivent plus tard se gardent un peu mieux pour de la pomme à couteaux. Mais il va falloir être vigilant pour les conserver. En cagettes, elles devront être surveillées souvent, afin de retirer celles qui se gâtent, pour ne pas contaminer les autres. Le stockage se fera au plus frais possible. A cet effet, nous avons transformé une grande armoire en bois avec des étagéres. Le pommier est un arbre très résistant et les nombreuses variétés anciennes et nouvelles nous apportent une palette exceptionnelle. Jean-Michel est toujours à la recherche de la perle rare à mettre dans son jardin. Chaque année, lui aussi, cherche la solution pour avoir le pommier parfait à inclure dans sa collection. Quand un donne des signes de faiblesse, il prend les devant pour le remplacer rapidement.

_ *Tu as vu le pommier devant la maison est mal en point ! Il est vieux et a bien donné depuis quelques années mais il commence à peiner maintenant !*

Il est vrai qu'il était déjà là quand nous sommes arrivés et, depuis une douzaine d'années, il nous a gâté de ses pommes en fin de saison, qui se gardent bien. C'est une vieille variété. Une qui a fait ses preuves. Sa floraison au printemps est magnifique avec ses grosses fleurs blanches et rosés. Elles ont un parfum qui embaume toute la cour à la floraison.

_ *Et bien il est temps de prévoir son remplacement ! Je vais en greffer un dans le jardin. Ce sera son fils, sa descendance.*

Et voilà Jean-Michel parti faire une greffe d'été, sur un petit pommier planté quelque temps avant, à un endroit stratégique bien choisi, afin de recevoir le dit greffon pour perpétuer la lignée de la variété. Il va proceder avec un "greffon" qu'il déposera précieusement sous l'écorce de son porte greffe, puis ligaturera le tout avec un lien naturel. Dans quelques mois le greffon se développera et le lien pourra être retirer pour le laisser prendre sa place. Il existe de nombreuses manières de greffer. Et là aussi, la technique doit être précise. L'état sanitaire du porte-greffe et du greffon est essentiel et les caractéristiques de l'un va complèter les caractéristiques de l'autre. Une manière d'adapter une variété plus fragile à un type de sol, de climat un peu différent.

DU COTE DU POULAILLIER

Chez nos amies les volailles, la vie est super belle! Les jours sont longs, alors les promenades sont l'occasion de visiter les alentours! Elles prennent leurs aises et rien ne leur résiste. Les insectes n'ont qu'à bien se tenir. Les vers de terre qui ont le malheur de sortir en sont pour leur frais. Elles grattent partout, passent partout, ce qui permet aussi un nettoyage des endroits inaccessibles à notre broyeur, débroussailleuse ou tondeuse. Même les serpents ne sont pas épargnés. Par contre, quand le temps est trop sec pour le sous-bois, elles viennent prendrent leur quartier d'été dans le jardin potager ou d'agrément. Alors, les parterres de fleurs, les planches de légumes souffrent un peu des grattages incessants. Le paillage que je m'évertue à remettre en place après leur passage en fait les frais également. Et oui, la fraicheur attire les insectes sur le sol humide !

La poule est un animal rustique qui s'auto-suffit si on lui en laisse la possibilité. Chez nous, elles ont tout le loisir de mener leur vie comme elles le souhaitent…

Couvée surprise

Un matin, en allant nourrir ces demoiselles, je tombe sur une nichée bien belle. La poule, qui ne rentrait plus depuis quelques temps, refait surface. Et, avec elle, sa descendance. Des petites boules de plumes ou plutôt de duvets encore, virevoltent autour d'elle. J'ai du mal à les compter. Elles se déplacent trop vite. Et la maman garde ses ailes encore légèrement ouverte pour que ses rejetons puissent se mettre au chaud de temps en temps. Impossible de les voir tous ensembles... Je compte, je recompte...

_ *Bon ,vous arrêtez de bouger ! Bigre! Il y en a combien? Mais arrêtez vous ! Bon, ok, j'attendrais! Vous avez faim?*

Les poussins qui viennent de naitre ne mange pas le premier jour. Ensuite, ils picorent rapidement leur nourriture autour de leur maman. Je leur met à disposition un mélange spécial poussins les premiers jours et rapidement, ils passent à une nourriture naturelle. Le mélange de blé et maïs suffit à compléter l'alimentation qu'ils trouvent à disposition autour d'eux. Un peu de pain mouillé de temps en temps leur apporte des glucides. Ils en raffolent. Les pigeons aussi.

En été, je peux diviser leur ration journalière par deux. La nature, le jardin sont suffisamment riches pour leur offrir ce dont ils ont besoin. Rapidement, les poussins vont prendre leur place et la maman va avoir du combat pour les garder autour d'elle, et les protéger des risques que comportent leur aisance actuelle. Il va falloir qu'ils apprennent à vivre avec les autres membres de la famille. Et cela va les entrainer dans de drôles de péripéties... En attendant, leur plumage se forme lentement et nous découvrons petit à petit les mélanges de teintes. Nous avons des poules aux couleurs différentes et un coq différent aussi. Il faut dire que celui-ci est régulièrement remplacé ! Accident de parcours avec un chien, coq trop méchant dont il faut se séparer, les histoires sont rocambolesques parfois. Alors les croisements qui se forment nous apportent des surprises. Avec un coq de type brahma que nous avions gardé quelques temps, nous avons eu des poussins avec des plumes sur les pattes et une stature altière plus importante que la moyenne. Mais ce n'est pas une race bien adaptée à ce mode de vie. L'humidité, la neige, les conditions trop rudes de notre élevage ne sont pas idéales pour elles. Nous avons du nous en séparer.

Donc, les poussins grossissent bien et ont fière allure ! Chaque jour, ils gambadent autour de leur maman qui les surveille constamment! Comme nous ne fermons que trés rarement la porte du poulaillier l'été, et qu'en plus ils sont nés dieu sait ou dans la nature, ils n'ont pas l'habitude d'être enfermés. Ils dorment ou bon leur semble. Quand la saison est mauvaise, quelque fois, la maman arrive à rentrer tout son petit monde au poulaillier au moins la nuit. Une fois adulte, les poussins restent fières et plus difficiles à approcher. Ils ne sont pas sociabilisés. Avec un peu de patience, j'arrive à leur faire prendre la direction de la volière chaque soir avant l'hiver afin de les préparer. Parfois ma chienne m'aide en les guidant. Un vrai chien de troupeau, celle là ! Elle a compris ce que je voulais. Mais parfois cela tourne au pugila complet car elle veut jouer avec ! La maman défend ses petits en fonçant sur le chien et en caquetant, cela attire le coq qui lance des cris ! Et les autres poules détalent dans l'autre sens ! Personne ne rentrera ce soir !! Rater !!!

Une deuxiéme couvée arrive cette année là. Mais celle-là, on a essayé de la maitriser un minimum. Une poule qui s'évertuait à couver tous les oeufs du poulaillier, a été isolée avec quelques oeufs. Les siens mais aussi d'autres qui ne lui appartiennent pas. Elle s'en fiche. Elle est contente. Bien à l'abri dans un clapier à lapin, dans la cour de la volière, les petits vont pouvoir arriver sans dommage. Effectivement, l'éclosion est belle et un matin en allant les nourrir...

_ *Eh, bonjour ma belle ! Encore sur ton nid ? Tu vas nous les montrer quand tes bébés ?*

J'entrouvre le clapier comme chaque matin et subitement, alors que depuis presque 1 mois elle ne bougeait pas, elle me pique la main sauvagement.

_ *Eh, c'est quoi ça ? Qu'est ce qui te prends ? Ouh mais c'est quoi ça, Qui se promène sous toi ?*

Voilà des petits becs qui dépassent des plumes ! Alors là ! Attention ! La maman poule devient une tigresse! Et rien ne peut la retenir ! Prestemment, je finis de la nourrir et la laisse tranquille dans son clapier. Je reviendrais plus tard voir comment ça se passe !
Quelques heures plus tard, je reviens voir la petite famille. Et tous le monde se promène là-dedans ! J'arrive à compter 6 poussins.... C'est magnifique... Des boules jaunes d'or et d'autres plus grises cherchent à rentrer sous la maman pour se mettre au chaud. Il n'y a que les becs qui dépassent par moment. Je me dis que demain je vais pouvoir les lâcher.
Dans l'aprés-midi, je retourne voir le spectacle. C'est trop mignon... Il faut que je vois ça !

Rencontre du 3eme type

En me penchant pour voir la petite famille, je decouvre que la mangeoire a changé de place. C'est un peu le capharnaüm la dedans ! Mais qu'est ce qu'il se passe ! Ah oui, la maman ne tient plus au nid maintenant que ces bébés sont nés et elle bouge en déplacant l'abreuvoir et la mangeoire ! Les bébés gambadent de plus en plus aussi. Ils sont espiègles! Bon, je décide de leur ouvrir dès maintenant ! Pas le choix ! C'est le cirque là dedans ! Ils ont besoin de liberté maintenant ! Alors la liberté leur sera redonnée !
J'entrouve la porte et la poule me saute presque dans les bras ! Elle me fait part de son agacement à avoir été ainsi enfermée ! Les petites boules la suivent avec empressement mais un peu maladroitement en descendant la marche du clapier un peu haute. Je m'empresse de les compter au passage.

_ *Un, deux, trois, quatre ... Eh! doucement... cinq... Eh, j'en avais compté six, moi ! Il est ou le sixième ? Mais qu'est ce que c'est que ça ?*

En déplacant la mangeoire, la poule a coincé un des petits le long de la paroi du clapier. Il est inerte, tout mou, livide. Je le prends dans ma main....

_*Oh mince alors ! Mais que c'est dommage ! Mon pauvre petit !*

Un instinct me pousse à tenter quelque chose. Je recouvre le poussin de mes 2 mains et me mets à souffler sur lui comme pour le réchauffer. Je masse délicatement sa poitrine avec un seul doigt et ressoufle encore. Je reste ainsi quelques minutes et au moment ou je me dit "*bon, j'ai tout essayé ! Si c'est sa destinée ! C'est comme ça.*". Je sens quelque chose. Un souffle de vie. Tout doucement, il semble revenir à lui... Je lui caresse la tête, la poitrine et son petit cou chétif se raffermi. Je suis ébahi... Pendant ce temps, maman poule a repris place sur son nid et les autres poussins ont réussi, avec beaucoup de pugnacité, à remonter dans le clapier. Super, j'en profite pour remettre le survivant sous la maman. Elle me pique la main, juste à petit coup de bec, pour me faire comprendre de ne pas m'attarder !

_ *Ok ,Ok, voilà, je te le redonne ! Prends soin de lui ! Je vais retirer la mangeoire pour que ça ne recommence pas. Vous mangerez demain maintenant.*

Et il disparait sous les plumes chaudes de sa maman. Le soir venu tout le monde est au chaud dans le nid, dans le clapier que je referme prudemment. Je verrais demain ce que je peux faire. En attendant, tout le monde doit se remettre de cette belle expérience. Naissance, délivrance, renaissance... Le lendemain, ils vont tous très bien et sont impatients de sortir ! Bon il va falloir étudier une rampe d'accés pour que les poussins puissent descendre et remonter rapidement sans encombre !
Je cherche un morceau de bois adapté à la hauteur du clapier, et trouve un bout de bastaing idéal. C'est parfait. Ils vont pouvoir sortir, rentrer comme ils veulent sans problème. La maman va être plus tranquille et je pourrais les fermer le soir le temps qu'ils prennent leur place dans la volière avec les autres. Effectivement, durant plusieurs jours, je n'aurais pas de problème. Le soir venu tout le monde rentre. Mais ça ne va durer ! La liberté est trop bonne ! Ils s'aperçoivent qu'ils doivent m'attendre le matin pour sortir ! Alors plus les jours passent, et plus ils rentrent tard ! En espérant ne pas

être enfermés ! Bientôt, c'est peine perdu ! J'ai beau les repousser vers la volière le soir, ils n'ont plus envie de rentrer ! Alors, vaille que vaille, je les laisse vivre leur vie jour et nuit. Nous verrons en fin de saison ce qu'il en est ! Maman poule est aux anges, elle emmène ses bébés partout sur le terrain et ils suivent sans difficultés, aucune. Même le rescapé reprend le dessus rapidement. Il reste, certes, un peu chétif par rapport aux autres mais il suit le mouvement, courageusement. C'est un bonheur de les voir courir les uns aprés les autres.

Ce sera moins le bonheur quand, à la fin de l'été, ils vont passer la journée dans le jardin à gratter, picorer, étaler les paillages que l'on aura installé.

_*Oh la la ! Elles ont tout retiré le paillage sur les celeris ! Et elles s'attaquent aux tomates à leur portée dans le tunnel ouvert aux 2 bouts !*
_ *Tu crois que ce sont elles dans les tomates ? Ce ne serait pas plutôt les merles ?*
_ *Je n'en sais rien, je ne les ai pas vu faire, mais en tout cas il va falloir faire quelque chose !*
_ *Ok , je mets des filets au 2 bouts !*
_ *Parfait ! Merci ! Et il faut redresser les paillages un peu partout ! Ah lala ! Les chiens vont leur faire une "course à l'échalotte" de temps en temps ! Ça va peut être les empêcher de venir un temps !*
_ *Tu parles ! Elles n'ont pas peur très longtemps ! A peine on est partis, qu'elles y reviennent !*
_ *Et bien demain, j'y vais avec les 2 chiennes !*
_ *Fait attention avec Gazette ! Elles est drôlement rapide avec les poules !*

Le lendemain, je prends les 2 chiennes avec moi et vais faire une ballade surprise jusqu'au jardin, au moment ou je sais que les poules y seront !

Et bingo ! De loin, je les vois qui grattent à qui mieux mieux.

_ *Ok les chiens, je compte sur vous ! Doucement.... Là.... On leur fait juste peur, hein !!*

Les 2 chiennes ont bien compris que nous n'étions pas là pour rien ! Pour une des deux, Delta, pas de problème, elle est plus calme et moins excitée sur les poules. Pour la deuxième, sa fille, Gazette, de son prénom, c'est une autre histoire...C'est une pure griffon kortal qui chasse comme une horloge et une fois l'instinct réveillé, ça peut déraper à tout moment. Et je ne leur ai pas mis leur collier électrique indispensable à la chasse, en plus. Surtout sur de la plume. Au début, elles se tiennent bien toutes les deux. Les poules sortent du jardin avec pertes et fracas. Ça piaille dans tous les sens et les poussins déjà bien gros volent pour aller plus vite.

Delta a compris que son travail était fini et repart batifoler tranquillement mais il y en a une qui s'est prise au jeu... Elle n'a pas l'intention de s'arrêter en si bon chemin et elle poursuit les poules en dehors du jardin. Je m'égosille à la rappeler. Peine perdue. Elle est toute à son travail et on peut voir à ce moment là qu'elle a de la technique ! Elle repére les poules qui se détachent du groupe. Je crie un gros :

_ *Non ! Non ! Gazette, non !*

Elle marque un temps d'arrêt et change de direction ! Elle repars sur une autre à l'opposé de la première ! Je la vois telle une flêche, foncer sur une qui atterrit maladroitement dans le sous-bois. Et ma bouche s'ouvre mais.... trop tard.... Les pattes de la chienne se pose sur le dos de la poule et la gueule se plante dans le cou... Il ne faut pas plus de 3 secondes pour que la poule se retrouve par terre, morte, inerte. Le temps que je rejoigne le terrain de la bataille, l'affaire est faite, c'est net.
Gazette me regarde, en ayant l'air de me dire "t'as vu ! J'ai bien travailler ! J'ai fait mon boulot !". Et oui, elle n'avait pas tout compris !! Comment lui en vouloir ! Delta vient sentir la poule aussi et repars, déconfite. La poule ne sera pas perdue, elle servira de repas dans les prochains jours. Et moi, ça me sert de leçon. La prochaine fois, je n'emmène que Delta ou avec Gazette et son collier !

Cet été là, Gazette nous fera le coup de la poule 2 fois. Elle ne supporte pas de les voir se promener impunément sur son territoire ! Non mais ! C'est plus fort qu'elle !

La chute de ponte

Dés que les heures d'ensoleillement augmentent, la ponte chez les poules reprend car son cycle se cale sur la durée d'ensoleillement. Il arrive un moment, ou elles aussi doivent faire une pause. Leur cycle est régulé, comme nous, par leurs hormones de reproduction. Une poule commence à pondre entre 6 à 8 mois après sa naissance selon la race. La première année, elle est à son plein "rendement" puis, chaque année passée voit une chute progressive de sa capacité à pondre. Au bout de la troisième année, la chute est significative pour s'arrêter au bout de 6 ans environ.

Dans son cycle, des périodes de mues vont lui permettre de remplacer ses plumes par des nouvelles toutes belles pour attirer les partenaires éventuels. Ces mues interviennent à partir de 18 mois et durent de quelques jours à, parfois, quelques semaines selon l'état sanitaire de la poule. Plus la mue se fait vite et plus la ponte revient vite, car durant la mue, la ponte s'arrête. L'idéale étant de prendre des poules de début printemps pour qu'elles commencent à muer l'été suivant. Période idéale pour une bonne alimentation et un bon climat qui assure une reponte rapide.

Les principales causes d'arrêt de ponte vont être le début d'hiver avec les jours les plus court, les chaleurs trop élevées d'été, une humidité trop importante dans leur espace de vie, les stress divers liés à l'environnement, comme les dérangements fréquents par le bruit, ou les activités autour d'elles, les maladies et les insectes liés à une concentration trop importante de poules au même endroit, et donc, les mues qui vont intervenir 1 à 2 fois par an selon leur cycle.

Nos belles cocottes ont repris leurs activités de ponte dès le mois de janvier. Elles ont la chance d'avoir un bel espace, ou toutes peuvent trouver leur place sans se marcher desssus, sans courant d'air, avec la possibilité de sortir dans une volière aérée mais protégée de la pluie et nettoyée régulièrement, une porte qui est fermée aux périodes les plus sensibles quant aux risques éventuels de tomber nez à nez avec des dangers mortels.

Cette année, elles sont au meilleure de leur forme et de leur production en début d'été et, vers le milieu de l'été, des plumes commencent à semer leurs passages les plus fréquents. Chaque jour, le nombre d'oeufs diminue pour parfois être complètement nul. Elles muent pour la plupart.... D'autres sont en fin de vie et ne pondent presque plus. Au printemps prochain, il faudra allez en chercher 2 ou 3 autres pour renouveler le cheptel. Nous changerons de couleur, parfois de race, pour les différencier. Parfois, il m'arrive de m'apercevoir que des oeufs disparaissent avant que je ne puisse les ramasser. Et que les pigeons semblent stressés à mon approche. Il y a suspicion de présence de rats autour de la volière.... Alors, nous devons intervenir... Pièges, poison bien protègé pour ne pas que d'autres animaux en face les frais, passages réguliers des chiens qui va les déranger et surtout, il faut éviter à tout prix de laisser de la nourriture à leur portée. La ration des volailles devra être portionnée et mise en plusieurs fois dans la journée pour éviter que les restes nourrissent les rats. Les périodes à surveiller sont le printemps, durant lequel il y a de nombreuses portées de ratons à nourrir et l'automne, parce que ces même familles cherchent un endroit pour hiverner. Une année, nous avons eu une famille de rat très active qui attendait que les pigeonnaux descendent du nid et qui (tout juste emplumés ceux-ci sont encore très vulnérables) venaient les manger dans le poulailler. Nous avons retrouvé des cadavres durant quelques jours avant de pouvoir les éliminer efficacement.

DANS LA CUISINE

De ce côté, la aussi, j'ai fort à faire. Quand tout le jardin est en ébullition, la marmite à la cuisine aussi. L'imagination doit être aussi riche que la diversité du moment. Les récoltes s'enchainent et chacune des variétés présentent au jardin va devoir trouver sa place d'une manière ou d'une autre dans la cuisine. Tout a son utilité dans la nature à chaque période de l'année. Il ne faut que regarder ce qui s'y passe et s'adapter au mieux pour y survivre. Telle la cigale et la fourmi, chacun prend ce dont il a besoin.

Depuis de nombreuses années que je transforme ce que l'on produit, je réalise que je possède pas mal de matériel maintenant. Entre le stérilisateur, la machine à faire des pâtes, l'extracteur à jus (à chaud ou à froid!), à noyau, le déshydrateur, le hachoir, la trancheuse, la turbine à glace et tout les récipients, saladiers, bocaux de toutes contenances, ustensiles divers et variés, la cuisine recèle d'une miriade de choses utiles pour faire un travail minutieux en toute sécurité.

La déshydratation

Une des méthodes couramment utilisée pour la conservation est la déshydratation des aliments. Plus poussée que le séchage des légumes secs, elle permet de réaliser certaines recettes ancestrales. Cette année, les pommiers sont très généreux et certains croulent sous leurs fruits au fur et à mesure que ceux-ci prennent leur sucs.

_ *Mais qu'est ce que je vais faire de tout ça ? On ne va pas se lever la nuit pour en manger !*
Je vais nous faire du jus de pomme, tiens. Mon extracteur à chaud va pouvoir sortir du placard ! Et je vais voir combien de temps il va se garder en bouteille !
_ *Eh , mais il va se vinifier !*
_ *Et bien on verra ! Encore une expérience à faire !*
_ *Tu vas nous faire attraper la colique !*
_ *Ah ah ah ! On verra bien !*
_

J'aime faire des expériences. Alors je tente le coup. Je remplis mon extracteur et 1 heure après, du bon jus ambré coule tout chaud dans des bouteilles en verre bien propre. Elles sont fermées immédiatement avec leur bouchon capsule (type limonade) et certaines iront rejoindre la cave quand d'autres seront dégustées rapidement. Je fais plusieurs tournés pour avoir plusieurs bouteilles ! En vidant l'extracteur de ses pommes cuites et sans jus, je me dit qu'il est dommage de perdre tout ça ! Mais qu'en faire ? Une idée me vient... La déshydratation... Je me suis équipée d'un déshydrateur l'année passée pour faire des tomates séchées... Pourquoi ne pas essayer ! J'ai tout ce qu'il me faut sous la main ! Allez je me lance !

Mais je dois encore passer les pommes au moulin à légumes pour en tirer une compote fine et régulière ! Car mes pommes ne sont pas épluchées ni évidées dans l'extracteur ! Je sors le moulin à légumes, copie conforme de celui de nos grand-mères, réactualisé en couleur chatoyante, toujours aussi efficace. La compote est belle et épaisse. Je la laisse refroidir et pendant ce temps,je regarde sur internet ce que je peux trouver sur le sujet car je ne sais pas encore du tout ce que je vais en faire de cette belle compote peu sucrée ! Et là, je découvre une recette qui s'appelle le "cuir de pomme", mais qui peut se faire avec d'autres fruits également. Recette ancestrale, utilisée il y a bien longtemps pour que les navigateurs puissent emmener des denrées non périssables et fraiches sur les navires, de longs mois durant. Nos grands-mères en faisaient des bonbons sans sucre... De nos jours, la recette n'a pas évolué et existe toujours. Génial ! C'est parfait !

Je sors mon déshydrateur, encore plus reboostée par ma trouvaille. Minute de vérité ! J'étale ma compote en couche mince sur chaque étage et voilà la première tournée en route... ça sent bon dans toute la maison comme une confiture qui cuit lentement... Je surveille précautionneusement chaque plateau, au fur et à mesure de la déshydratation. Il va falloir quelques heures... Et bientôt, je m'aperçois que la compote est devenue une espèce d'élastique plat et cassant. Ça doit être bon. J'arrête la machine et commence à découvrir mon nouveau produit. Encore tiède, c'est un peu cassant mais refroidi, le "cuir" se détache des plateaux facilement. Par petite plaque, je le retire. Je goute. Et la pomme reprend l'humidité dans ma bouche... C'est top ce truc ! Et trop marrant ! Un peu acidulé ! Ça doit dépendre de la variété utilisée surement ou du sucre ajouté ! Je décide de couper des bandes régulières et de les rouler en petits rouleaux. Coupés en petits cubes, cela va faire des "bonbons" fantastiques ! Et voilà, c'est parfait. Alors c'est parti pour plusieurs tournées! Je les mets dans des petites boites de conservation et plusieurs années aprés, j'en retrouverais perdu au fond d'un placard ! Toujours consommable ! En guise d'encas apéritif, c'est original !

Mon jus de pommes, refroidi, est extra. Il se garde bien au frigo. Un peu siroteux car bien concentré en suc de la pomme, il sera mélangé avec de l'eau, pétillante ou non, bien fraiche. Un beau mélange très désaltérant.

_ *Ok ! C'est pas mal ton truc ! J'avoue!* Jean-Michel est conquit.

Les bouteilles que j'ai mises en réserve, à la cave, vont nous fournir une toute autre expérience dans quelques mois...

Ma période déshydration se poursuit toute la saison. Je fais des essais de beaucoup de choses plus ou moins réussis. Le persil est LE BON PLAN aussi. Mit en bocaux bien sec, il va se conserver tout l'hiver sans problème et son utilisation dans les terrines de viandes, les mijotés, les vinaigrettes, les soupes ou autres, est vaste. La préparation prend un peu de temps car seules les feuilles seront déshydratées. Les tiges doivent être retirées. Le persil est lavé concentieusement, puis laissé sêcher quelques heures avant d'être effeuillé pour sa mise en plateau. La déshydratation est rapide car les feuilles sont fines.

L'année dernière, mon essai de tomates sêchées conservées dans l'huile m'a conquis alors cette année, je vais en faire davantage. Avec une huile bio de bonne qualité, échalotte, et herbes diverses, ça va faire une huile parfumée dont je peux me servir aussi pour les bonnes vinaigrettes ! Les tomates vont, elles, parfumer un cake, une salade composée, une mayonnaise. Par contre, l'année dernière, je les ai un peu trop déshydratées et elles étaient un peu trop sêche. Attention, cette année, je vais devoir reduire le temps. Pour les courgettes, c'est pas top. L'utilisation, une fois déshydratées, ne permet pas de retrouver une bonne consistance. Je ne recommencerais pas.

Sans déshydrateur, il est possible de se servir d'un four classique à très basse température. Cela demande un peu de surveillance et d'habitude pour trouver le bon réglage selon les aliments. Les déshydrateurs électriques étant pré réglé, il est plus facile de trouver la bonne température.

Quand le thé se parfume aux odeurs du jardin : En déshydratant quelques heures des fleurs de jasmin, des pétales de roses, des feuilles de menthe, vous pouvez réaliser des mélanges de thé rafraichissants à moindre coût pour un hiver aux senteurs d'été! Je mélange un peu de thé vert ou noir avec quelques feuilles ou fleurs déshydratées et le tour est joué… Il va me falloir une pleine boite en fer blanc de feuilles de menthe déshydratées pour passer l'hiver ! Quelques tours de déshydrateur plus tard, la réserve est faite !

J'ai fait un essai d'une décoction de feuilles de menthe et de mélisse fraiche cet été. Un régal autant bien chaud que froid. La mélisse a les mêmes propriétés que la menthe et le mélange est très agréable. Je vais, pour elle aussi, utiliser encore la même méthode pour pouvoir en bénéficier cet hiver ! Je fais ma décoction en mettant quelques branches de Menthe et de Mélisse dans une casserole d'eau froide. Je monte à ébullition quelques minutes, puis, je filtre le mélange. La décoction permet l'extraction des principes actifs de la plante. Elle est utilisée pour les racines, les graines, les écorces et aussi les feuilles et les tiges.

Les propriétés de la Menthe permettent une meilleure digestion. Elle est fortifiante et tonique et aide à combatte aussi les insomnies.

La mélisse, qui possède le doux nom grec de Mélissa qui signifie Abeille, soigne l'anxiété, les nausées, les crampes d'estomac, et aussi les digestions difficiles.

Imaginez les bienfaits de tous cela ensembles !

Le kéfir

Après la déshydratation pour la conservation, nous devons penser à nous hydrater et il existe une boisson gazeuse originale et très simple à faire soi même. Très peu couteuse, elle existe depuis des décennies et se transmet de personne à personne par échange de simples micros organismes qu'on appelle grain de kéfir. C'est un ferment qui permet de faire une boisson fermentée.

Contenant des levures et des bactéries, c'est un aliment qui se dit pro biotique, utilisé dans de nombreux pays depuis des générations. Voici la recette : Prenez 3 grosses cuillères de ce ferment que vous déposerez dans un bocal en verre, avec 1 litre d'eau sucré (4 morceaux de sucre ou 4 cuillères à soupe rase). Ajouter 1 figue sèche et 3 rondelles de citron. Fermez simplement avec un torchon ou un tissu fin. Le Kéfir a besoin d'oxygène pour vivre. Attendez 24 à 48 heures et dès que la figue est remontée à la surface, le kéfir est prêt. Plus la température ambiante est élevée et plus la fermentation se fait rapidement. Passez à la passoire en plastique (les métaux ne conviennent pas au kéfir) et réservez le liquide en bouteille en verre, type limonade au frigo. Le gaz va s'intensifier durant le refroidissement. A boire dans les 48 heures. Rincez les grains 1 minute sous un filet d'eau fraiche et refaite votre mélange. Les grains de kéfir se nourrissent de l'acidité du citron, du sucre et de la figue qui dégage un ph neutre. Ils vont augmenter en nombre et vous devrez en retirer régulièrement pour garder juste la quantité nécessaire à votre préparation. Profitez de cette manne pour en distribuer autour de vous. C'est un réseau inépuisable qui se construit à chaque fois que vous en donner autour de vous. Quand j'en ais trop, je le donne aux poules aussi. Elles aussi ont droit à leur pro biotique !

Vous pouvez le garder au frigo quelques semaines juste dans un peu d'eau et en le nourrissant avec quelques grains de sucre de temps en temps.

J'ai plusieurs tailles de bocaux selon la saison. Cela passe de 1 litre à 3 litres selon la quantité que nous absorbons. En hiver, nous en consommons moins alors je le mets au repos, au frigo, quelques jours avant de recommencer une tournée de temps en temps.

Il existe un effet réel sur le transit intestinal et le système immunitaire. Le kéfir empêcherait la putréfaction des aliments dans l'organisme et conviendrait tout à fait aux convalescents en apportant vitamines et minéraux. Une utilisation régulière vient à bout de problème de constipation récurrent et sûrement d'autres pathologies. Cette boisson fait partie d'un régime alimentaire naturel.

Les conserves

La quantité de bocaux vident qui remplissaient mes étagères quelques mois plus tôt, va se réduire rapidement au fur et à mesure que le jardin produit.

Les haricots vert vont se retrouver rangés tout crus dans les bocaux puis remplis à moitié d'eau, légèrement salés, ils seront stérilisés 2 heures avant de rejoindre l'étagère supérieure, celle des bocaux pleins!

La ratatouille demande un peu d'épluchage, de tranchage, de cuisson avant d'être stériliser juste une petite heure... Il va me falloir attendre que tous les légumes dont j'ai besoin soit à point en même temps! Pour les tomates, les courgettes, les oignons, pas de problème mais pour les poivrons et les aubergines, c'est une autre histoire. Leur culture demande de la chaleur et parfois, la saison a du mal à démarrer et sitôt l'automne arrivé, la chute des températures arrête leur développement rapidement. Dehors, dans le jardin, c'est un peu aléatoire alors Jean-Michel les coucoune dans la petite serre, bien à l'abri. J'attend la fin du mois d'aout pour pouvoir en faire des belles quantités à mettre en bocaux et nous pouvons déguster de la ratatouille fraiche jusqu'aux premières gelées aussi.

Nous avons planté un grand rang de tomates cerises de toutes sortes cette année. Des rouges, des noires, des jaunes, des blanches, des longues, des rondes, des en forme de poires, des plus ovales, tous les pieds croulent sous leurs fruits et les tuteurs ont du mal à les retenir. Avec le paillage qu'elles ont au pied, il ne sera pas étonnant de retrouver des plants au même endroit l'année prochaine ! Les petites graines seront bien protégées ! En fin de saison, la terre en est couverte avec les derniers fruits qui sont restés sur les pieds. Mais que vais-je faire de toutes ces petites tomates si mignonnes ? Une partie va aller à la déshydratation. C'est parfait, pas trop de pépin, pas besoin de trop les couper et elles se tiennent bien après. Et j'en fais quelques bocaux juste au naturel. Elles seront lavées, déposées dans des bocaux, et juste stérilisées une petite heure. En accompagnement de viande, en soupe, ce sera parfait ! Et rapide !

Nous en faisons une grande consommation quand nous allons au jardin également. Directement du producteur au consommateur ! Nous attendons les premières avec fébrilité pour les avaler d'un coup, d'un seul, sans même les laver ! C'est du soleil! De la rosée !

Il y a une chose que j'adore faire, c'est la sauce tomate. Les années ou cellessci sont nombreuses, je me régale à les éplucher bien mûres pour les faire mijoter avec oignons, ails, persil. Une fois compoté (c'est à dire que les tomates se réduisent en compote toutes seules) je passe un coup de mixeur dans la casserole puis, je les fais stériliser en bocaux de diffférentes contenances. Ainsi, selon ce que je vais en faire, je choisis un bocal plus ou moins grand. Les tomates juste épépinées, épluchées sont misent à crus en bocaux et stérilisé une heure. Elles peuvent servir en soupe, autour d'un roti ou poulet cuit au four, ou cuisinées avec des haricots secs, des lentilles, ou du soja.... Avec les tomates de couleur, je m'amuse à faire des bocaux panachés. C'est joli dans la cave ! Les tomates ananas font une sauce tomate de couleur originale! Et plus douce qu'avec les rouges ! En mettant des noires en conserves, je m'aperçois qu'une fois cuites, elles redeviennent rouges! Bizarreries de la nature....

Quelques tomates farcies seront cuisinées pour être misent au congélateur toutes prêtes à être dégustées dans l'hiver. Ce sont nos plats cuisinés, portionnés, maisons.

Nous avons vu que les pommes n'étaient pas en reste dans les réserves ! Quand la production est importante, je fais quelques bocaux de compote également. Pour ce qui est de la confiture, comme je l'ais dit plus haut, notre consommation est plutôt réduite maintenant mais je fais tout de même quelques bocaux de fraises, de prunes (quand nous en avons), de poires et même de pommes. L'odeur de la confiture qui cuit dans la cuisinc est toujours un régal, encore plus que la confiture elle même ! Et là aussi, j'aime faire des mélanges, des essais ! Une année, j'ai essayé la confiture de Néfles ! Un beau petit travail, car il faut retirer les petits noyaux qui se trouvent dans le fruit ! Cette confiture ne peut se faire que quand son fruit est bien mûr, soit dès les premières gelées. Heureusement, il y a moins de travail au jardin à ce moment là, alors je peux prendre le temps de faire ce genre de chose ! La confiture n'est pas extraordinaire ! Mais par contre, elle se prête à merveille pour faire des petites tartelettes à la confiture. Sa consistance épaisse se tient bien. J'étale une pâte à tarte classique sur des petits moules et je dépose une à deux cuillères à soupe selon la grosseur des moules, j'enfourne juste le temps de cuire la pâte et c'est prêt. A laisser refroidir pour que la confiture prenne sa place. On peut même conserver ces tartelettes quelques jours sans problème. Des gouters naturels pour les enfants et les adultes ! Et une façon d'utiliser des pots qui ont perdu leur fraicheur aussi.

Pour les fruits au sirop, rien de plus simple. Je fais un sirop en faisant chauffer de l'eau avec du sucre. Selon les goûts, la quantité peut varier mais il est nécessaire d'en mettre tout de même suffisamment pour que la conservation se fasse bien. Moi, j'opte pour environ 300 à 400 gr au litre. Parfois, je rajoute du miel qui donne un goût plus subtile. Je monte le tout à ébullition, et le mélange est prêt à être utilisé chaud ou froid. Les poires sont épluchées, les pêches aussi, les prunes et les cerises gardent leur noyaux pour se tenir plus facilement. Je les dénoyaute pour faire des tartes ou de la marmelade. Quand il m'arrive d'en avoir de belles quantités, je les mets au congélateur, dénoyautées, en prenant soin de les congeler sur un plateau pour faire des tartes ou des clafoutis l'hiver. Il faut les mettre encore congelées sur la pâte à tarte ou dans la pâte à clafoutis et enfourner de suite.

J'oubliais les petits cornichons, fraichement ceuillis ce matin, alors que la rosée perlait encore au jardin ! Ils ont pris un développement impressionnant. Ils recouvrent maintenant tout le rang qui leur étaient alloué, et vont même voir ce qui se passe à côté ! Chaque jour, des branches prennent la poudre d'escampette pour aller se promener vers les salades, les carottes, et les navets, juste à côté. Si l'on n'y prend pas garde, ils vont s'installer, s'incruster sur le territoire des autres légumes !

_ *Quand tu auras assez de bocaux, dis le moi !* Me dit Jean-Michel
Je vais les arracher pour récupérer la place pour mettre mes salades de fin de saison !
_ *Ok, encore quelques uns, je voudrais essayer une recette en remplaçant une partie du vinaigre par du vin blanc.*

_ Oh ! Oui ! Encore un de tes fameux essais ! Une de tes fameuses recettes !
_ Ben oui !

Le saladier de mignons petits cornichons va être passé minutieusement au torchon pour les nettoyer, puis parsemé de gros sel pour les dégorger quelques heures. Egouttés puis sêchés, ils seront mis en bocaux, recouverts de vinaigre blanc ou de mélange vin blanc et vinaigre. J'y rajoute une échalotte, quelques petits oignons blancs, ou quelques herbes aromatiques qui me tombent sous la main.

_ Ok , C'est bon, j'en ais assez maintenant. Tu peux les arracher !
_ Super ! Juste à temps ! Mon plan de salade est parfait pour être repiqué ! Il y a quelques gros cornichons qui sont restés sur les pieds !
_ Les cocottes vont être contentes ! Ne fais pas trop de salades ! Avec les tomates qui donnent bien et les autres légumes, on en mange moins à cette période !
_ Ah !Bah ! J'ai du mal à faire des petits rangs, moi ! Tu le sais bien ! Elles serviront de gâteries aux poules !

ET COTE SANTE

L'été nous régale de tous ses bienfaits et notre santé est sur le bon chemin. Nous pouvons alors nous occuper de notre mère nature et prendre soin d'elle pour qu'elle nous régale elle aussi et, par là même, prenne soin de nous. L'échange est égale et honnête ! Ne trouvez vous pas ?

Je me prépare pour faire le macérât de fleurs de soucis. Juste après le levée du soleil, je vais cueillir quelques fleurs. Juste la fleur, juste en dessous du calice, je sectionne avec mon ongle, la base de la tige. Je vais les laver doucement sous un filet d'eau et les retourner sur un torchon propre pour les laisser sécher quelques heures. Dans le même temps mais en les séparant, j'ai cueilli des boutons bien fermés. Ils seront lavés aussi et sécheront quelques minutes seulement. Les boutons seront déposés dans un bocal en verre, et recouvert de vinaigre blanc. Je vais essayer, comme pour les cornichons, d'en faire un avec un mélange de vin blanc et de vinaigre plus tard.

Mes fleurs sont sèches. Il me faut environ un volume de fleur pour deux volumes d'huile. Je remplis de moitié un bocal que j'ai au préalable ébouillanté pour supprimer tous les germes potentiels. Je dépose les fleurs une par une, sans tasser. Elles s'imprègnent dans l'huile rapidement et je tasse très légèrement pour bien les faire descendre en dessous du niveau de l'huile. Une exposition à l'oxygène risquerait la formation de moisissures... Ce mélange va macérer pendant trois semaines, en remuant de temps en temps sans ouvrir le bocal, en plein soleil, pour bénéficier de la chaleur qui va augmenter le processus d'extraction des propriétés de la plante sans altérer leurs capacités. La filtration se fera avec l'aide d'une gaze stérile, puis la mise en flacon ébouillanté permettra une bonne conservation jusqu'à 6 mois. Je vais pouvoir m'en servir sur des brûlures, des coups de soleil, une peau irritée, des boutons d'acnés... Je trouverais sûrement d'autre recette pour m'en servir... Première étape réalisée... Voyons la suite....

Les longs jours d'été nous permettent d'être efficace pour les nombreux travaux à faire. Il s'agit d'être dans de bonnes dispositions pour faire face à tout ça ! Pas question de louper la saison !

Ce matin, je décide de prendre le temps de cueillir des fruits de l'amélanchier. Les petites baies rouges vif commencent à tirer sur le grenat et les oiseaux du coin les ont repérés ! Il faut dire qu'elles aussi ont des propriétés tout à fait intéressantes pour la santé ! Ils ne s'y sont pas trompés ! Je commence ma cueillette avec ma chienne qui gambade autour de moi et je fais le tour des arbustes au fur et à mesure que les branches se vident des petites baies mûres. Au bout d'un moment j'aperçois ma chienne qui s'intéresse aux branches basses.

_ *Tu fais quoi Gazette ?*

Et je la vois avec son petit museau, qui délicatement attrape les baies dans sa gueule et tire sur la branche pour arracher la baie et l'avaler.

_ *Mais tu fais quoi ? C'est bon ? Tu aimes ça ?*

Je ne sais pas si c'est bon pour un chien mais elle, elle a l'air d'apprécier ! Elle va même jusqu'à poser ses pattes sur le grillage qui borde l'arbuste pour pouvoir attraper les baies en hauteur !

_ *J'ai pas assez des oiseaux qui viennent les picorer ? Tu t'y mets aussi ! Bon, je vais devoir me dépêcher si j'en veux pour moi ! Allez, laisses moi ça. Tu vas finir pas avoir mal au ventre ! Et en plus tu manges même celles qui ne sont pas mûres ! Allez file voir plus loin si j'y suis!*

Cet arbuste à feuilles caduques est très rustique et sa floraison printanière est juste féérique au printemps. Un beau blanc lumineux recouvre les branches qui ploient sous le poids des insectes butineurs. Puis les fruits se forment. Des petites baies charnues avec des petites graines à l'intérieur. Elles peuvent être utilisées en confiture, gelée, ou fraiches.

Riche en glucides, protéines et lipides, elles contiennent aussi des fibres, et des vitamines A et C, ainsi que du magnésium et du fer !
Véritable anti-oxydant naturel, je vais en faire une cure chaque matin en en cueillant une grosse poignée en guise de petit déjeuner. Pour l'instant, il n'y en pas assez pour en faire des confitures. Dans quelques années, les arbustes ayant poussés, je pourrais m'y essayer ! C'est un régal de m'en délecter tant que les oiseaux et le chien m'en laissent... Dans quelques jours, les derniers fruits seront tombés ou engloutis...Profitons en maintenant...

La prêle et ses bienfaits

Notre sol convient bien à cette plante tout à fait extraordinaire. C'est une survivante de la préhistoire, une plante médicinale qui n'a pas encore livrée tous ses secrets. Elle ne produit aucune fleur, ni aucun fruit. On l'appelle aussi queue de cheval ou queue de rat.
Jean-Michel l'utilise en décoction en été. Il attend patiemment que celle-ci sorte entre les légumes et nous lui laissons le temps de se développer tranquillement.

L'arrachage est facile dans une terre humide et souple. Il suffit de tirer bien verticalement sur la tige principale. Une partie de la racine vient avec le feuillage.

Jean-Michel vous livre sa méthode :

_ *Il est possible de faire de la décoction de prêle soit avec de la prêle sêche, soit avec de la prêle fraiche. Il vous faudra 200gr de prêle fraiche par litre d'eau ou 400gr de prêle sêche.*
Faites tremper la prêle une nuit avec la quantité d'eau nécessaire. Puis faites bouillir le tout pendant 20 minutes. Passer à la passoire et mettez en bouteille.
J'utilise cette décoction pur en pulvérisation, sur mes fruitiers en préventif, en été et au printemps, contre les maladies cryptogamiques.

En dilution, elle me permet aussi de contrôler le développement du mildiou sur les cultures telles que les tomates et pommes de terre par exemple. Le mélange se fera avec 2% de bicarbonate de soude, 1cuillére à café de savon noir et 30% de décoction de prêle par litre d'eau.

Appliquez ce mélange sur feuillage sec, le matin ou le soir pour éviter les rayons du soleil. A quelques jours d'intervalles si besoin, les attaques de mildiou sur les tomates sont régulées.

La prêle est une plante pleine de bienfaits. Elle est très reminéralisante. Equisetum Arvense de son nom latin, la petite prêle qui pousse dans notre jardin possède des rhysomes souterrains qui lui permettent de se propager facilement dans une terre humide, argilo sableuse. Elle commence à sortir au printemps dès que le sol se réchauffe.

Elle contient 70% de silice, de la vitamine C et du chlorure de potassium entre autres. Un excellent reminéralisant et diurétique. Sa vente libre est interdite en france en raison des risques de confusion avec les autres espèces de prêles qui présentent une certaine toxicité. Mais on trouve dans le commerce des produits bio pour des compléments alimentaires efficaces.

Promenade en forêt

L'été en forêt, la lumière est particulière. Avec les sous-bois qui filtrent les rayons du soleil, à toute heure de la journée, la lumière est différente. La rosée du matin fait reflêter les rayons avec les couleurs de l'arc en ciel. Chaque goutte d'eau porte la pureté de l'oxygène ici. Les promenades du matin sont vivifiantes et celles du soir, réconfortantes. Selon ce qui s'est passé dans la journée, je peux m'y ressourcer de différentes manières. La marche tranquille est idéale pour aperçevoir la nature et percevoir nos ressentis du moment. Ma tête a la facheuse manie de toujours être en ébullition! Mon esprit n'arrête pas de travailler... Il n'y a que dans la nature que mes tumultueuses et incessantes pensées arrivent à se calmer. J'ai parfois l'impression d'être dépendante de ces vibrations naturelles que la forêt émet et nous transmet. C'est pour moi, une bulle de survie essentielle pour mon équilibre, une perfusion quotidienne que je dois réaliser à tout prix afin de garder mes bonnes énergies.

La multitude d'insectes et d'animaux qui y vivent est une source d'observations sans fin. L'été voit arriver les papillons, les libellules de toutes les couleurs. Et, pour qui prend un peu de temps pour voir tout ça, l'effet est immédiat. La nature permet de lâcher prise, de vider notre esprit, de méditer sur la vie. Elle a cette forçe incomparable de nous montrer comment nous adapter.

Regardez un arbre dont le tronc recouvre année après année une pancarte qui a été accrochée sur lui. Il fini par absorber cette matière sans arrêter son évolution. Regardez les oiseaux migrateurs qui, au fur et à mesure de l'évolution de la météo sur certaines parties de la planète, vont changer leur parcours, et s'adapter à d'autres conditions. La chenille processionnaire se reproduit 2 fois plus vite qu'avant car les températures hivernales lui sont favorables. Son cycle évolue.

Il a été prouvé que les arbres communiquaient entres eux. Ils se protègent mutuellement et assurent leur renouvellement en cas de besoin. La reconnection aux arbres permet la reconnection à nos propres racines. En médecine énergétique ou le tout est relié au tout, l'arbre a une grande importance. La description d'un arbre se confond avec la description de notre propre histoire. Je vous parlerai de la connexion avec un arbre à l'automne. Pour l'instant, nous devons mieux le comprendre pour mieux l'accepter.

En partant de la racine, pivotante, ou traçante, selon que le sujet doit s'adapter dans des sols humides, secs, caillouteux, ou limoneux, en suivant le houppier, denses, élancés, fournis de branches plus ou moins importantes, et en arrivant à la canopée, étage supérieur de la forêt, il est possible de mettre en parallèle notre histoire personnelle. Les arbres généalogiques ressemblent étrangement à un arbre... Est ce un hasard ? Je ne le crois pas. Encore une référence dans notre bibliothéque d'histoire. Les arbres sont bien ancrés avec leurs racines et ils s'adaptent aux changement autour d'eux sans même bouger. Pour certains d'entres nous, il est plus difficile de rester ancrer et donc de s'adapter aux changements car justement ce manque d'ancrage est déstabilisant. Cela nécessite un travail sur soi, et en soi. C'est pour cela que certaines personnes ont un fort besoin de connection à la nature. Car elle leur apporte la forçe nécessaire qui leur manque. Et plus les decennies passent et plus la déconnection se fait de plus en plus sentir. Jusqu'à perdre pied par moment, et induire des blocages physiques et psychiques. Rappelez vous, l'arbre vit grâce à sa sève brute puis élaborée qui correspond à notre sang qui est épuré par notre coeur, entre autre. L'arbre conduit sa séve brute grâce à ses pores. Nous avons les mêmes à quelques différences prêt, qu'ils servent à notre peau pour respirer. Il suffit de s'interesser d'un peu plus près à la morphologie de cette espèce pour s'apercevoir des liens qui nous unit et nous relit.

Ecouter son corps

Nous sommes fait de chair, de sang, d'eau, d'oxygène, de calcium, de nombreuses cellules diverses et variées, d'organes qui s'imbriquent les uns dans les autres, les uns à côté des autres, comme un moteur avec toutes ses pièces indépendantes et essentielles. Ecouter son corps, c'est écouter son coeur, son moteur. Car c'est lui qui régit le mécanisme de ce que l'on appelle notre enveloppe terrestre, notre corps physique.

Une fois que vous arrivez à ressentir votre respiration, à sentir couler l'oxygène dans votre nez, votre gorge, vos poumons, vous arrivez à sentir les pulsations de votre coeur. Avez-vous déjà essayé cette expérience ? En concentrant votre attention sur cet exercice, vous pouvez commencer à ressentir les différentes parties de votre corps.

Quand j'ai une douleur à un endroit. Je travaille sur mes ressentis physiques. C'est à dire que ma respiration va m'amener à sentir les vibrations plus subtiles que mon coeur émet. Et selon ce qui va se passer dans mon corps à cet instant précis, je peux "voir" ce qui "cloche".

Comme un mécanicien qui, avec son expérience, peut déceler un problème dans un moteur rien qu'en écoutant celui-ci. Son régime, les vibrations qu'il va émettre et donc faire ressentir à celui qui "l'écoute", seront autant d'éléments pour le guider vers le problème.

Comme le médecin qui va écouter votre coeur et qui selon les battements de celui-ci aura des "pistes" de recherches pour déceler les soucis.

Contrairement à votre mécanicien et à votre médecin, vous, vous connaissez votre "moteur" mieux que quiconque. Et parfois, avec un peu d'entrainement, de patience et d'écoute de vous-même, vous pourrez remarquer certains signes. Certaines pathologies simples telles que stress, maux de tête ou de ventres, douleurs lombaires ou musculaires, peuvent être ainsi réduites voir calmées complêtement avec un peu d'attention et de patience. Les prises de médicaments seront d'autant plus réduites également. Ce travail là ne se fait pas du jour au lendemain. Il y a des étapes physiques à passer, et mentales aussi.

Vous vous souvenez de mes 2 pommes dans mon cabinet de travail ? Elles sont encore là ! Nous sommes début juillet et celle que j'ai magnétisé est un peu fripée. L'autre moins. Aucunes ne présentent de tâche ou de signe de pourriture… L'expérience continue…

Il m'a fallu des heures et des heures afin de pouvoir ressentir mes énergies et arriver à les canaliser. Etant hypersensible, les énergies avoisinantes peuvent troubler, désorienter. C'est pourquoi il est necessaire parfois de s'isoler afin de pouvoir travailler. Il m'a fallu comprendre que certaines vibrations, certaines énergies ne m'étaient pas favorables et que je devais, pour travailler sur moi, m'isoler de certaines personnes, certains lieux ou certains évènements. Maintenant, je ressens plus facilement ce qui me convient ou pas. Et quand une situation devient désagréable pour moi, cela me permet d'avoir un autre point de vue pour comprendre que je dois faire des choix. Soit je m'adapte, soit je supprime ce qui me dérange d'une façon ou d'une autre. C'est ça "s'adapter aux changements".

Et l'été, nous avons notre plein potentiel pour réagir plus rapidement aux changements. Notre organisme est au mieux de sa forme, notre énergie est boostée par le cycle naturel. Si le printemps nous a permis de prendre conscience de ce qui se passait en nous, et de poser les premières bases de notre bien être, l'été va nous indiquer le chemin à prendre, il va nous guider et grâce au travail fait en amont, il va pouvoir ancrer les bases et nous permettre de réaliser pleinement les changements dont nous avons besoin. Nous allons pouvoir même nous projetter dans un avenir concrêt, tracer une voie différente parfois.

Suivre le soleil

Les jours en été ont la particularité d'être long. Et comme nous sommes au summum de notre potentiel vital, les activités ne manquent pas. Notre organisme est lié au soleil et à ses bienfaits. Comme les plantes avec la photosynthèse, nous suivons l'ensoleillement toute l'année. C'est lui parfois, qui, par son absence, nous fait déprimer, ou qui nous oblige à nous mettre à l'abri par les heures les plus chaudes de l'été. Même les poules sont impactées par la chaleur trop importante dans nos contrées et la ponte s'en ressent. Elles ne sont pas encore habituées même si elles s'adaptent doucement.

Au jardin, il est formellement interdit d'arroser, de planter, de traiter, de récolter durant les périodes de grosse chaleur. L'eau qui tombe encore fraiche sur des feuilles chaudes va former un effet loupe mortel pour le végétal, Et même s' il s'en sort, le stress du chaud et du froid va entrainer la formation de maladie cryptogamique irréversible sur une plante stressée. La plantation va induire un choc au niveau des racines qui seront mises en contact avec un sol trop chaud. Et comme il est nécessaire d'arroser sans attendre après la plantation, le choc se renouvellera quand l'eau fraiche du tuyau touchera les feuilles bien chaudes, et les racines stressées par cette opération. Quand au traitement de pulvérisation en période de forte chaleur, il va y avoir la réaction de goutelettes sur la plante, qui va produire un effet de réverbération pour brûler les cellules végétales, et les molécules du mélange vont également s'évaporer trop vite avant de pouvoir rentrer dans les cellules de la plante et faire leur travail. Le traitement sera complêtement inéfficace voir mortel s' il brûle les feuilles. Avec les récoltes durant les heures les plus chaudes, c'est l'état sanitaire du légume qui va être impacté. Celui-ci va être en manque d'eau et sera moins bon à manger, moins savoureux en goût, et pour certain, leur conservation sera altéré. Imaginez-vous ceuillir des haricots vert sous la canicule et ensuite les éplucher ! Imaginez vous couper de la salade et ensuite devoir la réhydrater pour pouvoir la manger. Les fraises, cueillies sous la chaleur ne se tiendront pas aussi longtemps que si vous les cueillez à la fraicheur du matin. En plus d'un confort de travail, c'est aussi le respect du produit que l'on va manger par la suite !

Notre organisme passe par de brusque différence de température depuis quelques années. En été, la température peut passer de presque 40 degrés à, quelques fois, moins de 10 degrés la nuit. Cela crée des chocs thermiques qui peuvent être impactant sur les végétaux et les animaux. La régulation devient difficile. Nos rythmes de vie ne sont pas très adaptés à ces changements. Nous avons, encore une fois, oublié de suivre ce fameux rythme biologique.

Pourtant les animaux dans la nature continue. L'été, aux heures les plus chaudes, vous trouverez moins d'oiseaux dans le ciel, moins d'insectes sur les fleurs, moins de lapins dans les jardins. Ils se mettent à l'abri des rayons du soleil en attendant sa décroissance. Le matin et en fin d'aprés midi, l'activité est intense pour compenser les heures durant lesquelles il est nécessaire de se reposer pour supporter ces intenses variations. L'hiver, certains hibernent. C'est aussi une façon de survivre dans un environnement qui devient difficile. En faisant ainsi, ils protégent leurs capacités de récupération et deviennent plus efficace dès que le moment est propice.

Chez nous, l'été, il n'y a qu'une seule chose que l'on peut faire aux heures les plus chaudes, c'est aller visiter les ruches. Car les abeilles, elles, ont la capacité de continuer leurs incessants ballets. Et la visite peut être plus approfondie dans la ruche. Un excellent moment pour voir la reine et l'observer, regarder le couvain de plus près. A condition de supporter la grosse chaleur avec la combinaison sur le dos ! Et de s'être suffisamment hydraté ! Une année, la récolte d'été avait eue lieu en plein mois d'aout avec une forte chaleur. Avec ma combinaison épaisse, je me suis retrouvée avec une insolation carabinée. Je me suis sentie complètement vidé et un mal de tête douloureux m'a contraint à me coucher rapidement. Il m'a fallu me réhydrater pendant plusieurs jours après l'incident. Ce fut une expérience que je ne suis pas prête d'oublier. Maintenant, j'anticipe et ressens la limite à ne pas dépasser !

Ce que j'adore en été, c'est les couchers et levers de soleil. Il y a presque toujours des couleurs incroyables. Avec quelques fois des brumes de chaleur, cela donne des tableaux vraiment formidables.

Les couleurs se forment à cause de l'angle formé entre le soleil et la terre, et selon les particules présentes dans l'atmosphère, telle que la pollution, les cendres et la fumée. Les nuages font faire rebondir la lumière solaire selon différents angles. Mais on peut aussi y voir l'œuvre de dame nature, les anges gardiens de nos univers parallèles qui nous envoient des messages… Juste quelque chose de magnifiquement beau, à admirer sans chercher la petite bête…

Vous vous souvenez des pommes dans mon cabinet de travail ? Voici la suite du feuilleton ! Les jours d'été sont très chauds. La température monte à plus de 30 degrés au plus fort de la journée dehors. Dans la maison, en fermant les volets et les rideaux de bonne heure, j'arrive à maintenir la température à moins de 23 degrés. Une des pommes a flétrie plus que l'autre. Aucune zone ne parait abimée. Pas une tâche... Voilà déjà plus de 2 mois qu'elles sont là... Et puis en ce matin de début juillet, je m'aperçois qu'une des 2 pommes à une zone plus sombre et molle sur le dessus. Elle commence à pourrir... L'autre, juste un peu flétrie, reste intacte, elle a été magnétisé juste une seule fois... L'expérience est terminée... Débutée le 17 avril, la voilà finie au 9 juillet... Je réitérerais l'expérience à l'automne avec des pommes de notre verger....

Comme pour un soin de magnétisme sur un être vivant, l'énergie magnétique va allez rencontrer l'énergie de l'être et reconditionner ses cellules, son adn, durablement. L'effet est spectaculaire sur un fruit par exemple car sans cerveau, celui-ci n'a pas de « barrière psychologique » pour empêcher les énergies de faire leur travail, contrairement à l'humain qui parfois présente des blocages. Chez les animaux également le « travail » se fait plus facilement car ils sont sensibles et n'ont pas le mental aussi développé que nous... Cet exercice peut se faire sur d'autres fruits tels que les oranges, citrons, kiwis et vous pouvez travaillez votre potentiel de la sorte, avec un peu de patience. Les fruits bio sont à privilégier bien sur, mais ça marche aussi avec des fruits conventionnels... La preuve...

Je vous disais que j'avais positionné mes deux pommes entre une pierre bien particulière : l'obsidienne. Je ne suis pas une « spécialiste » des pierres et je les choisie instinctivement. C'est une force particulière qui m'attire à elle ou pas. J'ai dans mon cabinet un quartz rose, une labradorite, un cristal et une obsidienne et dans mon sac à main, une petite obsidienne qui me suit partout.

Les pierres précieuses ou semi précieuses ont chacune leur spécificité, les « pouvoirs ». Elles ont des effets sur les énergies présentes autour de nous et leur utilisation est inscrite dans l'histoire depuis la nuit des temps. Chacune d'entre elle peut être associée à une émotion, à un état de santé, à une condition particulière de travail sur soi.

L'améthyste apaise, aide au sommeil ; la labradorite est une pierre de protection, un bouclier ; le quartz rose apporte tendresse et douceur ; l'aigue marine calme les pensées et facilite la communication... La liste est longue... L'obsidienne, elle, est une pierre de protection très forte. C'est une roche volcanique riche en silice qui dissout les blocages émotionnels. C'est donc une pierre d'équilibre qui fait l'effet de bouclier contre les énergies négatives et les influences néfastes. L'obsidienne qui possède comme un œil visible sur sa surface s'appelle « l'œil céleste » et est encore plus puissante pour la méditation.

Après l'avoir purifiée et installée dans mon cabinet, j'ai bien ressenti l'équilibre et la stabilitée dans mes soins suivants. Pour ma part, je pense que le choix des pierres à titre thérapeutique doit se faire avec une approche sensorielle. Il doit y avoir un contact, une attirance particulière. Chacun le ressent à sa manière et la pierre vous appelle.

L'hydratation

Je vous ai parlé de chaleur, de chocs thermiques, de cellules, alors, tous naturellement, nous arrivons à l'hydratation, l'eau et ses bienfaits, la circulation importante et essentielle pour une bonne santé générale. L'eau est un vecteur de conductibilité des vibrations dans notre corps. Et plus les cellules sont correctement hydratées, plus les échanges peuvent se faire pour que le corps soit en parfaite harmonie avec notre entourage. Puisque nous vibrons avec ce qui nous entoure, nous devons avoir un échange adéquate pour ressentir ce qui nous entoure.

Imaginez, aujourd'hui, vous ne buvez pas de la journée. Vous n'absorbez aucun liquide. Le soir, vous allez vous retrouvez avec un mal de tête, des crampes, des douleurs physiques selon vos activités. Vos cellules ne pourront plus échanger d'informations entre elles et ce qui les entourent. Vos organes vont se mettre à tourner au ralenti. Vos muscles vont s'atrophier. Votre cerveau ne sera plus irrigué convenablement et les informations traitées dans le disque dur seront plus lentes et moins adaptées à la situation, puisque mal identifiées.

Comme le galet produit des cercles en touchant l'eau et induit un déplacement de masse, les vibrations que nous produisons et celles que nous recevons s'entrechocs également. Des cellules bien hydratées reprennenent leur place avec moins de conséquences physiques.

L'eau est un conducteur de vibration également pour le son. Puisque les sons produisent des vibrations, ceux-ci sont donc en résonnance avec les cellules bien hydratées de notre corps. Lors d'une grossesse, le fœtus entend et ressent par l'intermédiaire du liquide amiotique. Nous voyons là, encore plus, l'importance des vibrations.

Il est prouvé scientifiquement que l'eau est porteuse d'informations. Elle véhicule ce à quoi elle est donc exposée. Magnétiser de l'eau permet de la rendre pure et de retirer les informations néfastes pour notre organisme. Et c'est un exercice très facile à réaliser puisque l'eau est un liquide pure. Voici un petit exercice que vous pouvez réaliser avec peu de matériel :
Il vous faudra un pendule et deux bouteilles d'eau du robinet. Vous allez

coucher les bouteilles devant vous en les séparant de quelques centimètres. Vous maintenez votre pendule au dessus d'une des bouteille (A). Regardez comment votre pendule réagit. Il va se balancer réguliérement dans le sens de la bouteille. Posez le pendule puis maintenez vos deux mains au dessus de la même bouteille pendant quelques minutes avec l'intention de purifier l'eau qui s'y trouve. Reprenez votre pendule et refaite l'opération. Votre pendule devrait réagir différemment en tournant sur lui même. A présent testez la deuxième bouteille (B). Le pendule réagira comme sur la première bouteille avant l'opération de magnétisme. C'est la preuve que vous avez bien magnétisez l'eau de la première bouteille. De même vous vous apercevrez que le pendule suit la courbe de la bouteille comme une canalisation. Vous venez de faire une expérience de sourcier....

Le macérat de carottes

Après tous ces jours de chaleurs intenses, nous allons devoir nous occuper un peu de notre peau maintenant. Il va falloir calmer les rougeurs, les coups de chaleur, la sécheresse, et garder le plus longtemps possible cette teinte halée qui nous donne si bonne mine ! Voici un petit produit simple, rapide à faire, 100 % naturel, et pas cher, qui fera merveille.

Il vous faut : de l'huile d'olive bio, des carottes bio, un pot type bocal en verre avec couvercle et caoutchoux, des petites fioles, le tout désinfecté à l'eau bouillante.

Les carottes sont brossées fortement sous un filet d'eau puis coupées en rondelles. Mises dans le bocal, elles seront recouverte d'huile. Fermez le bocal et disposez-le en plein soleil pendant trois à quatre semaines, sans l'ouvrir. Au bout de ce laps de temps, le mélange sera passé à la passoire et stocké dans des petites fioles étiquetées. Ce mélange se garde à température ambiante en prenant soin de ne pas lui faire subir de choc thermique. Je me sers de ce mélange pendant 18 à 24 mois sans problème ! Vous pouvez remplacer l'huile d'olive par de l'huile d'amande aussi, si l'odeur de l'huile d'olive vous déranger. Je préconise d'utiliser ce produit comme un après soleil et de ne pas s'exposer après son utilisation. C'est pourquoi la fin de la saison de l'été est particulièrement recommandée, puisque les bienfaits de la carotte vont permettre de garder ce hâle si précieux en nourrissant les cellules de l'épiderme.

Cette recette peut se décliner avec d'autres légumes ou fleurs : Les fleurs de calendula, les feuilles de lauriers, la verveine ou les pétales de roses.... Il est intéressant de voir que les propriétés de chaque plante peut être ainsi utilisées différemment. La palette est vaste...

3 L'AUTOMNE

Imaginez l'automne autour de chez nous. Les couleurs, la lumière, les matins qui s'éternisent dans la brume avec la température qui change doucement. La saison de prédilection pour une super préparation des prochains mois. Les dés sont jetés pour l'année en cours. Il n'y a plus qu'à récolter ce que l'on a semé avec ardeur et conviction.

Les arbres vont revêtir leurs parures de circonstance. La sève, descendant vers les racines pour maintenir un état végétatif en dormance en attendant le printemps, leurs feuilles vont petit à petit changer de couleur. Le vert va se ternir, le rouge va arriver, puis tournera au brun en prenant une palette de ton dont seule la nature a le secrêt. Et les premiers vents, les premières giboulées vont les arracher a leurs branches pour épaissir la belle couche d'humus dans les sous-bois aux alentours. Engrais de référence pour la forêt, la masse de déchêts carbonnés entretien la vie dans un cycle tout à fait parfait. Nous verrons plus loin, les secrêts pour un bon compostage, les meilleurs matériaux à privilégier, les erreurs à ne pas faire.

Les résineux vont, eux, reverdirent de plus en plus avec le froid et leurs aiguilles vont jeter le vert le plus éclatant dans les branchages de feuillus tout nus. C'est à leur tour de montrer leurs plus beaux atours. Ils aiment le froid. Ils résistent à des températures très froides grâce à leurs sèves épaisses, collantes et parfumées que l'on nomme aussi résine, d'où leur nom de résineux. Cette résine est très résistante au froid, au chaud et à la sécheresse car elle contient très peu d'eau et évite ainsi à l'arbre de geler ou de transpirer. Ils se nomment aussi conifères car leur fruits s'appellent des cônes (pomme de pin pour le pin), ou se trouvent les graines.

Les résineux ne perdent pas leurs aiguilles, ils sont persistants sauf le Mélèze. Du pin maritime, est tirée l'essence de térébenthine et la colophane. C'est un résidu solide obtenu après la distillation de la térébenthine. Elle a les propriétés de coller et d'imperméabiliser. C'est un liant naturel dans certaines peintures, utilisée aussi pour les instruments à cordes pour permettre la vibration des cordes, utilisée dans le sport sous forme de poudre dont certains sportifs se servent en se frottant les mains pour avoir une meilleure adhérence. Et enfin, vous vous souvenez, les abeilles en tirent la propolis pour construire leur habitat. La résine a des propriétés antiseptiques et antiparasitaires bien connues de nos jours, que l'on retrouve dans le miel également...

L'automne va nous demander un gros travail pour anticiper le froid, protéger les abeilles, les légumes et finaliser les dernières réserves alimentaires. C'est une saison de transition permettant de faire le point dans tous les secteurs pour bien préparer la prochaine année.

J'adore les promenades en forêt avec les chiens à cette période. La lumière y est totalement différente dans le feuillage qui tourne et change de couleur. Et quand le tapis des feuilles est épais au sol, les rayons du soleil peuvent enfin traverser et éclairer un paysage différent. La vision du sous bois est différente. Nous pouvons voir plus facilement le gibier. La récolte des champignons nous permet de découvrir des endroits parfois magiques, reculés dans des fourrés inaccessibles pendant le restant de l'année. Des petites clairières apparaissent et un bruissement de feuilles nous laissent penser que nous avons dérangé une boule de poils ou de plumes... Parfois, le long d'une mare, un trou encore frémissant laisse apparaître les traces d'un cervidé ou d'un sanglier qui vient d'y boire quelques instants auparavant. La terre, à certains endroits, est carrément retournée par les sangliers qui y cherchent leur nourriture. Leurs groins, terriblement efficaces, ont une force impressionnante pour creuser, retourner, et sentir les glands ou les vers de terre et s'en nourrir.

Il m'est arrivé de voir, un automne, en promenant ma chienne Delta, une laie avec ses petits. Curieuse, elle longeait le chemin sur lequel nous étions, à quelques mètres dans la forêt, avec ses petits autour d'elle. Nous avancions tandis qu'elle aussi avançait et traversait les sentiers parallèles au notre, tout en nous gardant à l'oeil... J'ai pu compter une dizaine de petits marcassins rayés. Delta ne les a ni vus, ni sentis car le vent n'était pas dans la bonne direction. La laie devait se sentir en sécurité pour agir ainsi avec ses petits.

D'autre fois, de loin, nous voyons des biches avec leurs petits, des chevreuils et plus rarement, des grands cervidés. En général, ils ne font qu'une apparition qui me fait battre le cœur à chaque fois. Bien souvent, Delta lève le nez, les voit, me regarde, et continue son chemin. Elle sait qu'elle n'a pas le droit de courir après.... Quand à Gazette, elle est trop occupée à chercher dans les fourrés pour les voir, elle. Mais quand elle tombe sur la trace odorante de leurs parcours, elle devient excitée comme une puce. Sachant, elle aussi, qu'elle ne doit pas les courser, elle frétille d'excitation et saute comme une biquette pendant quelques minutes.

Parfois, j'ai le temps de voir passer une belle biche devant moi avant que les chiennes ne réagissent. C'est un bonheur de la voir traverser, le cœur en ébullition pendant les secondes qui suivent.

Nous partons, un jour de temps maussade, les deux chiennes et moi pour une ballade tranquille. J'ai bien pris la sage précaution de leur mettre leur collier électrique. A cette période, la méfiance est de mise... Nous marchons de bon pas et je remarque sur le grand chemin des traces de sanglier avec leurs bauges. Des petites mares d'eau semblent avoir été retourné il y a peu, au vu de la couleur qu'elle dégage. Je rappelle les deux chiennes qui reviennent sans problème jusqu'à moi. Rien ne bouge dans les broussailles autour de nous. Elles repartent batifoler allègrement et je me dis que je dois rester sur mes gardes. Continuant notre parcours sur un autre chemin, chacunes dans ses pensées respectives, nous assistons à un spectacle cocasse. Au loin, un sanglier sort des fourrés doucement et regarde vers nous. Pas déstabilisé le moins du monde, il traverse le chemin et un deuxième le suit docilement. Quand le premier commence à rentrer dans les fourrés de l'autre côté du chemin, le deuxième, lui, s'arrête et... nous regarde... Voyant cela, je jette un coup d'oeil aux chiennes. Une batifole sans les voir, et l'autre revient vers moi, donc leur tourne le dos. Delta, ne semble pas du tout intéressée. Elle a autre chose à faire... Il faut faire attention à Gazette quand même. C'est un avion de chasse, celle-là. C'est elle qui revient docilement vers moi pour l'instant. Je me dis que le sanglier va repartir avant qu'elle ne fasse demi-tour et ne le voit ! Mais, lui, il ne bouge pas. Dans ma tête, je me dis :

_ *Mais bon sang, vas-y ! Files savant qu'elle ne te voit ! Oust !*

Peine perdue. Il reste là quelques longues secondes. Gazette finie évidemment par se retourner et j'ai le temps de lui lancer un

_ *Non, gazette ! Tu le laisses ! Au pied !*

Surprise par ce qu'elle voit et ce qu'elle entend, elle tourne sa tête vers moi avant de retourner son regard vers le sanglier, qui n'a toujours pas bougé. Son maître ne veut pas qu'elle course le gros gibier à la chasse sans son accord, alors, elle sait qu'elle doit attendre les ordres... Heureusement pour moi ! L 'inconscient a donc le temps de réagir qu'il ferait quand même mieux de filer prestement. Il détale enfin. Jc remercie et flatte les deux chiennes. Gazette est toute excitée maintenant. Nous continuons sans plus nous étendre sur le sujet mais, quelques mètres plus loin, Gazette sent le passage de ce gibier de choix. Là ou ils sont sortis du bois et là ou ils sont rentrés... Et en un quart de seconde, un énorme bestiaux traverse juste devant nous. Le dernier de la meute sûrement... Là, Gazette ne répond plus qu'à son nez développé et c'est le collier qui va l'arrêter. Juste une pression sur le bouton suffira. Et dans la foulée, je lui intime l'ordre de ne pas bouger !

_ *Non, gazette ! Laisses !*

Ce sera suffisant. Elle est parfaite. Elle stoppe instantannément, non sans trembler de tout son corps. L'adrénaline l'a parcouru en quelques micro secondes. Le "coup de feu" terminé, elle repart comme une biquette, toute contente de ce moment particulier. Quant à Delta, sans plus de cas, elle continue sa promenade.

Un autre jour, c'est une meute entière qui a traversée juste devant nous. Nous avons été toutes les trois surprises en même temps et Gazette, dont tous le corps tremblait, la patte avant droite juste un peu surélevée comme si elle allait partir en courant, les a regardés traverser les uns derrière les autres... J'ai eu le temps de les compter parce qu'en plus ils n'allaient pas très vite. La douzaine de sangliers se suivaient, l'un derrière l'autre, et je voyais la tête de Gazette qui semblait les compter en même temps que moi. Sa tête allait et venait sur ceux qui traversaient le chemin. Le dernier était, lui aussi, plus gros. A la fin, elle a tourné sa tête vers moi comme pour dire *"non, mais t'as vu ça !"*. Mais à aucun moment elle n'a fait mine de les suivre. C'était époustouflant. Evidemment, elle a eu droit à une grosse caresse après. Et tous le reste de la promenade a été plus tonique. Des fois qu'il y en aurait d'autres dans les parages ... Delta, quant à elle, est plus retenue. Son grand âge et son expérience lui permettent d'être plus mesurée. Ça ne sert à rien de perdre de l'énergie sur quelque chose qu'on a pas le droit de faire... Elle préfère la garder pour finir la gamelle du chat, aller voir si un mulot se cache sous le tas de bois, ou faire courir les poules … C'est plus marrant...

La récréation d'automne est un moment pour relâcher les tensions de l'été et les promenades peuvent se faire plus régulièrement avec des températures plus clémentes. Dans la fôret, les températures peuvent aussi être très fortes et confinées, alors les ballades avec les chiens ne se font qu'en fin de journée. Elles ne supportent pas trop les fortes températures et j'attend le déclin pour y retourner avec elles.

La saison va être encore bien remplie que ce soit au jardin, au verger, à la cuisine et chez les abeilles. Ce ne sera pas encore le moment de se reposer sur ses lauriers. Si nous voulons que chacun se prépare au mieux pour passer l'hiver, il va falloir anticiper, prévoir, organiser, repérer. Nous faisons le point sur ce qui a été ou pas, sur ce qu'il va falloir changer ou pas l'année prochaine. Les jours raccourcissant de plus en plus, le temps nous est compté pour réaliser ces travaux et si la météo s'en mèle, la partie n'est pas gagnée !

Et il faut aussi couper le bois qui va nous chauffer tout l'hiver ! Alors, les soleils vont devoir être affutés pour le banc de scie, la tronçonneuse devra avoir une nouvelle chaîne aussi. Il est courant de dire qu'une buche nous chauffe plusieurs fois. Et c'est complètement vrai quand on pense qu'il faut couper l'arbre, le sectionner, puis reprendre les sections pour les portionner selon le moyen de chauffage. Notre poèle accepte des buches de cinquante, comme on dit, mais il faut prévoir aussi du petit bois pour l'allumage et de plus gros bouts pour les périodes très froides. Le bois de chauffage se compose de bouleau, de chêne, de sapin, de frêne et leur pouvoir calorifique n'est pas le même. Selon l'espèce et son humidité, le pouvoir calorifique peut doubler. Le bouleau et le sapin brûle plus vite que le chêne et le frêne. Il faudra le mélanger un peu pour répartir les besoins. La journée, nous mettrons du bois moins dense que la nuit. La durée de séchage du bois varie selon l'essence et la taille. Cela peut varier de 1 ans à 3 ans. Et la meilleure période pour abatttre les arbres et préparer les bûches est entre Novembre et Mars, période de repos, période ou la sève est pesque inexistante. Les bûches devront être stochées au sec et dans un lieu suffisamment aéré. Recouvertes de plastique elles vont moisir sans sècher et leur retirer leur pouvoir calorifique...

Nous avons la chance d'avoir un petit espace protégé devant notre entrée de maison. Le bois va y être stocké précieusement en attendant d'être rentré auprès du poêle. Je vais faire quelques tours avec le tracteur et la benette durant l'hiver pour alimenter le foyer. Ça fait parti du travail de saison...

La chaleur du feu de bois est plus sèche que n'importe quel chauffage et m'oblige à mettre un humidificateur pour garder un degré d'humidité acceptable dans la maison. Une simple tasse remplie d'eau, posée sur le poéle suffira. Je vais devoir penser à la remplir chaque jour. Le mug se couvrira de calcaire durant cette période et je devrais le faire tremper un bon moment dans un bain de vinaigre blanc aprés la saison. Je sens le manque d' humidité de l'espace grâce à mes yeux. Quand ceux-ci viennent à me piquer et le matin, je ressens une gène désagréable. Le liquide lacrymal produit par les glandes lacrymales se répartie sur l'ensemble de l'oeil grâce aux paupières qui vont l'étaler à chaque battement afin de créer une barrière de protection devant la cornée. Quand il n'est pas assez important, l'irritation se produit et la sécheresse de l'air ambiant augmente le phénomène entrainant une irritation accentuée par la pollution. En période de très beau temps, été comme hiver, j'ai ce désagrément. Et je dois donc fréquemment m'assurer de maintenir un degré d'humidité convenable. L'été, des douches régulières me soulagent et je dois morceler le travail sur ordinateur également. L'hiver, maintenir la maison toujours dans une fourchette haute d'humidité est nécessaire. Sans regarder l'hygromètre, je peux déterminer le seuil à ne pas dépasser. Dès que je sens mes yeux me picoter le matin, je sais ce qu'il en est. Pratiquement, le fait de laisser sêcher mon linge à l'air ambiant est un des moyens qui me permettent de réguler ce taux d'humidité à la maison, l'hiver. Alors, le sèche linge ne m'est plus utile ! Et c'est mieux pour la planète !

CHEZ NOS AMIES LES ABEILLES

Pour ces demoiselles, les dés sont jetés aussi. L'été leur a permis de faire leurs réserves, la ponte de la reine a commencé à diminuer notablement car la population va se réduire progressivement afin de n'en conserver qu'une partie durant l'hiver. Elles vont continuer à butiner sur les dernières fleurs d'automne, ce qui leur évite de prendre dans leurs réserves en attendant et de remplir les dernières cellules qui se libérent... Les bruyéres en fleurs sont couvertes d'abeilles. La prairie fleurit encore et les derniers cosmos leur apportent le pollen nécessaire. A la place des pommes de terre, juste après la culture, Jean Michel a semé de l'engrais vert pour apporter de l'humus, de l'azote au terrain. Cette année, c'est de la moutarde. Véritable bénédiction pour les abeilles à cette période. Certains pieds sont déjà en fleurs. Ça va être une source de nourriture à disposition jusqu'aux gelées. Ensuite le froid va geler les plantes et elles termineront leur décomposition sur le sol pour l'enrichir de leur azote pour les prochaines cultures du prochain printemps. La boucle est, encore une fois, bouclée et tout le monde y trouve son compte.

Si pour nous, la saison est encore bien active, elles, sont en période de transition. La colonie est en phase de décroissance et la ponte se ralentie progressivement. Les alvéoles des cadres, qui se libèrent, vont être utilisées pour stocker les miellées tardives rentrées grâce aux engrais verts, à la floraison des lierres, des bruyères et autres fleurs d'automne aux alentours.

Vous comprenez ici l'importance d'avoir une végétation suffisamment large pour pouvoir avoir une floraison le plus étendue possible sur l'année, et conserver une base d'alimentation pour elles. Les territoires de grande culture unique perdent cette capacité de réserves, aussi bien pour les abeilles que pour les insectes et par extention pour les petits animaux également... C'est un des nombreux problème pour l'implantation des ruchers. La nourriture doit pouvoir leur permettre de survivre toute l'année sans intervention de l'homme. Il semble maintenant évident que les parties urbaines leurs soient favorables car il existe des parcs, des jardins, des zones plus arborées, plus protégées, qui leurs permettent de s'implanter et de résister. La pollution urbaine semble leur être moins néfaste que la pollution agricole...

Les abeilles d'hiver sont plus adaptées pour résister aux températures basses et ont une durée de vie plus longue. Elles ont comme tâche, entre autre, de garder la température constante de la grappe d'abeilles qui se concentrent sur la reine pour la protéger. Cela forme une grappe qui se déplace dans l'enceinte de la ruche pour pouvoir accéder à leurs réserves.

C'est elles, également, qui vont, dès le début du printemps, faire les premières récoltes pour nourrir la reine et relancer la ponte. Le remplacement des abeilles d'hiver laisseront la place aux petites ouvrières adaptées, elles, aux longues journées de travail aux champs pour ramener le nectar si précieux.

Vérification des ruches

Par une belle aprés-midi d'octobre, avec un beau soleil bien généreux, il est temps de faire une dernière visite à nos belles ailées avant de les laisser tranquille, pour une période de repos bien mérité. Les traitements anti varroa ont été réalisés dans des bonnes conditions cette année. Nous allons pouvoir regarder s'ils ont été efficaces.

_ *Tu peux allumer l'enfumoir, s'il te plait ? Je prépare les toiles pour rajouter sur celle qui n'en aurait pas.* Me dit Jean-Michel en s'habillant.
_ *Ok. Emmènes aussi le sécateur forçe. J'ai vu quelques branches qui ont poussé et qui sont un peu trop près des ruches. Avec le vent, ça pourrait les embêter dans l'hiver et au début du printemps.*
_ *Ah Oui, c'est vrai. Cet hiver, il va falloir y faire un peu de ménage autour !*
_ *Bonne idée.*
Allez, c'est parti. Allons voir comment elles sont !

Nous voilà repartis au fond du rucher. Toujours en commençant par celle la plus au fond. La première est TOP ! Bien remplie d'abeilles et de miel, elle semble super docile.

_ *On regardes de plus près ! Je soulève quelques cadres. Enfumes-les un peu plus pour qu'elles se tiennent tranquille !*
_ *Ok, Oh !!! Regardes un peu ! Belles reserves de miel ! Beaux cadres !*
_ *Regardes sur celui là !*

Il sort un cadre et, penchés sur notre ruche, nous découvrons la reine au milieu d'une nuée d'abeilles.

_ *Wouah.... C'est super ! C'est la première fois que j'en vois une de si près !*
_ *Tu vois, elle est plus grosse qu'une abeille normale et plus allongée. Ne laissons pas le cadre trop longtemps sorti car elles pourraient commencer à s'impatienter ! Elles sont sympa pour l'instant mais n'exagérons pas !*
_ *Oui! As tu vu des varroas toi ?*
_ *Ah non, pas encore. Attends je remets le cadre en place.*
_ *Voilà. Tu peux refermer et on passe à la suivante.*

Les suivantes sont inspectées de la même manière. Toutes ont de belles réserves, quelques unes ont une population moins importante mais en générale, elles se portent bien. Nous ne verrons pas d'autres reines. On a et de la chance sur la première!

_ *Tiens ! Regardes sur le dessus de celle-ci ! J'ai vu une abeille avec un varroa !*
_ *Ou ? Je n'en ai pas encore vu de près moi !*
_ *Là, regardes bien... ça fait comme un petit point noir sur son dos.*
_....
_ *Ah ben oui, il faut être rapide... Ce sera pour la prochaine fois... Mais franchement, j'en ai pas vus dans les autres ruches ! Ton traitement a été efficace ! Parfait !*
_ *Crois tu qu'il faille les nourrir ?*
_ *Pour l'instant pas la peine ! Nous verrons au milieu de l'hiver selon la météo. As t-on encore des poches de sucre ?*
_ *Oui, oui, il nous reste aussi les pains de sucre que l'on a fait nous même !*
_ *Ok, alors, c'est parfait.*

Voilà nos amies prêtes à entamer le début de l'hiver sereinement et nous aussi. Elles ont été trés calmes durant cette visite. Cela veut dire qu'elles ne sont pas stressées et bien à ce qu'elles ont à faire. Nous sommes ravis et confiants pour la suite. Le matériel est rangé et nous pouvons passer à la suite des opérations.

Le nourrissage ne doit être qu'un soutien passagé. L'utilisation de nourriture industrielle n'est pas dans leurs habitudes. Alors chaque année, la question se pose selon les colonies et la météo. Nous disposons de deux sortes d'aliments, le sirop et les pains semi-solides. Le produit est du saccharose transformé en un aliment le plus proche du miel. Selon son état, l'abeille devra le transformer plus ou moins pour s'en nourrir et se développer.

Le sirop sera utilisé au printemps pour faire démarrer une colonie un peu faible. Il stimule la ponte et équilibre les colonies avant le démarrage de la saison. Sachant qu'il ne sera assimilé par les abeilles qu'à partir d'une certaine température (environ 12 degrés extérieur), sa mise à disposition dépendra de l'élévation progressive de la météo. Trop tôt, les abeilles s'épuiseront à le transformer sans pour autant commencer la période de ponte et, trop tard, il ne servira pas à grand chose sinon à perturber le développement de la colonie, en augmentant le risque d'essaimage. Techniquement parlant, nous leurs mettons à disposition, juste sur le dessus des cadres, des contenants appelés nourrisseurs qui possédent un trou en dessous. Ce qui leur permet de monter dans le récipient sans contact avec l'extérieur, gardant ainsi la chaleur de la ruche. Elles viennent se servir selon leur besoin et nous surveillons régulièrement le niveau tout en vérifiant l'évolution de la ruche. Le nourrisseur sera retiré dès que la population aura trouvé un bon niveau et que le corps de la ruche est au trois quart plein. Généralement, nous évaluons ce stade par rapport aux nombres d'individus se promenant sur le dessus et entre les cadres lors des visites successives. Visites qui pourront se faire tous les 2 ou 3 jours selon la météo. Ça peut aller très vite à cette période de l'année. Nous nous servons également du sirop pour nourrir les petits essaims attrapés dans la saison et les stimuler dans leur développement.

Quant aux pains semi-solides, c'est une sorte de pâte se présentant dans des poches en plastiques. On va en déposer un sur le dessus des cadres de la ruche, en faisant un trou d'accés sur le milieu de la poche. Les abeilles peuvent venir se servir selon leurs besoins. Les poches plastiques étant transparentes, nous pouvons surveiller leur niveau et les remplacer au besoin. Ce produit est utilisé pour les périodes de fin de saison et d'hiver. Et comme pour le printemps, nous allons devoir étudier chaque situation de chaque ruche pour évaluer les stocks potentiels et décider si, oui ou non, nous procédons à ce type de nourrissage.

C'est parfois un "coup de poker". La nature nous joue des tours en décidant d'un coup, un "été indien" en octobre, ou un début de printemps précoce qui se termine par un printemps désastreux. Ou un hiver précoce et un printemps tellement humide que les abeilles ont du mal à sortir faire leur travail.

La propolis

Aprés la dernière récolte, nous avions retiré les grilles à reine. Opération réalisée avec toute la dextérité possible car les abeilles ont la facheuse manie de "propoliser" tout ce qui entre sur leur territoire. Cela passe par les insectes qui entrent par inadvertance et aussi par des matériaux de toutes sortes que l'on pourrait y introduire lors de nos visites (feuilles, poussières, brin d'herbes...). Donc les grilles se retrouvent comme collées sur le dessus de la ruche. Il faut intervenir par temps chaud car la propolis est alors plus maléable, comme une gomme collante. Dès que les températures baissent, elle se durcit et devient cassante. Donc pas question d'oublier de les retirer...

La propolis est une substance produite par les abeilles, fabriquée à partir de sécrétions de propolis végétale récoltée sur les bourgeons des conifères, bouleaux, chênes, peupliers entre autres et mélée avec de la cire pour obtenir une gomme élastique qui se solidifie avec le froid et se ramollit par temps chaud. Cette substance est, pour elle, un mortier essentiel pour leur colonie et qui a de nombreuses propriétés antiseptiques et antibiotiques. Elle leur permet d'éliminer certains risques potentiels de contamination dans la ruche et de l'isoler en bouchant les trous éventuels.

Dans cette matière, il a été retrouvés de nombreux composants différents tels que des résines, des huiles essentielles et volatiles, des pollens, des oligo-éléments et des vitamines. C'est ce qui en fait un produit hautement riche et précieux dans la pharmacopée naturelle. De nombreux mélanges de toutes sortes existent sur le marché. Si la teneur en propolis, sa qualité, et ses vertus sont bien respectées alors, les effets sont notables sur la santé. Durant les visites, il m'arrive d'en récupérer un morceau pour le manger. Le goût est particulier et rempli la bouche. Ça colle un peu aux dents.... J'adore mâchonner un morceau de cire tout frais. L'idéal étant un morceau avec du miel dedans.... Il y a là, alors, un cocktail impressionnant de bonnes choses ! C'est une récompense prodigieuse ! Durant une intervention pour récupérer un essaim bien installé, il nous est arrivé de retrouver des galettes pleines de miel et de pollen. C'est un pur délice que de croquer dedans.

Rangement du matériel

Les récoltes sont finies. L'année se calme doucement au rucher. Tout va pour le mieux. Le matériel va devoir être hiverné dans des bonnes conditions pour passer l'hiver sans encombre.

Les hausses, qui ont été "lèchées" par les abeilles, sont rentrées dans le hangar et vont être entreposées les unes sur les autres en alternant les feuilles de journaux entre elles. Elles permettent de les isoler les une des autres. Des grillages fins sont intercallés tout en bas et tout en haut des piles afin d'empêcher les mulots, souris, ou autres rongeurs de venir s'installer et de ravager les cadres.

L'ennemi redoutable qui s'insinue dramatiquement est la fausse teigne ou papillon de la ruche. C'est un papillon de nuit qui, à l'état de larve, a une prédilection pour les cadres de cire d'une ruche. Obscurité, chaleur, et proteines à disposition leur est favorable pour leur développement ! Un havre de paix pour ces demoiselles ! Leurs développement commence à partir de 20 degrés, alors avec une température constante dans la ruche, c'est une atmosphère tout à fait parfaite. Régulièrement, nous en trouvons en faisant nos visites. Les abeilles les acceptent parfaitement. Mais un fort taux de population peu contrarier l'évolution de la ruche, et les larves détruisent les cires et se nourissent également du bois des cadres. Une forte infestation peut être un facteur de mortalité prématuré de la ruche. Il nous est déjà arrivé de devoir en bruler certaines qui étaient trop infestées et en mauvais état sanitaire. Pas de pitié. C'est un risque de plus sur des populations déjà fragilisées.

Les hausses rangées durant l'hiver sont aussi exposées à ce problème si l'infestation est passée inaperçue à la mise en hivernage. D'ou l'importance de ranger du matériel bien nettoyé, sans plus aucunes cellules de pollen ou de miel, et bien séches. Le developpement des larves se stoppe en dessous de 10 degrés. L'idéale étant de stocker les hausses dans un endroit abrité mais suffisamment aéré afin d'éviter la ré-infestation en demi-saison, et de pouvoir régulièrement les inspecter.

Je me souviens qu'une année, en faisant une inspection en hiver dans les hausses stockées, je me suis aperçu qu'elles étaient infestées de larves. Certaines cires étaient en très mauvais états. Il m'a fallu détruire une bonne partie des cires afin d'essayer d'éradiquer l'infestation. J'ai trempé les cadres dans de l'eau bouillante pour les débarasser des cires et des larves à 2 reprises avant d'en remonter une bonne partie avec des cires neuves pour le printemps suivant. Cela a fait un grand ménage ! Et en faisant ce travail auprès de la volière, je me suis aperçue que les poules étaient attirées par les cadres infestés, alors je leur ai mis à disposition quelques heures avant de les détruire. Elles s'en sont données à coeur joie ! C'étaient des bonnes proteines pour elles ! Et la boucle étaient encore une fois bouclée !

Nous avons utilisés des boules de naphtaline quelques années durant pour limiter les infestations avant d'apprendre qu'elles étaient toxiques.

C'est un hydrocarbure qui provient de combustion incomplète de goudron. Elles contiennent du paradichlorobenzène qui est capable de migrer dans la cire et aussi dans le miel. Autant dire que maintenant, c'est fini, nous avons supprimé cet élément de notre élevage. Alors, les précautions sont de mises. Je les vérifie 1 à 2 fois durant l'automne et l'hiver. Cela me permet aussi de bien gratter les côtés des cadres et des hausses pour retirer la propolis et de passer les hausses à la flamme rapidement pour détruire les organismes pathologiques qui pourrait subsister. Une désinfection par la chaleur complètement naturelle, en somme.

Il va falloir étudier l'utilisation d'essences naturelles afin de se protéger de cette espèce envahissante que sont les fausses teignes, car avec des hivers de plus en plus doux, la croissance de ces bestioles est constante, maintenant. Avant, les fortes gelées limitaient leur propagation. Voilà encore une conséquence du réchauffement climatique.

Le frelon asiatique

Un autre ennemi des ruches qui prend de l'expansion ces dernières années sont les frelons asiatiques. L'information circule largement maintenant car cela est devenu un problème sanitaire national. L'expansion étant exponentiel suivant la grosseur des nids. Il a été dit que le frelon asiatique était plus agressif que le frelon commun. Je n'ai pas eu connaissance d'attaques déliberés de ceux-ci. Mais comme les guêpes, les abeilles, ou les frelons communs, ils attaquent pour défendre leur nid. Par contre, comme cette espèce crée de gros nids avec beaucoup d'individus, quand une attaque est menée, elle est en mesure de la population.

La femelle fondatrice ne vit qu'une année. Sa vie commence à l'automne. Dés les premières grosses gelées, elle part du nid pour trouver un endroit pour hiverner. Le nid dépérira lentement faute de renouvellement de la population et par manque de nourriture. Car les frelons asiatiques ne font pas de réserve pour l'hiver.

Mi-février, la femelle commence à pointer le bout de son nez pour débuter un nouveau cycle. Cette espèce a besoin d'une grande quantité d'eau pour construire son nid et élever sa descendance. Le plus souvent, elle s'installe donc aux abords des retenues d'eau, d'étangs, de rivières, de piscines et même d'élevages ou elle sait bien que l'eau sera à disposition.

Les meilleures périodes de piègeage des femelles seront, la fin de l'hiver et l'automne ; et en juin, juillet pour attraper les individus présents autour des ruches, si des colonies se sont installées autour des ruchers. Cela permettra de maintenir la population des nids au fur et à mesure de leur developpement et de limiter les attaques dans les ruches. La pression sera moins forte. L'idéal étant de pouvoir situer le nid pour le détruire. Car le piégage a aussi son revers. Il piège d'autres espèces qui sont utiles... Donc, il doit être effectué rationnellement pour éviter de créer un autre dysfonctionnement dans la diversité naturelle.

Pour l'instant, chez nous, nous avons la chance de ne pas encore avoir eu de colonie installée. Seuls des individus en "chasse" devant les ruches ont été vus. Nous avons pu en piéger quelques uns. Aux premiers que nous avons pris, nous avions un doute alors nous sommes allés voir des spécialistes au musée des sciences naturelles afin d'être certains. Confortés par l'exactitude de nos observations, nous ne prenons la décision de piéger que quand l'un de nous voit des individus autour de notre rucher. Il s'agit donc de surveiller réguliérement, d'être attentif aux allées et venues de ces dames.

Je pense également que le fait que nos volailles batifolent en liberté dans le terrain a aussi un impact sur la pression des frelons sur les ruches. Elles cherchent des proteines et comme le frelon asiatique a un vol assez lourd et surtout stationnaire devant les ruches pour attraper les abeilles, elles profitent de la situation pour devenir le prédateur idéal.

Quoi qu'il en soit, il faut être vigilant:

_ *Dit donc, il m'a semblé que j'ai repéré un frelon asiatique devant une ruche ce matin !*
_ *Ah! Je vais devoir regarder s'il reste de l'attractif et mettre les pièges un de ces soirs, alors !*
_ *Oui, je crois bien !*
_ *Ok, je sors le matériel et je prépare ça...*

Nous avons quelques pièges classiques toujours en attente dans lesquels nous mettons un attractif dilué avec du sucre et de l'eau. C'est une solution composée d'extraits de plantes et actifs naturels. Mélangé à de l'eau et du sucre, cet attractif dégage une odeur très forte à sa pleine maturation au bout de 5 à 7 jours selon la température du moment. Les frelons sont attirés par l'odeur mais nous prenons aussi des mouches, des papillons de nuit, quelques guêpes et d'autres insectes. Alors notre choix se porte sur des périodes bien précises, et si les pièges ne contiennent pas de frelons asiatiques, alors nous les retirons rapidement.

Pour être efficace sur des plus longues periodes et en cas d'infestations importantes, il ne faut surtout pas laver les pièges afin de garder ce précieux dégagement odorant nécessaire au piègeage. Quand ils sont remplis de cadavres divers et variés, il faut les vider et surtout bien écraser les individus s'y trouvant. Je me suis aperçue que les frelons asiatiques étaient extrémement résistants, même dans les pièges. Et une fois renversés par terre, ils reprennent leurs forçes doucement pour repartir tranquillement, quelques fois de longues minutes plus tard. Alors, je prends bien soin de renverser le piége et d'écraser ceux que je découvre. Ça me permet aussi de les compter et de décider si je les repose ou pas.

Les pièges sont posés sur des branches juste au-dessus des ruches à quelques métres seulement de hauteur. Si des branches ne sont pas disponibles, je les pose sur une table, à proximité. Je ne mets pas de pièges en dehors de la zone du rucher. Ce n'est pas nécessaire et ne ferait que renforcer leur attraction, donc la découverte du rucher! Pour vivre bien, restons cachés! Pour les abeilles, c'est essentiel maintenant.

Il est possible de faire un mélange "maison" attractif avec de la bière, du vin blanc et du sirop de fruits. Mais je le trouve moins sélectif que l'attractif à diluer et surtout son efficacité est moins longue dans le temps.

AU JARDIN POTAGER ET AU VERGER

Une saison qui va encore demander de l'huile de coude. Et l'organisation du jardin établi durant le début de l'année va s'avérer importante pour le reste des opérations. Tout est fait pour que chacun des légumes trouvent sa place, dans des conditions les meilleurs possibles, pour assurer une subsistance de celui et de celle qui en a pris soin ces derniers mois. La nature nous rend au centuple ce que l'on veut bien lui donner. En partageant avec ceux qui en ont besoin en même temps! Tout le monde en a profité dans la saison, que ce soit les lièvres, les limaces, les poules, les chevreuils, les oiseaux, les abeilles, les vers et les papillons, et nous aussi accessoirement...

Maintenant, il est temps de faire nos réserves pour l'hiver et de laisser le jardin se reposer tout en préparant la saison prochaine. La terre va devoir se mettre au repos progressivement et les pluies d'automne vont être importantes pour renouveller les stocks. Nous avons une terre très forte avec des couches assez imperméables en sous sol, par endroits. Quand les pluies sont soutenues, certaines zones se transforment vite en éponge. Nous passons d'une terre souple à une mixture gluante après quelques piétinements. Il va falloir donc arracher les légumes sans attendre. Si, dans certains sols, il est possible de conserver les carottes en terre une bonne partie de l'hiver, ici, c'est impossible.... L'humidité et les rongeurs ont vite raison des racines... Dés que le jardin commence à se vider, je vois des petites boules de poils se déplacer pour se mettre à l'abri et ils attaquent les collets des légumes qui passent à leur portée. Dans le grand tunnel, l'abri de prédilection sont les salades pain de sucre. La belle planche, garnie de salades en rangs bien serrés, est un gîte parfait. Le couvert est même un peu sucré... Ces petits rongeurs attaquent les racines de la salade puis montent au coeur de la pomme bien blanche. Quand je m'en aperçois, c'est trop tard. La salade se flétrie déjà.... L'avantage de travailler en tunnel fermé est de pouvoir poser des pièges pour réguler la pression de ce genre de désagréments, sans influer sur les animaux à l'extérieur. Elles sont bien gentilles ces petites bêbêtes mais nous avons notre propre conception du partage! Alors, on veut bien être gentil mais faut pas pousser!

Jean-Michel a construit un piège en bois dans lequel il va poser des sachets de pâte empoisonnée. La boite sera déposée dans une zone repérée à l'avance, là oû la présence des rongeurs est manifeste, et le temps fera sont oeuvre. Les curieux et les gourmands n'ont qu'à bien se tenir...

_ *Isa ! Fais attention aux chiens ! Il m'a fallut encore remettre du poison dans les tunnels et aussi dans les hangars ! Il y a encore du monde qui se promène.*
_ *Oui, tu as raison, dans le tunnel, ils ont mangé tous les choux broccoli et certain choux-fleur sont grignotés ! Les pains de sucre sont attaqués aussi !*
_ *Bon sang ! Ça fait pourtant 3 fois déjà que je rajoute des sachets en moins d'une semaine !*
_ *Pourvu qu'ils ne rentrent pas dans la cave ! Ils feraient un carnage... Delta était encore bien énervée ce matin dans la planche de carottes, et auprès de la volière.*

Cette chienne est impressionnante dans la chasse aux rongeurs, elle est capable de rester des heures à surveiller un endroit pour surprendre une si petite chose. Elle est complètement énervée dès qu'elle sent leur présence. C'est un peu notre détecteur à rongeur... Alors les sachets de poison doivent être précautionneusement cachés. Nous n'utilisons pas de grains empoisonnés ou de poudre pour que la substance nocive ne se trouve étalée et hors de notre contrôle.

Dernières récoltes

A partir de septembre, les couleurs vont changer aussi dans le jardin et le verger. Le vert du feuillage de certains légumes devient moins tendre au fur et à mesure que les carottes grossissent, que les choux pomment, que les haricots secs mûrissent et que les pommes prennent leur sucs.

Je fais le compte des conserves réalisées et de celles qui va falloir compléter rapidement. Et à chaque évolution de la température, je vais récolter les légumes d'hiver afin de les stocker dans la cave. Pour assurer une bonne conservation, ils doivent être rentrés juste à maturité, sans trop d'humidité et sans blessure pour éviter la pourriture.

Les premières gelées sont déterminantes pour certains légumes plus tendre que d'autres. Les navets roses, les betteraves, les celeris seront les premiers arrachés et préparés. Débarrassés de leurs feuilles jusqu'au collet, ils seront entreposés une semaine dans le hangar pour qu'ils sêchent un peu avant de rejoindre les pommes de terre. Puis progressivement, les carottes, les panais, les radis noir, les navets d'hiver, auront la même destination. J' arrache les carottes au fur et à mesure de mes besoins jusqu'aux gelées puis je finis par rentrer en cave celles qui restent. Selon les années, sa conservation se prolonge jusqu'au début de l'année suivante. Parfois, je tranche les dernières pour les mettre au congélateur afin de prolonger leur utilisation dans les soupes, ou mijotés

Les tomates nous apportent leurs rayons de soleil jusque tard dans la saison. Et au fur et à mesure, Jean Michel va réaliser sa production de graines pour l'année suivante. En choisissant les fruits les mieux formés, il les ceuille à maturité pour les préparer à une deuxiéme vie. Voici sa méthode.

_ *Je recupère la pulpe avec les graines que je vais déposer dans de petits récipients propres. Chacun d'eux sera étiquetté précieusement. Je recouvre ces récipients de film alimentaire transparent et les laisser quelques jours à température ambiante. Une petite moisissure blanche se forme. Là, je sais que les graines sont à maturité. Je vais les mettre dans une petite passoire pour les laver sous un filet d'eau puis les déposer dans une coupelle pour les y laisser sécher quelques jours. Les graines seront rangées dans des petites boites avec leur étiquette et vont attendre patiemment le printemps prochain.*
Je selectionne mes tomates pour leur originalité, leur gout, leur couleur, leur adaptabilité et la diversité permet de garder une productivité étalée sur la saison.
Je prends soin aussi, depuis quelques années, de faire une plantation à plusieurs endroits dans le jardin afin de limiter la propagation des maladies. La contamination s'étend moins vite et est plus facile à réguler.

Avec les dernières récoltes, il y a toutes les cucurbitacées à surveiller. Dés septembre, les premières pommes d'or commencent à prendre leur couleur d'or. Déjà, je me rends compte qu'elles ont colonisés toute la zone des courges! J'en retrouve loin des pieds plantés au printemps! Les potimarrons montrent leurs gros pédoncules renflés, en forme de grosse poires orangées. Rien qu'à les regarder, je vois les bons potages que l'on mangera cet hiver.

La courge de siam qui a poussé par "inadvertance" est bien developpée ! Les fruits, qui ont commencé à se former cet été, ont bien grossi ! Des gros ballons !

Dès mi-octobre, je vais rassembler les plus gros fruits de toutes les variétés sur une palette, au soleil, au jardin. Ils vont pouvoir profiter des derniers rayons chauds du soleil pour prendre leurs couleurs et leurs vitamines qui nous donneront bonne mine ! Je laisse les pieds continuer à se développer tranquillement. Quand la saison s'avance sans trop de gel, les derniers fruits arrivent à maturité tranquillement. Il m'arrive d'en ramasser encore en novembre !

La courge butternut et le potimarron sont les courges qui se gardent le mieux. Je suis assurée de pouvoir en manger juqu'en janvier. Encore une fois, les derniers seront préparés et congelés.

Jean-Michel récolte ses haricots secs après septembre, quand les gousses sont sèchent sur le pied qui commence à jaunir. Il les mets en "tontine" sur une palette pour finir de sécher si l'arrière saison est suffisamment saine, puis les récolte. Il en gardera une partie pour re semer l'année suivante.

Les salades d'hiver ont été plantées cet été. Il va falloir les protéger des gelées, fortes pluies, et des grignoteurs de tout poils aussi! Dans le jardin, nous utilisons les chassis mobiles, des petits tunnels de 50 à 80 cm de hauteur ou simplement un voile de culture pour les plus résistantes. En tunnel, la protection se résumera à un voile par temps de gel. Et il faudra veiller à l'arrosage. Les cheveuils raffolent des pains de sucre et dès qu'ils le peuvent, ils viennent les engloutir. Et les recouvrir d'un voile d'hivernage ne suffit plus. Ils le déchirent, le trépignent, jusqu'à ce qu'ils arrivent à leur fin pour combler leur faim. Nous retrouvons les salades mangées jusqu'aux trognons. Leurs coeurs aux belles couleurs semblant nous supplier de les protéger. L'avantage de cette salade, c'est qu'elle est trés résistante. Et cet hiver, quand il gélera à pierre fendre, nous pourrons en arracher quelques une avec la racine et les stocker dans le hangar. Elles se garderons quelques temps et nous n'aurons plus qu'à nous servir au besoin sans devoir aller piétiner les allées du jardin.

Chaque année, Jean-Michel brave les saisons et la météo en essayant de semer des légumes le plus tard possible afin de bénéficier le plus longtemps possible de leurs bienfaits. C'est quitte ou double. Parfois, cela marche. Et nous sommes content de manger des haricots verts fin octobre ou la dernière courgette début novembre. C'est un challenge à chaque fois.

Les rangs de haricots verts sont protégés par un voile de forçage posé sur des arceaux et je dois jongler pour les ceuillir! Les pieds de courgettes sont aussi protégés par un voile, juste posé dessus. Dans le petit tunnel, les poivrons et aubergines seront entourés de voile pour leur garder le maximum de chaleur. Les derniers fruits pourront se développer très tard là aussi.

Les piments prennent leur couleur tard dans la saison. Je vais les cueillir au fur et à mesure de leur arrivée et les faire sécher naturellement sur une assiette, dans la maison, sous une cloche de fin maillage pour éviter les insectes. Je les coupe en lanières, retire les graines et les parties blanches internes qui peuvent apporter de l'amertume. Le séchage se fait en quelques jours et je les conserve en sacs papier craft pour éviter la moisissure. Ce piment séché va me servir dans mes terrines de viandes, mes mijotés, entre autres, durant tout l'hiver. Il remplace avantageusement le poivre et donne un goût différent à la ratatouille. Eux aussi supporteront les premières gelées en serre avec un voile, pour pouvoir amener le maximum de fruits à maturité.

Une culture un peu spéciale et originale est le physalis ou coqueret du perou ou encore amour en cage. Cette plante est de culture facile, comme la tomate, ne demande pas de taille, ni de suivi particulier. Elle aime un sol drainant et un ensoleillement important. Pour lever, il lui faut une bonne température et son développement devient important dès que les chaleurs de fin de printemps sont là. En été, la fleur n'est pas exceptionnelle et rapidement les calices forment cette lanterne spéciale et originale. Il faut attendre la fin de l'été, voir l'automne pour les voir mûrir sous leur fine membrane. Le fruit devient orangé et peut être dégusté. Un peu acidulé quand il n'est pas assez mûre, son goût devient presque sucré à pleine maturité. Chaque année, nous avons des pieds qui se sèment tout seul dans le coffre. Alors, il faut attendre la fin de l'été pour pouvoir les manger. Il supporte bien les premières faibles gelées. Une année, j'en avais fait de la confiture mais avec les nombreuses petites graines qui se trouvent dans le fruit, je n'ai pas trouvé cela exceptionnel. Mieux vaut les manger frais pour bénéficier des bienfaits de leur vitamines A, B, et surtout C et de son béta-caroténe.

Aujourd'hui, grosse journée au jardin. Les cucurbitacées attendent sur leur palette pour être rentrées. Elles ont toutes prises de belles couleurs ! Les courges de Naples sont magnifiques, les citrouilles brillent, les courges spaghettis ont prit une teinte plus jaune (preuve qu'elles se garderont bien).

_ *Jean-Mi ! Je cherche la clé du tracteur pour rentrer mes courges ! Tu ne les aurais pas vu ?*

Comme les outils dans le jardin, la clé du tracteur prend souvent la poudre d'escampette ! Il faut voir avec les utilisateurs potentiels du matériel ! Mener l'enquête quoi !!

_ *Elle doit être à sa place !*
_ *Ben, si je te demande, c'est qu'elle n'y est pas !*
_ *Ah bah, moi, je ne m'en suis pas servi depuis un moment !*
_ *Ok ! Je demande à Richard, alors...*

Richard, notre fils, s'en sert aussi de temps en temps. Il fait parti des utilisateurs potentiels !

_*Richard.... As tu vus la clé du tracteur ?*
_ *Euh... A sa place ?*
_ *Ben non...*
_ *Regarde dans la corbeille à clés chez vous !*
_ *Ok...*

Et une demi heure plus tard, je retrouve la clé dans la dite corbeille. Pourquoi n'ais je pas regardé plus tôt !

_ *Ah, te voilà toi ! Mais qui t'a déposée là ! Tu ne me répondras pas évidemment !*

Maintenant que j'ai l'outillage qu'il me faut, je peux faire ce que j'ai à faire. Je dois encore accrocher la bennette au tracteur. Cela va me faciliter la tâche pour ramener tout ça au hangar ! C'est qu'il y en a quelques kilos à rentrer !

Je vais les manipuler avec précaution pour ne pas les blesser sinon ça pourrait les faire pourrir rapidement. Certaines citrouilles vont être distribuées pour servir à halloween donc elles ne rentrerons pas dans la cave ! D'autres seront coupées en tronçons et consommées par les poules. Elles aiment aussi picorer les graines de certaines. Les lapins aiment ça aussi ...
Les courges de siam les plus grosses sont rentrées et il reste quelques fruits tardifs que je vais laisser sur les pieds jusqu'à la limite de la gelée. Leur conservation peut durer 2 ans alors je peux attendre avant de m'en servir. Il faut que je trouve une recette ou deux dans l'hiver ! J'ai appris que l'on pouvait faire de la choucroute avec. J'essaierais. Pendant plusieurs années,

j'ai fait de la confiture. On appelle cela de la confiture de cheveux d'ange car cette courge à la particularité de se défaire en filament une fois cuite. C'est original. Sa préparation est un peu longue mais en hiver, j'ai plus de temps pour m'en occuper !

Compostage et engrais vert

Chez nous, rien ne se perd, tout se transforme, au jardin particulièrement. Chaque déchêt va être valorisé au mieux avec nos besoins.

Jean-Michel ayant décidé de commencer à travailler en permaculture, nos habitudes vont changer aussi de ce côté.

Le coffre de culture nous sert à commencer les premiers semis de radis, les premières plantations de salades et de tomates plus tôt en saison grâce aux châssis en verre qui les recouvrent et des toiles de protection dessus en cas de fortes gelées en mars, avril.

Nous vidions ce coffre tous les ans en hiver pour récuperer un terreau fait avec du fumier, de la paille, des feuilles, des tontes de gazon, et une couche de terre végétale sur le dessus pour la culture de l'année. Le terreau, étalé dans le jardin, était un bon apport de matiéres organiques. Cette année, nous ne viderons pas ce coffre. Jean-Michel va juste rajouter des feuilles, de la paille sur la surface si besoin en cours de saison afin d'enrichir le sol, une poignée de corne ou deux et de gouenorg. Et comme le couvert d'une partie du jardin par un paillage toute l'année va assurer un apport de matières organiques de manière constante, il n'y a plus besoin de réaliser une autre opération de surfaçage de ce type !

Un bon compostage commence par un bon mélange de matières diverses pour obtenir un bon humus. Les déchêts carbonnés sont l'ensemble de fines branches, feuilles mortes, paille sêche. Les déchêts azotés représentent les tontes de gazon, les épluchures de légumes. Les matières organiques sont les litières animales avec les excréments.

Pour réaliser un compost idéale, il a va falloir un mixte de toutes ces matières. En tas, le terreau mettra entre 2 et 3 ans pour se décomposer convenablement. Etaler sur le sol, une année suffira. Le climat et les insectes du sol auront raison de la dégradation de ces matières. Et les vers de terre pourront aérer le sol en toute quiétude. Le travail profond du sol va se rarifier. Un passage de la grelinette suffira pour ameublir le terrain avant une plantation de salades ou de choux.

Notre stock de ballots de paille devra être renouvellé chaque année pour en avoir à disposition au fur et à mesure des besoins.

Nous avons la chance d'avoir des magnifiques arbres tels que des bouleaux, fruitiers qui nous donnent de belles feuilles à l'automne et leur ramassage se fait dans les meilleures conditions puisqu'elles ne seront pas contaminées par les hydrocarbures des routes! Mais il faut éviter d'inclure trop de feuilles de chênes, de chataigniers qui sont très riche en tannin. Leur décomposition est plus lente mais donne un excellent produit tout de même. A éviter aussi, les feuilles épaisses et vernissés tels que les feuilles de laurier.

Et pour parfaire le tableau, nous rajoutons des cendres de bois de notre poêle à bois. La cendre de bois est riche en sels minéraux tels que le calcium, le magnésium, le phosphore, et la silice. Sa teneur en calcium peut modifier le PH du sol en cas d'excès. Son utilisation au jardin doit se faire avec parcimonie . Une grosse poignée par métre carré sera une dose idéale et facile à mettre en oeuvre. En terre calcaire, il vaut mieux éviter d'en rajouter. C'est un excellent piège à limaces et escargots également ! En cordon autour des légumes, elle les protége car les gastéropodes n'aiment pas "glisser" dessus ! Le seul inconvénient étant de devoir recommencer aprés chaque grosse pluie ou arrosage car une fois la cendre mouillée, son action n'est plus efficace... Nous étalons aussi nos cendres autour des arbustes, graminées et les arbres du jardin. En mélange avec les tontes de l'été, puis les feuilles de l'automne, le tout aura disparu au printemps ! Son excès peut aussi asphyxier le sol, alors il est important de bien les étaler.

Les champignons

Au moment ou le sol se recouvre de toutes ces belles feuilles de couleurs chatoyantes, que la couche d'humus se reforme pour assurer une protection du sol, et des insectes durant l'hiver et une nourriture pour les végétaux alentours dans les prochains mois, une autre histoire est en train de s'écrire... Et pas des moindres...

Cette année, c'est exceptionnelle. Depuis que nous sommes là, je crois que c'est la première fois que cela arrive. Et moi, qui d'habitude ne suis pas attirée par cette activité, là, je vais m'éclater. La fin d'été a été trés douce et juste un peu humide à souhait. Juste ce qu'il faut pour nos amis les champignons des bois. La pousse exceptionnelle en durée et en quantité va nous faire sortir de nos habitudes. Les promenades dans les bois vont se révéler très fructueuses et je découvre le bonheur de ramasser des champignons. Et surtout d'en trouver ! Nous ne sommes pas des spécialistes alors nous ne ramasserons que ceux que nous connaissons bien : les cêpes, les pieds de moutons et une des variétés de coulemelle.

_ Tu prends le panier, et le couteau ! Emmenes ta boussole car dans les bois on peut se perdre facilement !

Nous voilà parti faire un "petit" tour. Nous emmenons notre Delta avec nous. Elle adore ça et avec son collier électrique, elle sait qu'elle ne doit pas aller trop loin de nous, ne pas courser le gibier non plus. L'opération serait difficile avec Gazette, même si elle écoute bien. Il ne faut pas trop en demander quand même. Alors, elle reste à la maison.

_ Bon ,on part une heure, on ramasse un petit panier et c'est tout ! Ok ? Juste de quoi faire une belle poélée pour ce soir !
_ Ok pas de souci....ça me va ... Il est 5 heures en plus. La luminosité descend vite en forêt .
_ Tu prends la laisse du chien et le boitier de son collier ?On ne sait jamais, si on tombe sur d'autres toutous ramasseurs de champignons...

Nous voilà partis de bon pas, à travers la forêt, le nez "collé" par terre. La chienne est contente de cette aubaine et cours entre nous deux, le museau collé aussi dans les feuilles mais pas pour la même raison !

_ Eh ! Ne vas pas écraser les champignons avant qu'on ne les voit ! On est pas à la chasse ! Laisses les lapins tranquille !
_ Tiens , regardes par là ! C'est quoi ceux là ?
_ Des coulemelles ! C'est pas les meilleures champignons mais c'est pas mal ! L'idéale c'est les cêpes !
_ On va en trouver, pas de problème ! Je prend ceux là ?
_ Oui allez, mets les dans le panier.

Nous continuons et bientôt, nous tombons dans une clairière ou de nombreux champignons de toutes sortes se cotoient. Je n'avais jamais vus autant de variétés différentes en même temps, sur un même lieu.

_ Wouahou ! Ils sont magnifiques ceux-là ! Regardes cette amanite ! Et ceux là avec leurs drôles de chapeaux !! Tiens c'est quoi ceux-là ?Ils sont tout petits !
_ Des cêpes !! Super et regardes les petits "bouchons" à côté... C'est pas beau ça ? Ce sont de petits cêpes pas complètement développés. C'est les meilleurs !

_ *Eh bien, le panier est bientôt plein !*
_ *J'ai pris un grand sac aussi !*
_*Je croyais qu'on ne prenait qu'un panier ?*
_ *Ah oui mais là ! C'est trop beau ! On ne va pas les laisser !!*
_ *Il va falloir les éplucher et les cuisiner tout de suite ! Les champignons, ça n'attend pas !*
_ *A nous deux, ce sera vite fait ! Et ça réduit tellement à la cuisson...*
_ *Et Delta ! Elle est ou ?*
_ *J'entends la clochette, elle n'est pas loin !*
_ *Deltaaaaa........ Deltaaaa*
_ *Elle est là ! C'est bon !*

Notre clairière est belle avec ces couleurs d'automne, les arbres qui se dénudent petit à petit, les bruyères encore en fleurs et les taillis de part et d'autre. De nombreux champignons poussent sur des souches en décomposition. Ils ne sont pas comestibles mais, là, dans cette clairière, on peut voir un large panel de variétés déjà ! C'est vraiment superbe !

_*Bon ,allez, on rentre tranquillement maintenant. Mon panier est plein. Le sac se remplit aussi.*
On ne ramasse que les cêpes maintenant. OK ?
_ *Ok... On y va....Dans quelle direction ? Je suis un peu perdue moi, après avoir tourné comme ça.*
_ *Euh .... Attend, je sors ma boussole... Mince alors , j'aurais pensé aller de l'autre côté moi ! Heureusement que je vérifie !*
_ *Tu m'étonnes !!!! Tu as vu ? La lumière commence à décliner en plus ! Il va falloir speeder quand même !*
_ *Oui, allez , en route...*

Quelques dizaines de mêtres plus loin...

_ *Eh Eh Eh ! Regardes ça ! On ne peut pas les laisser ceux-là ? Regardes, ils nous appellent !*
_ *Pfffff... Allez, les derniers..... Ils sont trop mignons...*
_ *Oh la belle coulemelle là bas regarde...*
_ *Non, Non, ce coup-ci, c'est fini ! On rentre ! On essaie de retrouver le chemin et en route ! Allez, passes devant sinon, tu vas encore en ramasser !*

Ce jour là, on aurait pu en ramasser un tombreau, une cargaison, une montagne. Comme-ci ils avaient été mis sur notre route. Magnifique fin d'après midi en sous bois, avec l'odeur des feuilles et des champignons dans les narines et la chienne sagement avec nous. Que demander de plus. Le paradis quoi. Mais maintenant, il faut retrouver la route de la maison et rentrer éplucher et cuire tout ça !

Aprés avoir vérifié 2 ou 3 fois notre direction sur la boussole, nous retrouvons notre chemin. Le reste de la route se fait avec une visibilité assez réduite car de 1 heure de promenade, nous sommes arrivés à presque 3 heures ! La nuit tombe ! Le temps est passé bien vite.

_ *Nous y retournons quand ? Hein ? Nous y retournons quand ? C'était super !*
_ *On peut y faire un petit tour un soir dans la semaine. On verra ça . Mais il ne faudra pas aller si loin !*
_ *Ah oui ! Et moi je ne les connais pas assez pour les cueillir toute seule. J'ai besoin que tu les vois avant, alors si je ramasse tout et qu'on les tri après, ça va faire beaucoup !*
_ *Voilà, nous sommes arrivés ! On se met à les préparer tout de suite comme ça, se sera fait et les cêpes noircissent vite une fois cueillis, pour ceux qui sont avancés . Autant s'y mettre maintenant.*
Passes moi une passoire et un couteau s'il te plait. Je m'installe dehors. On est drôlement bien ce soir...Tu les passe juste sous un filet d'eau pour retirer les grains de sable et hop, dans la gamelle !
_ *Je vais sortir deux poêles ! Tu as vu le volume ! J'en mettrais une ou deux barquettes toutes cuites au congélateur. Hum, on va se régaler cet hiver... Promis, hein, on y retourne bientôt ?*
Mais oui....Mais oui.... On se fait une omelette ce soir ? Avec de la salade ? Et il reste des fraises pour le dessert ! Super repas du jardin !

Quand la saison est aussi généreuse, c'est un cadeau. Il faut en profiter. Ce qui est formidable c'est que le mycellium de tous ces champignons va pouvoir tracer un réseau de fines racines dans le sol. Et c'est un bienfait pour toute la forêt. Le règne animal et végétal va profiter de cette manne. Les champignons vont pouvoir liberer leurs spores et si tout va bien, l'année prochaine, nous aurons encore une bonne saison. De belles ballades en perspective encore !

Il faut savoir que le ramassage des champignons est toléré dans une quantité qui n'excède pas 5kg ou 5litre par personne. La loi prévoit des sanctions qui peuvent aller de 750 à 45 000 euros d'amende ou de 3 ans d'emprisonnement. Il nous est arrivé de voir des attroupements importants de gens avec des caisses, très bien organisés pour faire la razia complète dans toute une zone. C'est une attitude dommageable dangereuse pour le renouvellement de l'espèce et la fréquentation des lieux. Car, en général, ce genre de personnes n'accordent pas plus d'importance aux produits qu'aux lieux dans lesquels ils se trouvent. Le gibier se trouve dérangé et stressé également.

Une année, nous avons vu des personnes se perdrent et se retrouver très loin de leur véhicule. Il nous est arrivé de devoir les raccompagner ou les remettre sur le droit chemin.

DU COTE DU POULAILLER

Les jours raccourcissent vite maintenant et l'ensoleillement diminue drastiquement. Les levers de soleil prennent parfois de belles couleurs avec des dégradés qui durent de longues minutes. L'impression que les choses ralentissent partout, inévitablement, inéluctablement. Un repos bien mérité, après une activité intense et fructueuse, est entrain de se mettre en place.

La vie au poulailler

L'importance d'un poulailler bien adapté va se reveler cruciale à ce moment-là. Les poules n'aiment pas le vent et l'humidité constante. Leurs pondoirs doivent rester propres et sains constamment. Si l'été la porte peut rester ouverte, à partir de novembre, il est judicieux de pouvoir la fermer avec juste une trappe d'accés pour les volailles. Evitez-y les courants d'air. Changez réguliérement la paille des pondoirs. Elles vont passer plus de temps à l'intérieur si le temps est pluvieux et venteux. Alors, elles auront moins de périodes de grattage dans la nature pour trouver des insectes ou des éléments nutritifs riches nécessaires à leur équilibre. Je leur rajoute parfois une pierre de calcium que l'on trouve dans le commerce. Je ne leur donne pas de coquilles d'oeufs pilés car cela pourrait leur donner l'idée de manger les leur ! Cela nous est déjà arrivé et alors, là, il est difficile de leur faire passer cette désagréable manie ! Elles raffolent aussi du pain trempé dans de l'eau. Les pigeons aussi et, souvent, la gamelle est assaillie dès que je la pose par terre. Leur nourriture de prédilection à ce moment de l'année est quand je leur fais des mélanges de pain, reste de nourritures diverses et variés avec de l'eau chaude. Une année je leur avais rajouté des vieux restes de haricots secs cuits. De la bonne protéine à disposition !

Un avantage important d'avoir des poules en liberté est qu'elles sont capables de réduire la population des parasites dans tout le jardin, le verger, la forêt alentour en absorbant nombres d'insectes, de limaces, de chenilles. Elles passent une grande partie de la journée à gratter, gratter, gratter. Avec leur becs, elles déchiquettent, creusent. Cela va permettre une accéleration de la décomposition des déchêts verts également et leurs fientes serviront à nourrir les petits insectes de la nature qui, eux aussi, participent au cycle.

La cendre va pouvoir nous être utile aussi au poulailler. Nous faisons toujours un tas quelque part sur le terrain pour brûler quelques végétaux coupés dans l'année, les ruches qui ont un mauvais état sanitaire et autres déchets verts, cartons, piquets en bois. Les poules raffolent de s'y rouler dedans. Elles s'ébrouent dans cette cendre qui va faire un nettoyage de leur plumage, rentrer jusqu'à leur peau et les débarrasser des parasites qui pourraient s'y trouver. Il faut que la cendre soit bien sèche. Cela accélère la mue également et permet à la ponte de repartir plus vite. Toute l'année, nous les voyons ainsi former des cuvettes sur le sol, par endroit, à forçe de se rouler. Quand le temps est sec, un endroit bien sableux suffit.

Depuis quelques jours, je retrouve moins d'oeufs. Je me dis que certaines commencent leur mue, pondent moins par manque de lumière. Ce n'est pas très grave. J'en ai assez de toute manière...
Je laisse faire... Et puis... En me promenant tranquillement, j'aperçois un trou sous un des tas de bois.

_ *Mais, il n'était pas là avant, lui ! Qui a bien pu faire ce trou ?*

Je me penche pour regarder dedans ! Et là, je trouve un nid bien propre, bien net, avec des oeufs, bien rangés ! Il y en a au moins une douzaine !

_ *Ah je comprends pourquoi je n'en ramasse plus beaucoup dans les pondoirs ! Les coquines ont changé de place ! Mais ça, ça va pas être possible mes chéries! Ce n'est pas la saison d'avoir des bébés !*
Le poulailler ne sera pas assez grand cet hiver ! Le temps pas idéal pour vos rejetons ! Je suis désolée mais je vais devoir les ramasser ! Et comme ils datent de moins de 10 jours, je vais pouvoir m'en servir pour la cuisine . Merci !

Elles vont avoir une surprise en revenant pondre! Je vide le nid et replace un morceau de bois pour boucher le trou afin qu'elles n'y reviennent pas. Chez nous, c'est toujours un peu pâques. Régulièrement, nous faisons ce genre de découverte. Au printemps et au début de l'été, nous pouvons laisser faire, mais en dehors de ces périodes, ce n'est pas facile de gêrer les couvées correctement. Il y a trop de risques entre les prédateurs, le manque de place au poulailler, la météo qui n'est pas top !

Parfois ces dames montent sur les clapîers pour aller pondre tout en haut, dans un tas de paille qui y traine. J'ai toujours une échelle à disposition. Ou alors, dans le baquet de paille propre qui n'a pas été refermé avec son couvercle ! Elles ont le chic pour sauter de la brouette qui se trouve toujours dans le coin, puis sur une petite table, le coin du clapier d'à côté et hop ! Tranquille ! Au moins les oeufs sont hors de porté des rats ou de notre chienne qui en raffole aussi au passage. C'est ce que l'on appelle retrouver ses instincts naturels.

Il n'y a que les poules qui naissent chez nous, qui ont cette manie. Les autres sont élevées et "sociabilisées", elles ! Elles ont perdu un brin de liberté dès leur naissance. Alors que les poussins qui naissent déjà en toute liberté, eux, se gardent bien de se laisser dompter. L'instinct naturel revient vite. L'instinct maternel aussi. Les poules qui élèvent leurs poussins dans la nature sont de terribles tornades quand il s'agit de protéger leurs petits. Nos chiens le savent bien. Même le terre neuve de mon fils ne s'en approchait pas. Une maman poule avec des petits se fait respecter par tout le poulailler et il est marrant de les voir s'éviter en se déplaçant. Les permiers jours, la poule ne laisse même pas une autre poule entre elle et ses poussins. Même le coq doit se tenir à l'écart ! Sinon, elle écarte ses ailes légèrement sur les côtés, gonfle ses plumes d'air et baisse un peu la tête pour foncer en caquetant fortement sur l'intrus. Elle n'arrête sa demonstration de forçe que quand elle sait ses poussins en sécurité.

_ *Tu as vu la poule avec ses poussins aujourd'hui ?*
_ *Oui, elle est au fond du terrain*
_ *Je ne suis pas arrivé à compter combien elle en avait ce matin !*
_ *Moi non plus ! Elle n'arrête pas de les ramener sous ses ailes sitôt qu'elle sent quelque chose auprès d'elle ! Et ils sont si petits qu'il faut s'approcher pour les compter ! Dans les grandes herbes, c'est pas facile !*
_ *J'espère qu'elle va rentrer cette nuit ! Elle joue avec le feu en continuant à se promener si loin !*
_ *Elle verra bien...Mais elle reste dans les herbes alors ça les protége un peu des rapaces au moins.*

<u>Selection des pigeons</u>

Les poules sont à leur petite vie et les pigeons aussi. Ils s'adaptent très bien ensembles toute l'année. Parfois des pigeonnes viennent pondre dans une case à poule alors s'il y a un oeuf de poule, maman pigeon va le garder et le couvera avec les siens. Pour lui retirer il va falloir que je fasse preuve de courage pour aller mettre la main dans son nid ! Son bec est acéré ! Elle aussi a un instinct maternel poussé !

L'oeuf de pigeon a un durée d'incubation de 19 jours et la poule de 21 jours. Donc si la pigeonne couve un oeuf de poule, il peut y avoir une chance que le poussin éclose mais ce n'est pas ce que nous recherchons ! Chacun ses oeufs ! Le souci, dans notre poulailler, est qu'avec les poules nous avons une litière au sol et les pigeons en profitent pour y faire leurs couvaisons au lieu d'aller dans leurs beaux nids en hauteur, en toute sécurité. Souvent les nichées sont perturbées par une poule trop curieuse, un chien venu les déranger, un rat qui passait par là ! Une sélection naturelle en somme...

_ *Dit donc, il y a beaucoup de pigeons, je trouve ! Peut être devrais tu faire une petite sélection avant l'hiver ! Il va y en avoir un peu trop maintenant. Il faut reduire la population.*
_ *Oui, j'avais l'intention de m'en occuper le week end prochain. Il faut que les sélectionne et que je bague ceux que je veux garder.*
_ *Tu en as encore des bagues ?*
_ *Oui . Je vais supprimer les plus vieux aussi .*
_ *ça tombe bien, Monique et Claude viennent dans quelques jours ! Ils les emmeneront. Ils adorent ça....*
_ *Et bien voilà ! Parfait ! Tu nous fais un civet de lièvre aussi quand ils seront là ? Celui-là s'est nourri de mon jardin tout l'été !*
_ *Ah oui avec des champignons des bois....*
_ *Encore un repas de la nature ! Dit donc, c'est l'abondance....*

Comme les poules, les pigeons ont une activité réduite en hiver, et la surpopulation est à éviter à tout prix, pour une bonne santé de l'ensemble. Les pigeons n'aiment ni l'air vicié, ni l'humidité. Même s'ils n'ont jamais froid, ils ont besoin d'un endroit sans vent, abrités des fortes pluies. Ils adorent se baigner même par temps de gel alors des contenants avec de l'eau renouvellée régulièrement devra être à leur disposition.

Hier soir, la porte de la volière a été expressement fermée. Il ne faut pas que les pigeons aillent batifoler ce matin avant que Jean-Michel ne les ait inspecté. Ils vont passer une sorte d'examen médical pour connaitre leur sort. Les sujets les plus vieux vont finir leur vie dignement et seront plumés dans quelques minutes. Les sujets adultes vont être triés. Certains ne pondent pas ou n'ont pas les caractéristiques que Jean-Michel attend pour la chasse. Eux aussi vont rejoindre les plus vieux. Dans les jeunes, cela va dépendre du nombre. Il faut réduire la quantité à 2 pigeons au mètre carré environ. Donc à cet instant précis, il va y avoir 4 jeunes pigeons à éliminer. Voilà. Le compte est fait. Les dés sont jetés. Une dizaine de pigeons sont en attente de finir leurs jours.

Rapidement, Jean-Michel met fin à leur existence. Les plumer va nous demander un peu plus de temps.

_ *Tu viens m'aider à les plumer ?*
_ *J'arrive. Je prend le secateur à volaille , couteau, torchon, plateau. Tu prépareras le chalumeau.*
_*Oui . Retrouves moi au hangar.*

Plumés, passés à la flamme pour retirer les dernières traces de plumes, vidés de leurs vicères, débarassés de leur tête et pattes, ils vont rejoindre le congélateur, en sacs bien proprement étiquettés. Pour ceux que nous allons garder, je ferais un salmi de pigeons un de ces jours. Il y en aura d'autres au printemps pour manger avec les petits pois du jardin !

Des habitants en surnombre

L'automne est aussi la saison ou chacun se prépare à passer l'hiver au chaud, avec les provisions nécessaires à disposition. Les arbres vont perdre leurs feuilles et faire descendre une partie de la sève dans leur racines pour attendre les beaux jours, les plantes vivaces vont, elles aussi, perdrent leur feuillage et leurs réserves se concentrerons dans leur racines. J'ai rempli la cave, et le congélateur de tout ce dont nous aurons besoin. Les écureils ont pillés les noisetiers de leur noisettes pour les empiler dans leur cachette. Et voilà que les oeufs se mettent à disparaitre au poulailler... J'ai beau y aller 2 à 3 fois par jour, rien n'y fait. Je n'en ramasse qu'1 ou 2 au lieu de 3 ou 4 ! Il y a un problème ! Là, je sais que les poules ne couvent pas. J'ai passé le terrain au peigne fin pour trouver leurs éventuelles cachettes. De plus, les pigeons sont plus affolés que d'ordinaire quand je vais les voir.

_ *Eh ! Jean-Mi ! Je crois que nous avons des squatteurs au poulailler ! Je ne ramasse presque plus d'oeufs ! Les pigeons sont inquiets.*
_ *Oh, oh ! Ils ont trouvé une bonne cachette ! Bon, je remets les pièges. N'emmènes plus les chiens pendant un temps par là ! Préviens Richard !*
_ *Ok ! Mets en un au grenier aussi. Avec la paille, c'est une planque idéale !*
_ *Je vais mettre une cage aussi dehors sur le passage que j'ai vu.*
_ *Bonne idée !*

Jean-Michel étant piégeur agréé, il posséde des pièges (ou boites à fauves) que l'on peut appâter avec toutes sortes d'appâts selon ce qu'il veut attraper.

Et ce ne sera pas de trop.. Le petit jeu du chat et de la souris va durer un moment. Tous le monde s'adapte, les rats aussi. Nous trouverons à plusieurs reprises des pigeonnaux morts et à moitié mangés. La selection est drastique. Il faudra attendre une période de pluie intense pour qu'ils soient délogés de leur gîte. Ensuite les pièges feront leur travail jusqu'à ce qu'on ne voit plus de dégats, de mortalité, ou de manque au poulailler. C'est un peu barbare, mais c'est la loi du poulailler chez nous.

_ *Bon, je retire tous les pièges demain. Ça devrait aller maintenant. Tu surveille et tu me ditss'il faut les remettre.*
_ *Okay ! Penses au piège du grenier !*

Le lendemain, une surprise va nous attendre.

_ *Je vais retirer ma boite à fauve ce matin.*
_ *Ok.*

Jean-Michel s'en va vers le poulailler et rapidement il m'appelle. Je l'entend rigoler à pleine gorge.

_*Non, mais ça c'est fort quand même ! Tu crois que c'est ta place la dedans ! T'as pas l'impression de t'être fait avoir ? Ils vont se moquer de toi maintenant ! C'est malin !*
Isa !!!! Isa !!!! Viens voir ça !!!!! Tu vas rigoler !!! C'est trop fort !!!!
_ *J'arrive ! J'arrive !*

Et là, quelle ne fut pas ma surprise en voyant notre chat tout penaud dans la cage. C'est bien la première fois que ça nous arrive ! Et à lui aussi ! Il a les yeux tout rond en se demandant ce qui se passe. On ne saura jamais combien de temps il est resté là dedans. Au moins une partie de la nuit en tous cas. Toujours est il que, dès que la porte s'est ouverte, il s'est précipité au dehors et a détalé au triple galop ! Jamais je ne l'avais vu courir si vite !! Et nous étions morts de rire à le regarder faire.

_ *Mais qu'est ce que tu avais mis dans la cage ?*
_ *Le restant d'un pigeon que les rats avaient commencé à manger !*
_ *Et bien, il a été puni de sa gourmandise ! Pour une fois qu'il avait le droit de toucher à tes pigeons !*

_ *Oui mais heureusement qu'il n'était pas empoisonné !*
_ *Mais tu ne le fais jamais toi !!*
_ *Et pour cause ! On n'attrape pas toujours ce que l'on a prévu d'attraper ! La preuve ! L'histoire aurait pu se terminer plus mal pour lui ! Ça va lui servir de leçon !*
_ *Tu m'étonne ! Tu l'as vu courir sans demander son reste !*
_ *Ben oui ! Surtout que les restes du pigeon, il n'y en as plus ! Il en a quand même fait son festin dans tout ça !*
_ *Tu peux ranger ton matériel en tout cas...La chasse aux rats est fini pour le moment. Et le chat est vacciné contre la viande de pigeon....*

De toute la saison nous ne verrons plus de rats dans le quartier. Ni le chat. Le soir de cette malheureuse expérience, il est rentré sagement, à passé la nuit à la maison, discrêtement. Je pense que les souris, les mulots et tous les animaux qui l'ont surpris, cette nuit là, dans cette situation plutôt cocasse, doivent s'en rappeler encore en rigolant et le raconter à leurs progénitures comme toutes les histoires qui marquent les mémoires.

DANS LA CUISINE

Mes efforts de cet été ne sont pas encore terminés. Le début de l'automne marque les dernières récoltes et les dernières conserves à faire. Certain matériel vont pouvoir être rangé quand d'autres vont sortir des placards. Le déshydrateur sera bien néttoyé, séché et rangé pour l'année prochaine, l'extracteur à chaud ne servira plus car les prochaines variétés de pommes seront mangées au "couteau". Lui aussi est relégué au fond du grand placard. Par contre, il va me falloir sortir la trancheuse et le hachoir ! Regarder ce qu'il me reste en caoutchoux pour les bocaux à pâté! Durant les deux prochaines saisons qui viennent, je vais pouvoir imaginer, confectionner des recettes avec la variété de produits récoltés chez nous. Une mine d'idées est en train de germer dans ma tête ! L'avantage de gérer son alimentation de la sorte, c'est qu'on ne mange jamais la même chose tellement la palette est vaste ! Il y a même des variétés qu'on a du mal à goûter! Jean-Michel fait certains légumes, non pas parce qu'il nous en faut mais parce que ça fait joli dans le jardin. C'est les cas des choux de Bruxelles qui souvent finissent aux lapins ou sont distribués, des citrouilles (on ne mange que les courges !), des topinambours (son développement est spectaculaire et ses fleurs superbes en été). Nous adorons ça mais avec la très fâcheuse conséquence de nous donner des maux de ventre tellement nous en mangeons parfois, son utilisation reste anecdotique ! Une recette excellente : faire cuire les topinambours à l'eau salée, les éplucher puis les faire revenir tranchés dans une poêle beurrée. Saupoudrer de noisettes grillées, hachées grossièrement !

Le topinambour est une plante bien mal aimée et c'est bien dommage. Il est vrai que son utilisation intensive durant la guerre à cause du manque de nourriture lui a donné une mauvaise réputation. Pour éviter les flatulences, il faut les arracher au fur et à mesure de son utilisation. C'est une plante vivace qui reste dans le sol sans problème. Un légume racine intéressant en prévention du diabète et du cancer. Source de vitamines B, riches en fibres et sels minéraux comme la plupart des légumes racines d'ailleurs, il aide à la digestion (Ah bon !) et également à la perte de poids. Plus aucunes raison de ne pas l'incorporer dans notre alimentation maintenant !

La fermentation naturelle

Vous vous souvenez ! A l'extérieur du jardin, Jean-Michel avait planté des choux qu'il nous a fallu proteger des chevreuils par un grillage pour qu'ils puissent pousser tranquillement. Ils sont devenus énormes. A croire qu'en les grignotant, les chevreuils les ont motivé à pousser encore plus.

Son nom, le quintal d'alsace, le porte bien. Il fait son quintal. Magnifique pomme blanche presque plate sur le dessus quand il arrive à une belle taille. Ses feuilles interieures sont bien serrées et bien blanches. Juste ce qu'il me faut. Il supporte les premières petites gelées alors je peux attendre un peu pour finir de rentrer les autres légumes avant de m'occuper de lui. Quand j'en arrive à lui, il ne reste plus grand chose au jardin.

Je prépare le matériel : la trancheuse électrique, les grands bocaux de 2 litres, du gros sel, la planche à découper et la bassine, un pillon assez haut pour qu'il rentre dans les bocaux.

Les choux ont été ceuillis la veille, lavés et égouttés. Il va me falloir un chou de taille normale pour 1 litre de choucroute environ en lacto fermentation dans une saumure. Je vais faire une douzaine de litre. La choucroute est riche en vitamine C, et elle facilite le transit intestinal. Elle a longtemps lutté contre le scorbut sur les bateaux qui partaient de long mois en mer.

La trancheuse électrique va m'aider à le couper en une fine julienne sans prendre le risques de me couper les doigts. Je vais aller plus vite qu'au couteau, c'est certain. Même si je finis les dernières coupes à la main. Je remplie ma bassine consciencieusement. Les bocaux ont été lavés et m'attendent déjà. Le but est de mettre des lits de 3 à 4 cm de choux dans un bocal, de verser une grosse pincée de gros sel dessus et, avec le pillon, de réduire ces lamelles de choux pour écraser les cellules et supprimer le maximum d'air. Le sel provoque une réaction de macération qui va transformer le choux en quelques semaines de macération. C'est une des méthodes de conservation par le sel, utilisée depuis bien longtemps. Le bocal ne doit pas être trop rempli. Je mets une feuille de choux entiére, pliée, sur le dessus, qui gardera la choucroute dans le jus de macération, l'empêchant de noicir au contact de l'oxygène. Les gaz vont s'échapper par le couvercle et provoquer la maturation de la choucroute. Au bout de quelques semaines, elle sera prête à être égouttée, lavée, puis cuite nature ou avec viande ou poisson, à volonté. Les bocaux peuvent se garder jusqu'au printemps sans problème. Quand il m'en reste, je les cuisine tous ensembles, avant les beaux jours, et les portionne au congélateur. Une petite choucroute au début du printemps, c'est pas mal non plus !!! Même en été !

Il est possible de faire de la lacto fermentation avec d'autres légumes comme les carottes, betteraves entre autres. Il faut juste essayer et voir si le goût convient. La conservation par le sel est une méthode qui remonte bien loin dans le temps. Nos grands mères conservaient les haricots verts ou les œufs frais avec cette pratique. Le sel, le sucre et l'huile sont les trois éléments essentiels pour la conservation des aliments

Petite astuce : Pour nettoyer un vase, une théière, un bocal, une bouteille encrassée, mettez une poignée de gros sel dans le récipient avec juste un petit peu d'eau. Secouez énergiquement en répartissant le mélange sur les zones à récurées. Les propriétés abrasives des grains de sel vont décoller les impuretés sans rayer le verre.

Vous vous souvenez des boutons floraux de soucis ? Immergés dans le vinaigre, ils sont maintenant prêts à être dégustés. Juste un peu acidulés grâce au vinaigre, leur texture est fondante. C'est différent du cornichon croquant. En décoration sur une tartine de rillettes, c'est du plus belle effet. Quant à la recette des cornichons, vinaigre et vin blanc, le bilan est positif. Le goût moins acide tout en gardant le croquant du cornichon. Recette validée.

Une surprenante histoire va mettre la maison en ébullition un soir de fin d'automne, lors d'un repas entre amis. Nous avons bien mangés et avons l'estomac bien rempli. Nous voici au dessert. Durant le repas, comme souvent, nous avons parlés du jardin, des cultures et des trouvailles des uns et des autres.Et chacun d'apporter une recette, un truc, une astuce. D'un seul coup, je me souviens du bon jus de pommes que j'ai réalisé cet été.

_ *Eh ! Je vais vous faire gouter mon dernier essai !*
_ *Ouh la ! Tu es sur ?*
_ *Ah oui! Demandes à Jean-Mi ! Il a bien aimé !*
_ *Mouai, c'était pas mal....*
_ *Je vais en chercher à la cave !*
_ *A la cave ??*

Me voilà parti chercher la dernière bouteille, toute contente de montrer ce nectar.

_ *Vous allez m'en dire des nouvelles ! Voilà du jus de pomme fait cet été avec nos pommes. C'est la dernière bouteille.*

_ *Euh , moi je prendrais un café plutôt !*
_ *Et moi un verre d'eau !*
_ *Trouillard !!*

Ils ne seront pas en reste et vont tout de même pouvoir en profiter! Mais pas de la manière qu'ils pensaient! Imaginez le tableau. Nous étions 8 ou 10 autour de la table. Les restes d'un repas copieux et sympathique, chacun un peu endormi par une digestion commencée et un café bien chaud devant eux.

_ *Allez, qui veut gouter ?*
_ *Oh ben moi, je veux bien ! J'aime bien gouter de nouvelle recette !*

Alors j'ouvre la capsule de la bouteille et, là, l'horreur... la surprise totale.... La tétanisation de tout le monde à ce moment là nous a laissé sans voix. La pression était telle dans la bouteille qu'elle a émis un jet jusqu'à l'autre bout de la table ! Le jus de pomme avait fermenté et était devenu du cidre! Avec juste un peu de gaz, juste un peu pour le mettre en orbite autour de la terre!

_ *Mais ???Vite un verre !!*
_ *Trop tard ! Tout est par terre et sur la table !*
_ *Et sur nous aussi !! C'est quoi ce truc !*
_ *Ben, du jus de pommes !*
_ *Il a bien fermenté ton truc ! Regardes moi ça ! La mousse colle déjà !*
_ *Pourtant, il n'y avait pas beaucoup de sucre !!*
Mais tu as fait du cidre !
_ *C'était pas prévu comme ça !*
_ *Bon, maintenant, faut nettoyer un peu et vite!Je colle de partout déjà ! Regardes !*
_ *Qu'est ce qu'il reste dans la bouteille ? Qu'on y goutte quand même*
_ *Ah bah toi ! Tu perds pas le nord ! Tu vas quand même y gouter ?*
_ *Ouaih ! Même pas peur ! Allez verses !*

Il reste un fond de bouteille. Quelques gorgées qui vont quand même être englouti par les plus curieux. C'est vrai que ça fait un cidre trés gouteux ! Un peu moins pétillant maintenant !! Nous passons un bon moment à rigoler. Ce fut mémorable et longtemps son souvenir me fera venir un rire incontrôlé. Le nettoyage de la pièce a été une autre affaire ! Il m'a fallu nettoyer à grandes eaux le sol pour arriver à retirer ce collant incrusté. Les invités, eux, sont repartis avec soit une chemise collante, soit une mêche de cheveux imprégnée de cidre, ou un pantalon taché. Les deux personnes qui étaient à côté de moi au moment ou j'ai ouvert la bouteille ont eut le privilége d'en recevoir le plus ! Et leur café en a même été sucré. La fin de la soirée a été une partie de rigolade collective imprévue. Torchons, éponges, nappe, serviettes, n'ont pas suffit à absorber le liquide poisseux.

L'année d'après, j'en ai refait. Mais j'ai ouvert les bouteilles dehors sur la pelouse ! Et ne les ai pas gardées aussi longtemps. Il est vrai que certaines avaient, elles aussi, fermentées un peu. Donc, je peux dire que je sais faire du cidre mais quand à réguler la fermentation, c'est une autre affaire…

Des plats de saisons

Les derniers beaux jours nous apportent encore du soleil mais ce dernier réduit sa durée à "peau de chagrin", comme disaient nos grands-mères. Les grandes marmites vont ressortir des placards pour mijoter, assembler, transformer les réserves de l'année. A partir du moment où je passe moins de temps au jardin, je vais le passer en cuisine. Maintenant, il va falloir éplucher, couper, trancher. Au fur et à mesure que les températures vont descendre, les plats chauds vont se multiplier. Et le plat de référence des deux prochaines saisons est la soupe. Avec toute la palette des légumes à la cave, le choix est vaste, les mariages parfois étonnant de certains légumes, la diversité des goûts et des couleurs dans l'assiette. Là aussi, je fais "des essais ". Là aussi, c'est plus ou moins réussi.

J'aime changer de texture de temps en temps. Les soupes avec les légumes râpés, agrémentés d'herbes diverses apportent une originalité qu'il me faut doser car Jean-Michel, lui, tient à sa soupe "classique ". Alors de temps en temps seulement, je change ses habitudes. Mais pour moi, je me fais souvent des soupes "chinoise" à ma manière :

Légumes divers coupé fins ou râpés, algues déshydratées, vermicelles de riz, petit morceau de champignons, le tout dans un bouillon bien relevé.

Le velouté de potimarron est mon velouté préféré, avec un gros oignon et juste 2 ou 3 pommes de terre. Pour Jean-Michel, ce sera le potage aux poireaux. Et avant que le mixeur ne vienne tout réduire en purée fine, il se servira un grand bol de bouillon bien chaud. Le remède "anti goutte au nez ".

Dans toutes mes soupes, j'y mets un oignon. Véritable trésor de bienfait pour la santé avec l'ail et l'échalote. Nous en faisons une bonne consommation.

L'hiver, nous ne manquons pas de salade avec les frisés, scaroles, pains de sucre, mâches et endives venant les dernières. Jean-Michel l'arrache vers la fin novembre pour planter les racines dans de grands contenants de début janvier à fin janvier pour étaler la production. Mise au noir dans la cave, elle va nous faire de belles feuilles blanches à partir de fin janvier. Souvent la fin des endives voit arriver les premières salades du printemps.

L'automne est aussi une période ou je peux sortir mon matériel pour réaliser des terrines de viandes. Avec un mari chasseur, il eut été dommage de rater ça ! Même si je mange de moins en moins de viande maintenant, cela reste quand même un plaisir que de transformer un morceau de gibier en un mélange savoureux et goutteux. Et assaisonné avec les condiments du jardin, c'est un produit sorti directement de la nature. Maintenant, il n'est plus question d'avoir une boîte de pâté du commerce à la maison. D'ailleurs quand il m'arrive d'en manger à l'extérieur, je ne peux plus le digérer. Je sais alors qu'il contenait des conservateurs. Notre organisme s'adapte aussi à nos habitudes alimentaires qui nous sont propres et nous fait, savoir à juste titre, son désaccord quand il le faut.

Mes terrines de viandes sont stockées également dans la cave avec les légumes, les bocaux divers. Autant dire que c'est une caverne d'Ali baba. Ils ont tous leur petite étiquette car là aussi, j'invente des recettes différentes à chaque fois. Pas une terrine ne ressemble à une autre. Alors, je marque précisément ce que j'y mets. Le chevreuil aux noisettes, le sanglier macéré au cognac, le lièvre au thym, le lapin au vin blanc côtoie les rillettes de canards au muscadet, la tête de cochon aux petits légumes du jardin ou le Salmis de pigeons.

Je vous livre quelques trucs et astuces :

Pour du gibier assez fort, je mets le double de cochon que de gibier.

Pour assembler les viandes, je rajoute 1 œuf par kilo de viande.

Pour l'assaisonnement, ce sera 20 gr de sel et 2 gr de poivre par kilo de viande. Et moi, je remplace le poivre par quelques morceaux de piment séchés.

J'utilise de la gorge de porc, hachée finement.

Je rajoute aussi pas mal de persil, frais ou séché, oignon, ail.

La cuisson au four se fait toujours au bain marie.

En stérilisation, je monte à 100°, pour laisser 2heures30. Je laisse refroidir tranquillement avant de sortir les bocaux.

Il arrive qu'un bocal casse durant la cuisson. Plusieurs raisons peuvent être à l'origine du problème. Soit le bocal était trop plein, il faut vérifier le remplissage avant de fermer le couvercle. Mieux vaut moins le remplir que trop. Le trait de remplissage sur le contenant est à respecter impérativement... Quand vous aurez nettoyé votre stérilisateur bien gras plusieurs fois de suite, vous ferez attention !
Soit le bocal avait un défaut. Une minuscule fêlure faite par un choc peut fragiliser le verre. La chauffe va le dilater et la fêlure va finir son travail comme un pare-brise sur une voiture.
Soit durant la stérilisation le contenant a bougé. Le verre est fragile quand il est chaud. Ne pas le manipuler avant un temps de refroidissement.
Il y a également les crochets qui servent à bloquer les terrines. Ils ne doivent pas être trop serrés sur le dernier bocal du haut de la pile. Car la chaleur va faire dilater l'ensemble. Trop serrés, les crochets vont garder la pression et risquent d'augmenter la fragilité des terrines.

Chaque année je réalise presque une centaine de terrines en verre et quelques terrines en terre ou céramique que nous dégustons fraîches. Et cela fait des cadeaux parfaits à des personnes qui apprécient ce genre de chose. Le pouvoir des choses que l'on fait soit même pour offrir est grand. C'est toujours meilleur quand ça vient du cœur.

Les œufs cachés

Je vous rappelle que j'ai dans ma cuisine quelques œufs, trouvés tout à l'heure, sous un tas de bois. Mais que vais-je en faire ? Il me faut les utiliser assez vite, alors je vais faire plusieurs recettes ! Sucrées ? Salées ?

Avec 14 œufs, j'ai de quoi faire : un gâteau aux pommes (j'en ai encore ! ça tombe bien !), une glace à la noix de coco (j'adoooore), une quiche au fromage, les 2 derniers pour quelques crêpes, pour ce soir. Et voilà comment utiliser une manne qui tombe du ciel !

La glace à la noix de coco est une recette toute simple, efficace, réalisable avec beaucoup de saveurs différentes et qui a le mérite de se garder quelques semaines au congélateur. La recette est très simple :
Il faut 4 œufs entiers. Le blanc est monté en neige avec 50 gr de sucre, les jaunes fouettés avec 50 gr de sucre puis mélangé avec 50cl de crème fraîche puis on peut ajouter une saveur telle qu'un peu de noix de coco râpé ou de la vanille, du café, un coulis de fraise ou de framboise, du chocolat en poudre ou fondu. Les blancs et le mélange seront délicatement mêlés ensemble puis déposé dans un grand moule ou des moules individuels. Mit au congélateur de suite, cela fait une glace légère et peu sucré. Essayez

avec la meringue et les petits choux. Un dessert facile à réaliser et à avoir au congélateur tout le temps en cas d'urgence.

Pour mon gâteau aux pommes, je fais une base de pâte à gâteau au yaourt que je dépose sur un lit bien dense de pommes juste coupés en quatre, épépinés, épluchés, dans un moule beurré. Je le mets au four 20 ou 25 minutes et fini la cuisson en rajoutant un mélange de beurre fondu avec du sucre sur le dessus. Ce n'est pas très light mais, de temps en temps il faut se faire plaisir !

Et voilà, moins de 2 heures plus tard, le gâteau et la quiche cuisent ensembles dans le four, la glace est au congélateur et la poêle à crêpe crépite pour la première. Il n'y a plus que la vaisselle à faire et c'est fini. La cuisine demande un peu d'organisation et j'aime faire place nette entre chaque recette.

L'œuf est une source de protéines hautement digestibles, bon marché, et très riche en vitamine A. Il est incorporé dans de nombreux plats. Nous avons une consommation assez importante d'œufs chez nous à l'année. Et nous n'avons pas de cholestérol !Euh, il est vrai qu'il y a un moment que je n'ai pas fait d'analyse non plus !

Avec entre 4 et 7 poules pondeuses selon les périodes, notre production nous assure notre consommation. Quand mes stocks sont au plus haut, j'en profite pour faire des glaces, des pâtes (il me faut alors 8 œufs pour 1kilos de farine), des flans et j'en fais profiter des personnes autour de nous. L'hiver, dans les terrines de viande, avec 1 œuf par kilo de viande, l'utilisation est toute trouvée !

L'œuf peut se garder presque un mois. Même s'il est meilleur frais. Il ne faut jamais laver la coquille d'un œuf s'il est sale. Il vaut mieux le garder tel que et ne le laver qu'au moment ou l'on s'en sert. Sinon la fine membrane de protection qui s'y trouve disparaît et les microbes peuvent passer la porosité de la coquille.

ET COTE SANTE

Quand la nature profite des derniers instants de douceurs, elle se concentre, organise ses réserves, sélectionne ce qu'elle va garder pour pouvoir supporter les rigueurs de l'hiver qui l'attend. La fable de la cigale et de la fourmi est très explicite et elle mérite que l'on s'y arrête un instant.

Mais, me direz-vous, de tout temps la fourmi fait des réserves et la cigale chante jusqu'au bout de l'été sans se soucier ! C'est ce que bon nombre d'entre nous avons entendu dans notre enfance. Les contes d'autrefois nous ont parfois trompés car on ne regarde que ce que l'on veut bien voir, ou ce que l'on veut bien nous montrer. Alors allons voir de plus près pour comprendre.

La petite fourmi engrange, engrange, engrange de peur de manquer ! Et la peur de manquer lui fait faire des réserves! La fourmi vit avec sa petite société comme les abeilles, et elle, elle a un devoir. Celui de tenir sa place au sein de sa famille pour faire perdurer la communauté des fourmis. Ce sont les besoins vitaux de sa famille qu'elle va satisfaire au mieux durant toute sa vie. Pour la petite histoire, la fourmi noire des jardins peut vivre jusqu'à 15 années... Donc, effectivement, son système doit être élaboré et organisé.

La cigale est solitaire, elle, elle chante, chante, chante pour plaire. Elle vit cachée une grande partie de sa vie sous terre, sous la forme de larve pour sortir un beau jour à la lumière et enfanter pour perpétuer sa destinée. Son devoir exécuté, elle n'aura pas besoin de réserve, elle, car sa vie sera finie. Elle rejoindra l'humus, après avoir pondu en fin d'été, dans les feuilles et les champignons. La larve descendra en terre pendant 2 à 5 année avant de rejoindre la surface pour devenir à nouveau une cigale. Sa durée de vie ne dépassant pas 3 à 5 semaines, elle a bien raison de profiter de la situation...

Donc la cigale ayant chanté tout l'été ne se trouva pas si dépourvue que ça, puisse que de toute façon, elle n'avait pas d'autre choix ! Quand à la fourmi, son amie, elle ne pouvait pas lui faire la leçon sur son inattention, puisque de toute façon, elle ferait des provisions... Par contre, la cigale a la capacité de se transformer pour se protéger et survivre alors que la fourmi doit sans cesse travailler pour résister et vivre plusieurs années... Et vous, si vous aviez le choix que feriez vous ?

Faire le plein d'énergie

Notre cycle à nous, reste ce qu'il est depuis la nuit des temps. L'homme faisant parti de ce tout immuable en perpétuel évolution, nous aussi, nous nous adaptons. Nous aussi, nous trouvons dans nos capacités, la force d'évoluer dans ce schéma qui est le notre.

L'automne est fort dans sa carapace. Il nous entraîne à nous préparer à un repos bien mérité. Encore faut-il voir, comprendre et entendre ses signes. Pour certains, l'observation est plus compliqué car, coupés de leur ressenti par les turpitudes, les conditions soient disant meilleures, que la société d'aujourd'hui produit, ils perdent leurs capacités naturelles à ressentir leurs réels besoins vitaux. Le superflu devient une nécessité. Ce que l'on nomme individualisme devient une course au pouvoir, à l'argent, au "niveau social ". Alors que l'individu est le résultat de ce qu'il est simplement. Un individu lié et relié à la nature. Avec sa place et son rôle. Comme toutes les autres espèces, jusqu'à la plus infime particule.

Pour en revenir à notre cycle des saisons, relié à notre cycle d'énergie vitale, le temps d'ensoleillement va avoir une incidence importante comme la chute des températures. Nous avons besoin de cette lumière autant que de la température clémente. Elle va être déterminante si nous ne réajustons pas notre équilibre. Alors, le but va être de conserver le plus longtemps possible cette énergie pour passer la prochaine saison. Certains animaux se permettent même de dormir ! D'hiberner ! Ou simplement d'hiverner. Il est vrai que, nos saisons étant moins marquées maintenant, nous ne pensons plus vraiment à cette nécessité. Nos organismes s'habituent progressivement mais, parfois, il faut lui donner un "coup de pouce".

Faire le plein d'énergie, c'est comme pour la fourmi, faire le plein de l'élément qui nous nourrit. Mais pas simplement au sens premier ! La nourriture peut se présenter de plusieurs formes selon ce que l'on y recherche. Au sens physique, au sens énergétique, au sens matériel, la nourriture revêt différentes formes. Chaque individu a besoin de toutes ces nourritures à des degrés différents, à des moments différents.

Rappelez vous, la cigale demande à son amie la fourmi de l'aider pour survivre sur le plan physique, matériel. La fourmi refuse car, elle, suit son parcours de vie sans se poser de questions et se moque de celui de la cigale. Et si la cigale commençait a changer d'abord en elle et devenait la première à survivre ? Et si, dans le champ des possibles, ou dans les champs du possible, c'était possible ? L 'évolution de l'homme est sûrement passée par des étapes de ce genre, non ? Qui a raison dans l'histoire ? Que se serait-il passé si la fourmi avait accepté de donner de l'aide à la cigale ? Choix cornélien ! Repousser toujours plus loin l'impossible n'est peut être pas que dans les gènes humain ! Chacun aura SA réponse à la question…

Il va être important donc durant cette saison intermédiaire de faire nos propres réserves physique et matériel selon ce que l'on va juger nécessaire, mais aussi nos réserves énergétiques corporelles. Et là encore, le besoin de chacun est différent.

Nous avons décidé d'être en auto alimentation chez nous. Et notre choix de vie se trouve aussi être en adéquation avec le rythme de la nature.

La cave se remplie pour les réserves matériel et les dernières récoltes vont nous permettre de garder l'énergie nécessaire. Il y a encore quelques orties, les dernières tomates, les physalis, les derniers haricots verts aussi.

Les ballades dans la forêt sont idéales pour travailler avec les arbres. Ils ont une énergie forte et la capacité à réguler leur sève selon la température extérieure. En marchant simplement entre eux, on peut ressentir un réel bien être. Car ils ont un système de connexion particulier aux énergies. Il est prouvé maintenant scientifiquement que les arbres correspondent entre eux. Mais il est difficile encore de faire "entendre" que cette connexion peut se faire avec nous, les humains.

Chacun dit pourtant se trouver mieux après une ballade en forêt…

Je vous propose d'essayer avec moi, un exercice tout simple. A plusieurs, ça peut être encore plus fort car chacun va amener sa force de connexion. Mais tout seul, vous pouvez ressentir déjà quelque chose qui va vous troubler. S'ouvrir à cette forme d'exercice, c'est s'ouvrir à soi même…

Choisissez un arbre. Chez vous ou en forêt, peu importe. Une espèce que vous aimez particulièrement, une attirance que vous avez à un moment donné. La grosseur n'est pas un critère mais il est vrai que les gros arbres apportent plus de sensations. Quand je conduis des personnes à faire cet exercice, je me laisse guider ainsi. Vous allez poser vos 2 mains bien à plat sur le tronc en respirant bien à fond, pour ouvrir vos poumons. Demandez humblement l'aide à cet arbre à vous sentir mieux, à ressentir vos propres énergies, à rester centré, bien ancré. Puis laissez vagabonder vos idées, votre esprit, sans but précis. Ecoutez votre respiration et sentez votre corps. Relâchez vos muscles. Il est nécessaire parfois de repositionner votre corps pour évacuer la tension. C'est normal. Vous travaillez déjà. L'arbre vous y aide. La durée n'a pas d'importance particulière. A vous de savoir quand vous en avez assez, ou quand vous devez arrêter. Pour moi, les premières sensations que j'ai eu, m'ont surprise et presque fait peur. Au début, j'avais du mal et pensais devoir me concentrer. Mais ce n'est pas une forte concentration qui fait la richesse de l'expérience. Encore moins l'obstination du résultat. Parfois la connexion va se faire vite, parfois, on pense qu'il n'y en a pas. Soit vous n'êtes pas réceptif ce jour là, soit vous ne l'avez pas ressenti physiquement. Ce n'est pas pour autant que le travail ne s'est pas fait. L'arbre ne "choisit" pas, ne "régule" pas ses énergies. Ils les donnent de manière inconditionnelle, naturelle. Ils ne demandent pas de compensation si ce n'est de la bienveillance.

Certains disent que la saison la meilleure pour faire ce travail est le printemps, quand la sève monte. Pour moi, il n'y a pas de saison particulière. Effectivement, le printemps est un réveil pour la nature. Mais comme nous, l'arbre garde ses énergies toute au long de l'année. Comme nous, il a des hauts et des bas dans sa vie. Comme nous, il interagit tout le temps avec les énergies autour de lui. Donc, si l'arbre est en bonne santé, l'exercice peut se faire en toute saison. L'idéal étant d'en faire régulièrement au cours de toutes les saisons.

Un important changement en moi va me conduire à une prise de conscience énorme sur le plan alimentaire. Durant un échange avec un énergéticien, j'apprends mon intolérance au gluten et aux laitages. Moi qui adore les pains de toutes sortes, les pâtisseries diverses et variées, les pizzas et les pâtes, je me dis que ça va être compliqué ! Alors je fais quelques recherches. Effectivement, le gluten est la cause de beaucoup de problèmes de santé : Mauvaise assimilation du calcium, du fer et de la vitamine B qui entraîne fatigues, crampes, anémie, ostéoporose, désagréments digestif. Le gluten est une substance collante composées de protéines qui rentrent en compte dans la panification du pain et de beaucoup de recettes de cuisine. Autant dire que tous les plats contenant de la farine sont concernés. On appelle cela également la maladie coelique (maladie inflammatoire intestinale). C'est un problème courant maintenant et très répandu. Je pense que le fait que les blés d'aujourd'hui soient génétiquement modifiés a sa petite influence. Pour ma part, j'ai réduit de façon drastique ma consommation et, à certaines périodes, je supprime complètement cet élément. Je privilégie des farines plus anciennes comme la farine de petit épeautre, entre autres. Certaines ont des propriétés moins agressives pour l'organisme. C'est une habitude à prendre au quotidien et je m'en porte beaucoup mieux. Plus de problème de transit et de digestion.

En ce qui concerne les laitages, j'ai diminué la consommation de fromages (dont je ne faisais pas d'abus déjà avant) mais surtout de lait pur, un peu moins de yaourt aussi. J'ai trouvé mon équilibre en faisant des tests et, maintenant, je peux faire certain excès, tout en me restreignant durant quelques jours après. C'est toujours un équilibre à trouver.

Augmenter son temps de sommeil

Les jours raccourcissent, la végétation change, certains insectes sont moins présents, d'autres arrivent. Les araignées, les coccinelles, les punaises rentrent dans les maisons pour se mettre à l'abri. Les poules rentrent de plus en plus tôt au poulailler. Les incursions au jardin vont être de plus en plus courtes. Les heures de ponte vont même se décaler légèrement. Les mues d'automne vont faire baisser la production. Parfois un supplément de nourriture suffit à leur faire passer ce cap dans de meilleures conditions. Elles aussi ont droit à un régime spécial quand il le faut. L'activité, quoi qu'étant encore importante, va commencer à diminuer en même temps que la luminosité et la température. Notre énergie, que l'on aura pris soin de protéger, va pourtant fluctuer. C'est ce qui fait arriver les petites déprimes d'automne chez certaines personnes. Il faut être vigilant. Ne pas laisser les éléments extérieurs vider notre potentiel. Connaître notre capacité de résistance, savoir réagir au bon moment et sentir nos besoins de ressourcement est important. Un bon sommeil est nécessaire. Mais la durée n'est pas identique d'un individu à l'autre. Certains vont avoir besoin de longues nuits réparatrices, d'autres vont se suffire de quelques heures pour retrouver leur tonus. Je ne connais personne encore qui peut vivre sans dormir du tout. Notre métabolisme est ainsi fait qu'il a besoin de ces heures de dé connection, de ce moment ou notre mentale lâche prise, de ces rêves que l'on essaie parfois de comprendre. Il s'en passe des choses quand nous dormons. Nous ne sommes plus conscients de la même manière. Comme Wikipédia le dit, le sommeil est un état de perte de conscience du monde extérieur.

Mais ou nous trouvons nous donc ? Platon a défini le sommeil comme un percepteur de vie. Chacun sait que le sommeil est réparateur pour le corps et l'esprit. Qu'il nous permet de recharger nos "batteries". Alors pourquoi tant de problèmes de sommeil actuellement ?

Il y a 3 phases, le sommeil léger, le sommeil profond, et le sommeil paradoxal qui nous amène le rêve. Chacune de ces phases est propre à chacun. Et personne n'a le même rythme de sommeil avec les mêmes phases.

Pour en avoir été privé pendant un long moment, je redécouvre mes rêves. Je suis persuadée maintenant que je m'empêchais de rêver pour ne pas "voir" ma vie changer. Nous fonctionnons dans une société qui s'insinue dans nos esprits par une barrière appelé ego. Chacun a le sien et il a été alimenté par les croyances, les histoires de familles, les légendes et ce que la société nous inculque encore et encore. L'ego est très fort et il n'aime pas être pris en défaut, être malmené, être dirigé. Quand nous dormons, il n'y a plus d'ego car plus de mental. Et notre esprit peut s'évader et aller chercher des réponses que sont les intuitions, les idées parfois "loufoques" qui deviennent des best sellers, des découvertes inimaginables qui changent le monde, des certitudes de ce que l'on doit faire malgré les efforts à déployer.

L'automne nous fait nous recentrer sur nos besoins vitaux. Un peu comme s'il fallait faire le point sur ce qui s'est passé les saisons d'avant, comprendre et accepter les changements qui se sont opérés, prendre le temps de digérer les nouvelles données. Comme un demi-sommeil, avec ses phases qui lui sont propres.

Le sommeil léger est pour le coup l'automne avec les activités qui se réduisent pour calmer les énergies. Sans à-coups, comme une décélération progressive, pour préparer au mieux le futur changement.

Le sommeil profond est l'hiver avec une activité réduite à la survie physique, ou le corps et l'esprit se laissent tranquillement bercer. Il n'y a presque plus d'activité. Nous rentrons en méditation, en introspection personnelle et individuelle.

Le sommeil paradoxal, lui, commence dés la sortie de l'hiver, à l'arrivée du printemps donc, pour mettre en place les idées qui auront germées dans notre inconscient durant le sommeil profond. Ce sont les rêves qui prennent formes, ce sont des projets qui se préparent, et comme les bourgeons des arbres, les premières fleurs des champs, une myriadc dc couleurs et les rêves se réalisent tous simplement, comme par magie en plein dans l'été justement ! Et comme la libellule, le puceron, la fourmi ou la cigale, le cycle se répète inexorablement.

Nous allons donc pouvoir maintenant préparer notre temps d'inactivité, bien au chaud. Car la durée et la qualité de notre sommeil dépend aussi d'un temps d'inactivité dans notre esprit. Le garder actif et sous tension, c'est ne pas envoyer à notre cerveau la dé connection nécessaire à un bon endormissement. Avec les enfants il est bon de leur laisser un temps de tranquillité pour qu'ils puissent s'endormir (histoires, câlins, musiques…). Chacun y va de son pouvoir magique. Mais, nous les adultes, nous croyons ne plus en avoir besoin…. Et pourtant….

Les écrans et les activités de toutes sortes fleurissent pour nous garder en alerte perpétuelle. Est-ce nécessaire? Si vous avez des problèmes de sommeil essayez une semaine sans télévision le soir. Essayez une semaine sans activités sportives le soir? Prenez un bon bouquin. Ecoutez de la musique. Faites un câlin, de la méditation, de la respiration avec des pensées positives. C'est meilleur qu'un somnifère. Et avec un peu d'habitude, c'est plus efficace aussi. Le sommeil se recale et augmente progressivement si besoin, pour enfin se stabiliser. Le corps se détend plus facilement. Nous arrivons à nous écouter et à comprendre les signaux qu'il nous envoie.

Capter la lumière

Le décroissement de l'ensoleillement, le rythme de la nature qui se calme petit à petit, les légumes qui se rentrent chacun leur tour dans la cave, le tas de bois est préparé en vue des belles flambées qui vont réchauffer la maison. Il faut être prêt. La lumière va prendre son rôle le plus important maintenant. La suivre, va nous donner le rythme à tenir chaque jour. Notre énergie est belle et brillante maintenant. Notre sommeil est calé sur des besoins plus subtils et la météo va jouer un rôle important à ce moment là sur notre santé. Qu'on le veuille ou non, le manque de lumière nous impact plus ou moins. La température également.

Rappelez-vous vos dernières vacances à la neige ou à la mer, en été ou en hiver. Les températures agissent aussi sur nos corps physiques. Coupler avec le manque de lumière, cela créé des dissonances dans nos organismes. C'est pour cela que l'automne est souvent synonyme de manque de tonus, de relâchement, de déprime que l'on nomme saisonnière.

Et là, mes recherches pour connaître un peu mieux ce phénomène m'amener à creuser une piste hormonale connu de tous : la Mélatonine et la Sérotonine.

La Mélatonine est l'hormone du sommeil qui agit sur les différents cycles. Je vous rappelle que lors de notre sommeil, notre organisme se répare, se repose. Et cette hormone se trouve être un antioxydant, un protecteur de l'ADN, et également un activateur de l'appétit, une hormone relaxante. On retrouve cette mélatonine dans les noix, les noisettes, les tomates, les pommes de terre, le mais entre autres. La liste est longue. Encore une fois, on se rend compte que la nature est dans notre propre cycle, nous apporte ce qu'il nous faut, quand il le faut.

La Sérotonine, quant à elle, a un rôle de neurotransmetteur, elle se trouve dans certains aliments comme les bananes, les tomates. Elle est aussi impliquée dans la régulation des fonctions telles que la thermorégulation, les comportements alimentaires et sexuels, le cycle veille, sommeil, l'anxiété et la douleur. Et il faut savoir aussi que la pratique régulière d'activité physique augmente la sérotonine ; que l'exposition à la lumière préserve la sérotonine. Et curieusement elle se transforme en Mélatonine en l'absence de lumière.

En automne, quand la luminosité diminue, le taux de sérotonine des mammifères diminue également pour se transformer en Mélatonine. Cela explique les hibernations de certaines espèces. Nous faisons partis des mammifères avec un cerveau plus développé. Donc nous n'hibernons pas, ni n'hivernons pas. Pourtant notre cycle est ainsi. C'est notre cerveau qui induit ces phénomènes et qui régule ces hormones selon chaque individu. Notre manière de vivre, de manger va donc influer sur le taux et la fluctuation de ces hormones. Selon notre sensibilité, des adaptations sont parfois nécessaires. C'est pourquoi certaines personnes développent des périodes dépressives durant l'automne car leur rythme est différent et elles doivent se reconnecter à une façon de vivre plus naturelle pour garder leur équilibre.

Notre température corporelle peut donc, elle aussi, être liée à notre taux de sérotonine. Là aussi, tout est intimement lié l'un à l'autre. C'est pourquoi nous réagissons différemment dans nos corps selon les saisons. Oublier cela peut être un facteur aggravant dans notre bien être quotidien. Et aujourd'hui avec les problèmes bioclimatiques qui se passent à travers le monde, les valeurs autrefois régulières se trouvent bousculées et notre organisme doit s'adapter de manière plus intense. Nos codes ADN changent et s'adaptent et nous devons suivre ce changement.

J'ai entendu très récemment que les problèmes de vue qui s'accentue chez les jeunes enfants seraient également liés à un manque de luminosité naturelle. La vie d'aujourd'hui a réduit considérablement les expositions à la lumière naturelle et donc à ses bienfaits. Et il y aurait une corrélation entre les yeux qui reçoivent cette lumière et le cerveau qui libère ou transforme les hormones. Je ne suis pas une scientifique mais je m'interroge. Lors de mes études dans l'horticulture, j'ai appris et mis en application le phénomène de photosynthèse chez certaines plantes, la culture de certaines d'entre elles grâce au photopériodisme. Il s'agit de changer les périodes de jours et de nuits dont elle a naturellement besoin, pour la forcer à fleurir. Le cycle biologique de la plante est bouleversée. Autant dire que cette plante aura du mal à retrouver son cycle biologique après sa floraison.

Dans le même ordre d'idée (celle de changer le cycle biologique d'une plante) il existe la vernalisation qui est un processus engageant la température durant laquelle la plante va effectuer son développement. Certains végétaux ont besoin de température basse avant le pouvoir germer, fleurir, ou simplement se développer. En modifiant ces données artificiellement, on modifie la période de floraison, de germination ou de développement. Reporter ces données dans le cadre de l'équilibre de l'espèce humaine est alors très facile à comprendre.

Quand on retrouve un équilibre naturel, on retrouve un équilibre physique, celui qui nous est propre. Depuis le nombre d'années que nous vivons le plus possible en accord avec la nature, nous avons pu nous rendre compte de quelques particularités sur notre style de vie et les conséquences sur notre santé. Nous mangeons à 99% nos propres légumes, nos propres œufs, nos propres conserves. J'ai du arrêter mes activités professionnelles extérieures car elles ne me correspondaient plus, elles m'empoisonnaient lentement, en ne respectant pas mon cycle biologique, entre autre. Retrouver sa force est un véritable processus personnel pour connaître ses propres besoins. La force vitale n'est pas forcement reliée à la lumière naturelle mais, comme dans tout cycle de vie, la lumière en fait partie.

4 L'HIVER

Une saison pas comme les autres. L'hiver n'est pas une saison inerte, inutile, stoïque. Son importance est capitale. Elle n'est ni un début, ni une fin. Une continuité de quelque chose qui reste invisible à certains regards. A l'abri de l'agitation que l'on a connu quelques mois avant, un repos bien mérité pour préparer un nouveau cycle. Un temps pour retrouver les valeurs essentielles de la vie, à l'abri des regards d'une société intrusive. Un silence qui se fait de jour en jour, d'heure en heure, selon nos activités. Même l'effervescence des fêtes de fin et de début d'année nous amène à clore un chapitre, à envisager un futur avenir, à verbaliser des intentions personnelles.

Les animaux de la forêt s'adaptent à la fluctuation des températures en dormant plus longtemps pour certains, en sortant moins de leurs terriers, en réduisant leurs besoins vitaux pour d'autres. Certaines espèces migrent carrément ! C'est un gros effort physique nécessaire qui leur permet de survivre. Ils n'ont pas le choix. Et les scientifiques découvrent que les plantes et les animaux se déplacent petits à petits, en même temps que nos climats changent. Ils "suivraient " le réchauffement climatique afin de s'adapter. Les environnements qui leurs sont devenus hostiles les obligent à changer leurs habitudes. Progressivement, ils migrent vers des conditions plus viables.

Nous, humains, avons encore la chance de pouvoir nous "défendre" un temps soit peu des éléments naturels mais on s'aperçoit que dans certaines régions du globe, un déplacement de population a déjà commencé à cause des montées des océans, de la sécheresse de certains continents, de la force des tornades qui s'étend.

Autant dire que nous ne sommes pas invincibles devant les éléments. A toutes les saisons, leurs avantages et leurs inconvénients, et notre manière de faire avec, au mieux de nos possibilités, pour notre équilibre personnel.

Dans nos contrées, nous avons peu de neige maintenant. Ce sont des périodes plutôt rares. C'est bien dommage. Mais c'est comme ça. Nous en profitons encore plus quand il y en a. Même si cela affecte de plus en plus le système sociétal qui nous relie à cette matrice de consommation excessive. C'est à ce moment précis que l'on se rend compte des limites d'un système. Le point de non retour qui met en danger ceux qui pensent en être protégé…

L'hiver reste une saison de transition pour tous. Un moment de recueillement pour certain, d'isolement pour d'autre. Chacun s'affaire à ses propres affaires pour maintenir un rythme biologique nécessaire. Les extrêmes des températures ou des conditions climatiques peuvent donner des visions spectaculaires de la nature lors de fortes gelées, de chutes de neige ou de pluviométries exceptionnelles. Une année, dans nos forêts alentours, les chemins se sont retrouvés sous des arches de branches couvertes de neige lourdes et denses. Cela formait des tunnels ou la lumière se reflétait et se renvoyait. Ça en était aveuglant…. Le poids de la neige a fait tomber de gros arbres qui avaient des soucis racinaires évidents. La neige en fondant, remplissait des zones qui n'avaient pas été inondées depuis de nombreuses années. Les réserves se reformaient quelque part dans les sous sols.

L'hiver clos un chapitre et nous fait nous rendre compte de l'évidence de tout ce qui s'est passé durant toute l'année. C'est une conclusion de quelque chose qui nous dépasse. Et quand on veut bien écouter ce quelque chose, ça donne la tendance pour la prochaine saison qui arrive. Si on a bien suivi le cycle naturel des saisons passées, alors la prochaine se déroulera bien comme il faut. Le printemps sonne les préparatifs pour un été constructif qui est suivi par un automne réparatif, et se termine sur un hiver roboratif. Encore une boucle de bouclée.

CHEZ NOS AMIES LES ABEILLES

"Ne vous fiez pas à l'eau qui dort ". Voilà une expression qui se prête bien à nos amies en cette saison. Elles ne dorment pas. Elles réduisent leur besoins vitaux pour s'adapter, le temps de retrouver de bonnes conditions climatiques à leurs activités.

Si la neige recouvre les ruches, c'est parfait ! L'isolation naturelle qui leur est offerte est un vrai don du ciel en cette période. Surtout, il ne faut pas y toucher. La neige emprisonne de l'oxygène qui sert de protection thermique inégalable. Il faudra juste peut être retirer celle qui se sera agglomérée sur la planche d'envol pour libérer leur espace de sortie si la situation persiste. Pour les abeilles, c'est une condition idéale. Si la grappe est suffisamment grosse, elles n'auront aucun mal à garder leur température de croisière. Dans nos contrées, le thermomètre peut descendre en dessous de – 10 degré sans problème. Jusqu'à – 20 degré, cela ne pose pas de problème sérieux pour elle. En de ça, cela va dépendre de la vigueur de l'essaim, de ses réserves, de son environnement.

Les abeilles émettent des phéromones pour communiquer et chaque type d'abeille (reine, éclaireuse...) en émet un type différent qui est capable de conditionner leur comportement : la ponte pour la reine, le nourrissage des nymphes pour les nourrices, la recherche d'habitat pour les éclaireuses.... L'émission ou la réception des phéromones peut passer par diffusion aérienne, contact directe, ou échange de nourriture. Et l'abeille a une activité bien distinctive dans certaines situations. On appelle ça la "danse de l'abeille" au lieu du "vol de l'abeille". Elle va "danser" en rond en volant et en formant un huit, pour sa recherche de nourriture, afin de prévenir ses congénères. La danse de l'essaim sert à la recherche de l'habitat idéal. Des éclaireuses partent chercher l'endroit idéale, puis reviennent prévenir la joyeuse troupe, qui repart avec l'essaim entier. Quand la reine trouve l'endroit qui lui convient, l'essaim se calme petit à petit et certaines abeilles se mettent à battre des ailes très vite pour appeler les dernières aux portes de la ruche ou de l'endroit choisi. En hiver, l'activité étant réduite, les communications le sont aussi. Il n'y a plus besoin de sortir se nourrir, la localisation de nourriture n'est plus nécessaire, la reproduction est stoppée, la défense de la petite société se centralise sur le maintien de la chaleur et la nourriture engrangée. Alors, comme l'ensemble de la nature, elles réduisent leurs échanges en tout genre elle aussi, et gardent leur énergie pour l 'essentiel, en attendant de meilleurs jours. Mais même à l'intérieur, elles continuent à communiquer entre elles grâce à cette "danse". Sur et entre les cadres, elles vont circuler et s'échanger des informations via la nourriture et le contact physique. Pour elle, c'est une nécessité vitale. Elles réagissent à ces ondes, ces vibrations, pour survivre.

En effet, ces ondulations différentes de leurs corps envoient des informations différentes. C'est pourquoi, à l'heure actuelle des recherches se portent sur leur sensibilité à ces ondes. Les téléphones portables, la wifi pourrait être responsable également de leur perte de repère pour rentrer à leur habitat après le butinage. Ce phénomène est déjà constaté sur les cétacés, qui sont extrêmement sensibles aux ondes, eux aussi., et qui s'échouent sur les plages. L'étendue de la 5G pourrait aussi avoir des conséquences problématiques à ce sujet.

Réduction de l'activité

La vie de la ruche est une merveilleuse façon de voir comment les choses de la nature sont bien pensées.

Nous savons déjà que la reine peut vivre entre 3 et 5 ans et que c'est la colonie, elle-même, qui va déterminer le remplacement de celle-ci. L'âge de la reine en place et la densité de population, à un moment donné de l'année, va déterminer son remplacement et l'expansion de l'espèce. Rien ne se fait au hasard. La population de la ruche a diminué progressivement depuis le début de l'automne. Des réserves ont été faites au fur et à mesure que les nymphes d'abeilles d'hiver ont pris leur place dans la colonie, et ont laissé les cellules vides. Ces dernières ont été remplies chacune leur tour avec du miel, du nectar, du pollen, trouvés en fin de saison pour assurer les besoins vitaux de la société en place. La durée de vie des abeilles est naturellement prévue par le cycle des saisons par rapport aux activités qu'elles devront assurer durant leur vie. Plus les journées sont longues et plus courtes en sera leur existence qui se réduira à 3 à 4 semaines car leurs activités seront intenses. Plus les journées sont courtes et plus elles auront une durée de vie allongé pouvant aller de 5 à 6 mois car leur seul rôle consistera à maintenir la colonie en vie à l'intérieur de la ruche. Donc celles qui naîtront en octobre pourrons assurer la viabilité de l'essaim jusqu'au printemps suivant.

La colonie va former une grappe serrée autour de la reine pour garder une température régulière et stable. Celles du centre iront remplacer celles du pourtour à tour de rôle afin que chacune puissent se réchauffer. Il faut à tout prix garder une température de 25 degrés minimum dans la grappe. Puis la température montera à 35 degrés à partir de mi-janvier pour permettre à la reine de recommencer à pondre et avoir des naissances dès les premiers beaux jours. Ensuite la ponte sera exponentielle avec l'augmentation des températures extérieures. C'est pour cette raison que les mois de mars et avril sont délicats car si les températures extérieures augmentent vite, l'activité dans la ruche aussi, et les surpopulations en cas de périodes de mauvais temps à ce moment précis de l'année provoquent des essaimages nombreux difficiles à canaliser. La production de miel en étant d'autant plus impactée. La surveillance sera intensive durant cette période.

En attendant, les sorties de ces dames deviennent de plus en plus rares. Elles ont la capacité de pouvoir rester de longs jours sans sortir de leur ruche. Elles ont tout à disposition, il faut dire…Les réserves sont situées tout autour de la grappe et elles puiseront à volonté dedans. A la dernière visite de l'automne, quand nous voyons une colonie avec un manque évident de réserve, nous mettons un complément alimentaire sous forme de sucre de substitution solide. Une « poche » de survie en quelque sorte. Conditionné en sac de 2kg500, il est posé sur la toile de protection des cadres avec juste un trou pour l'accès des abeilles. Quand elles n'auront plus de nourriture dans leurs réserves, elles pourront venir se servir dans cette poche. Comme nous n'y aurons pas accès en début d'hiver, il est judicieux d'anticiper ce nourrissage au mieux ! Et si elles n'ont pas besoin de ce surplus, nous leur retirerons dès les premiers beaux jours ! C'est un soutien, une assurance vie !

<u>Un suivi de loin</u>

Aucune intervention n'est possible tant que la météo n'est pas clémente. Ce serait leur faire prendre un risque inconsidéré et inutile. La chaleur est précieuse à ce moment là pour elles et une ouverture de leur gîte leur demanderait bien trop d'énergie pour conserver le bien être de la grappe. Rien qu'en cognant même légèrement sur une ruche à cette période, le risque de les faire s'énerver, s'agiter plus que nécessaire, mets leurs vies en danger. Elles consomment une énergie très précieuse pour leurs survies. Renouvelé plusieurs fois dans l'hiver, cela peut leur être fatal. Une branche qui tombe ou qui se balance en se cognant, des animaux curieux qui sentent la chaleur et la nourriture proche, ou simplement une visite qui n'est pas appropriée et c'est la catastrophe pour elles. Il faut éviter tout mouvement inutile, toute intervention malencontreuse, tout bouleversement de ce repos bien mérité.

Pour se rendre compte de l'activité du moment, il va falloir attendre une après-midi ensoleillée avec une température d'une dizaine de degrés. Alors là, elles vont pouvoir, enfin, faire ce que l'on appelle "leur vol de propreté ".

L'abeille est très minutieuse dans sa ruche et elle fait le ménage partout alors pas question de se laisser aller même par mauvais temps ! Même si elle ne peut pas sortir, elle ne fera pas ses besoins n'importe où ! Elle les emmagasine dans ses glandes appelées « ampoules rectales » pendant plus de 3 semaines s'il le faut. Puis dès qu'elle le peut, elle s'envolera pour relâcher ses besoins dans la nature environnante. Il ne faut pas étendre des draps bien blancs ce jour là aux abords des ruches! En période de neige, on peut voir les souillures sur les abords proches du rucher.

Les belles journées d'hiver ensoleillées sont alors égayées par ces demoiselles qui vont s'en donner à cœur joie et profiter pour se dérouiller les ailes quelques minutes à tour de rôle bien sur. Car il ne faut pas oublier dame la reine! Et les premières nymphes d'abeilles ont besoin de chaleur elles aussi !

Une promenade de temps en temps dans le rucher permet aussi de vérifier qu'aucun problème ne vient les mettre en danger. Cela peut être une branche qui se penche dangereusement sur une ruche, un amas de feuille qui est arrivé avec le vent, une pierre qui est tombée de son toit (elle permet de protéger l'intégrité de la ruche en cas de vent ou de passage d'un intrus). Il peut y avoir aussi une végétation excessive qui a poussé devant la porte et qui va empêcher les vols de propreté.

Avec la présence de nos chiennes, il ne nous ait pas encore arrivé d'avoir des animaux qui s'attaquent à notre rucher. Mais c'est un danger qui est possible également. Sur des ruches en mauvais état, des rongeurs arrivent à se glisser à l'intérieur. Si la ruche est faible, cela signe sa fin en dérangeant la colonie. Les intrus ont alors tout le loisir de profiter d'une manne délicieuse entre la cire, le miel, les protéines. Et nous découvrirons le pot aux roses à la première visite de printemps. Cela nous est arrivé au début, sur des ruches que nous avions récupéré. Le bois était en mauvais état. Jean-Michel a réalisé lui-même les suivantes. En prenant les mesures d'une ruche type, il s'est attelé à en refaire toute une série pour avoir du matériel neuf, à moindre coût.

Par une belle journée de février, une température d'une dizaine de degré, un soleil que l'on avait presque oublié inonde le jardin et le rucher. C'est un délice de sentir la nature respirer. Une belle gelée fait briller tous les végétaux. Rien de dramatique. Juste pour comprendre que l'hiver n'est pas encore fini ! Jean-Michel a décidé de faire un peu de nettoyage justement. Il faut aérer la lisière de la haie, remonter quelques couronnes de quelques arbres et arbustes qui gênent le passage.

_ *Bon, je dois aller couper quelques branches autour du rucher ! Et tailler un peu la haie devant !*
_ *Ne les réveille pas ! Elles ne sont pas encore prêtes !*
_ *Mais non, ça va aller. Ce ne sont que des branches hautes. Je vais faire doucement !*
_ *Ok ! Elles vont peut être commencer à sortir pour leur vol de propreté ?*
_ *Oui ! Je vais les voir en même temps !*

Et le voilà parti avec le matériel nécessaire. Evidemment Delta lui emboîte le pas ! Pas question de laisser son maître aller au jardin tout seul ! Ça, elle ne le supporte pas ! Il y a tellement de chose à faire pour elle là bas ! ça sent toujours bon avec les passages des chevreuils, des lièvres, des rongeurs de tout poils ! Il y a de quoi s'occuper.

_ *Delta ! Restes à côté !* Ce sera peine perdue. Elle décide de ce qu'elle fait toute seule !

Jean-Michel est tout à son travail. Delta gambade en se faufilant entre les ruches parfois. Les premières branches commencent à tomber à terre…

Dans le même temps je décide d'aller chercher quelques poireaux et salades au jardin. Je les vois tranquillement entrain de travailler pour l'un ou de batifoler pour l'autre. Et Delta s'approche d'une ruche sans s'inquiéter le moins du monde. D'un coup, je la vois brusquement détaler en abaissant son derrière, avec son petit bout de queue entre les pattes et en regardant, inquiète, derrière elle… Elle est comme poursuivi par quelque chose… Et c'est peu dire ! A force de passer et de repasser devant les ruches, elle a mise en colère celles qui voulaient sortir pour leur vol de propreté ! Et à cette période là, elles ne sont pas très patientes ! La voilà qui se retourne nerveusement pour attraper quelque chose sur son derrière !

_ *Et voilà ! La curiosité est un vilain défaut et tu les as agacées !*
_ *Elle doit en avoir une sur le derrière ! Regardes-la !*
_ *Oui, elle s'est fait piquée !*
_ *Viens là que je regarde ça de plus prés !*

Je ne sais pas si c'est la peur ou la douleur mais elle est complètement apeurée. Elle gratte son derrière par intervalle entre deux cavalcades. Au bout d'un moment, elle revient vers moi et j'arrive à l'intercepter. Je passe ma main sur la région en cause et effectivement, je découvre une abeille encore attachée dans ses poils.

_ *Voilà, ça va aller mieux maintenant ! Ne vas pas te frotter aux ruches maintenant ! C'est pas le moment ! ça t'apprendra à faire la fofolle !*
_ *Depuis le temps que je lui disais ! Maintenant elle va se méfier !*

Il est vrai qu'elle n'a pas de chance car c'est la première chienne que l'on a, qui se fait régulièrement piquer par les abeilles. Maintenant, tout se qui passe à sa porté et qui fait bzzzzzzz, est pour elle une source d'inquiétude terrible. Elle ne sait plus ou se mettre. Elle devient incontrôlable... Même une mouche est synonyme de terreur. Elle est comme un radar.

Depuis cet épisode, quand elle nous voit nous préparer pour une visite, elle reste bien sage, un peu plus loin. Et parfois, quand nous sommes au jardin, elle nous prévient même quand la situation devient critique! En période d'orage, ces demoiselles sont susceptibles et prennent vite " la mouche" !

Pour Delta, le rucher n'est plus un endroit ou elle " batifole" ! Un petit tour rapide ou deux maximum car il y a toujours un lièvre qui y est passé ! Mais pas plus ! Le simple son des ruches lui suffit ! Elle a l'ouïe fine ! Mais la peau aussi, contrairement à l'ours qui ne craint pas les piqûres grâce à ses poils très serrés et sa peau qui ressemble à du cuir. Donc pour elle, il reste le suivi de loin permanent maintenant.

Jean-Michel a fini son travail de nettoyage rapidement. Il ne faut pas s'éterniser pour ne pas les déranger. Mieux vaut faire le travail en plusieurs fois pour éviter les problèmes !

_ *Et voilà ! Quelques branches de couper ! ça fait de la place ! Et j'en ai vu quelques unes de sortie ! Mais pas encore beaucoup d'activité ! Il va*

falloir attendre une autre belle après midi pour y faire une petite visite !
_ Oui, il faudrait bien qu'on arrive à regarder ou elles en sont ! Et s'il faut les soutenir pour la fin de la saison ! On va attendre une belle journée bien ensoleillée ! Il y en a bien une qui va arriver quand même !
_ Mais oui. Soyons patients... Pour l'instant, ça ne sert à rien.

Une visite éclair

Les jours s'égrènent doucement sans que le moindre signe de reprise de la végétation ne se montre, ni même une éclaircie dans les températures. Les jours commencent à rallonger doucement, tout doucement. On dirait que l'hiver veut s'éterniser... Notre impatience est grande mais ce n'est pas nous qui choisissons ! Laissons faire dame nature !

Un matin, tout va bien... Une accalmie, une pause, vite ! A nos camailles !

_ Eh ! Regardes ce beau soleil ! La température grimpe bien depuis ce matin ! Allez ! c'est le moment ! On va faire une petite visite ! Il ne faut pas « louper le coche » ! ça ne va pas se représenter avant un moment !
_ Okay ! On attend encore un peu ! Vers 12h ou 13h ! La température sera au plus haut ! Il va falloir dépoussiérer les affaires en attendant... ça fait un moment qu'on ne s'en est pas servi...
_ T'as pas vu mes gants ?
_ Ah non ! Et mes bottes ? Tu les as vu ?
_ Dans le hangar sûrement mais pour aujourd'hui, avec de bonnes chaussures ça va suffire ! Juste pour voir les poches de sucre. On ne va pas les asticoter ! J'attendrais le mois de mars pour vraiment faire une grande visite dès que la météo le permettra.
_ T'as raison. Tiens, les voilà tes gants ! Ils sont troués ceux là !!!!
_ Tant pis ! C'est pareil que pour les chaussures ! Une visite comme ça, c'est pas risqué !
_ Il va falloir refaire le stock d'aiguille de pins bien sèches pour l'enfumoir. Oû as-tu rangé le briquet ?
_ J'en sais rien moi ! Prends des allumettes sinon...
_ Oui mais le briquet c'est plus pratique !
_ Ouai ouai , on va le retrouver....

C'est toujours pareil. Le matériel est toujours disséminé chez nous ! On doit aimer les chasses aux trésors ! Il va nous falloir une partie de la matinée pour retrouver tout ce dont on a besoin et heureusement qu'on a dit qu'on attendait 12 heures pour y aller, car c'est à partir de ce moment que, enfin, nous sommes prêts….

_ *Allez, première visite de l'année sous un soleil radieux ! Bon, Delta, tu fais quoi ce coup-ci ? Tu viens ou tu viens pas ?*
_ *Mets la dans le camion. Comme ça, on ne la cherche pas et elle ne s'impatiente pas. Et elle ne risquera rien. Il y a encore la caisse à chien, de la chasse.*
_ *Allez ma belle, va faire un dodo dans ta caisse en attendant ! C'est pour ton bien ! Sinon, tu vas encore te faire attraper par une abeille en colère. Les bzzzzzz, elles ne t'aiment pas !*

Ce coup-ci, on est prêt. Nous voilà partis en direction du rucher avec tous notre attirail. Le soleil est presque aveuglant tellement il est brillant et après des jours sombres, ça fait drôlement du bien ! Déjà de loin, on peut voir nos belles qui sortent avec fougue et rapidité. Comme si elles avaient une fusée derrière elles qui les propulse avec vigueur. Certaines font quelques pas sur la planche d'envol avant d'ouvrir leurs ailes au soleil. Comme ci elles devaient d'abord reconnaître le terrain et se familiariser avec l'espace. Elles aussi remercient la vie chaque jour.

_ *Bon, reprenons le rythme ! Tu as allumé l'enfumoir ? C'est bon ?*
_ *Oui, il est ok.*
_ *Pas besoin de lève cadre ! On fait vite ! J'ai les poches de sucre.*
_ *Ok. J'enfume, tu lèves le couvercle, je regarde rapidement et tu poses la poche si nécessaire. Ça te va ?*
_ *Ok. C'est parti.*

L'enfumoir ne doit pas être trop actif pour ne pas être trop agressif. Juste une poussée ou deux sur le soufflet suffira sinon cela risque de les affoler. On a pas besoin d'ouvrir complètement la ruche alors pas la peine de les stresser plus qu'il n'en faut.

La première a encore sa poche intacte. Pas de circulation sur la planche d'envol, pas d'activité visible, ce n'est pas bon signe !

_ *Bon, j'essaie de soulever la poche pour voir le trou d'accès et apercevoir une présence éventuelle. Enfumes encore une fois, ça va les faire remonter un peu.*
_ *…. Ok, vas- y….*

Jean-Michel soulève la poche doucement et le trou d'accès apparaît.... Personne à l'horizon....

_ *Oh, pas bon ça...*
_ *Non, pas bon... Enlèves la poche... Regardes, le passage est déjà un peu noirci sur la cire visible. Il y a un moment que personne n'est passé par là ! Je soulève un coin de la toile... Mmmmmm.... Pas mieux.....*
_ *Allez, retires la entièrement. Ça ne me dit rien qui vaille. Pas la peine de laisser la poche s'il n'y a personne, ça va attirer les pilleurs !*

Je retire la toile encore précautionneusement et les rayons sont désespérément vides.... Celles-ci n'ont pas survécus...

_ *On continu la visite et on la ramènera après pour voir de plus prés ! La poche de sucre va nous servir pour la suivante ! Elle est presque intacte en plus !*
_ *Allez, c'est parti. J'enfume...*
_ *Je les entends déjà ! Là, y a du monde ! On fait vite !*
_ *La poche est à moitié ! Tu penses que ça va suffire ?*
_ *Oui, on revient dans une quinzaine de jours au plus tard maintenant. Je repose le couvercle.*

On passe à la suivante sans attendre...

_ *Eh ! Elles sont gourmandes celles la ! La poche est vide ! Et il y a du monde encore dedans ! Elles cherchent les miettes !*
_ *Bon alors, il faut y aller vite mais efficacement ! Il ne faut pas les mettre en colère ! Il y a l'air d'y avoir du monde !*
_ *Oui, tu es prêt ! Je retire la vide et tu poses la pleine...*
_ *Laisses la poche vide à côté de la ruche par terre pour que celles qui sont dedans retrouvent rapidement leur maison ! On reviendra ramasser le plastique après.*

Nous avons déjà quelques abeilles autour de nous qui nous préviennent de leur insatisfaction provoquée par le dérangement. Le son devient plus fort dès lors qu'elles sont en colère et les vibrations de leurs ailes se font plus intenses.

_ *Ca y est ! J'en ais 2 ou 3 qui me "causent aux oreilles". Je vais m'éloigner pour les calmer et qu'elles rentrent rapidement. Attends 2 minutes pour la suivante. Sinon, elles vont se communiquer leur stress.*

Les suivantes se feront sans problèmes particuliers. Nous découvrons encore 2 ruches sans vie…Certaines sont encore bien belles et il faudra les surveiller dès la reprise du printemps. L'essaimage permet l'expansion de la population mais limite la quantité de miel que l'on peut récolter. Selon le nombre de ruche qu'il nous restera, nous verrons à être plus vigilants sur la montée des populations. Il est même possible de regrouper 2 ruches faibles en population, entre elles, afin de ne former qu'une seule. Les abeilles choisiront la reine la plus forte et elles reformeront un seul et même essaim. Cela permet de renforcer l'activité et de les faire démarrer plus vite.

La fin de cette première visite arrive. Nous récupérons les ruches sans activités pour les ramener vers le hangar et les examiner. Il faut essayer de comprendre les causes de ce désastre afin d'y palier si on le peut la prochaine fois.

_ *Ah, ok, Regardes… Celle-la… La grappe n'était pas assez haute dans le corps de la ruche et elle n'a pas trouvé la poche de sucre… Il faut qu'on les mette plus tôt en automne peut être….Elles sont mortes de faim…. C'est dommage…Plus une cellule de réserves….*
_ *Oui ! Et dans celle la, il reste des réserves mais elles n'y ont pas touchées ! Il y a encore du couvain en plus ! Elle est morte de bonne heure en saison on dirait ! Quelle peut en être la raison ?*
_ *Il reste beaucoup d'individus ?*
_ *Je ne trouve pas….*
_ *Alors elles ont été dérangées, certaines ne sont pas rentrées en fin de saison. Peut être que monsieur Frelon asiatique a fait un tour par ici aussi et s'est attaqué à la plus faible…*
_ *Bon, je nettoie les cadres qui sont récupérables, tu brûles les plus vieux, je passe les corps des ruches à la flamme pour les désinfecter et nous les remettrons en service pour les prochains essaims ! Je vais en profiter pour remettre certains cadres avec des cires neuves ! Les prochaines habitantes vont être contentes !*
_ *Laisses 1 ou 2 vieux cadres propres, ça les attire car il reste des phéromones !*

Voilà notre première visite terminée. Le constat n'est pas trop dramatique : 3 ruches de perdues. Il nous en reste encore suffisamment. Ce n'est pas un concours non plus. Juste une passion de plus pour cet étonnant pouvoir d'adaptation que la nature donne aux choses de la vie.

Il est possible d'influer sur le cours des choses grâce à des actions pour la préservation de ce milieu si riche qui nous enseigne jours après jours les fondements d'une société évoluant avec les facteurs actuels tels que les diverses pollutions, les changements climatiques, la pression de la production pour la consommation humaine. Chacun peut en être acteur à son niveau. Producteurs ou consommateurs, amateurs ou professionnel de tous les horizons, se rendre compte de l'importance de chacun des éléments vivants dans la chaîne alimentaire et le respecter comme il se doit devient capital pour notre santé et la santé de la planète.

AU JARDIN POTAGER ET AU VERGER

Si le printemps est une saison spectaculaire au jardin, l'hiver peut être aussi spectaculaire. Dans une autre mesure, le jardin se pare d'un autre manteau, d'une autre dimension. Après la floraison des chrysanthèmes, des asters, plantés aux pieds des pommiers et poiriers, les dernières feuilles mortes tombées, l'aspect peut paraître vide et morne mais il faut regarder en détail pour retrouver la beauté de cette saison.

Les petits matins perlés juste ce qu'il faut, laissent les feuilles de choux brillantes avec des reflets changeant selon la luminosité, comme des cristaux précieux. Quand le soleil est haut dans le ciel, la terre fume et renvoie sa force comme un pied de nez fait à la nature. La neige est excellente pour les sols. Elle permet de faire descendre l'azote et les particules de l'air dans les sols. Les anciens disaient "neige de février vaut du fumier !". Mais il est fortement recommandé de ne pas enterrer de la neige avec un travail du sol (bêchage, plantation…) car elle va refroidir celui-ci et tuer la microflore nécessaire à son équilibre. En règle générale, les travaux comme les plantations et les tailles sont fortement déconseillés en période de fortes gelées ou de neige. Admirez simplement en attendant de meilleurs jours.

Les derniers gros choux verts ont été transformés en choucroute. Il reste encore des choux brocolis, romanesco, de Bruxelles qui viennent doucement. Si les températures ne baissent pas trop vite, nous pourrons en manger durant l'hiver! Les salades pain de sucre ne craignent pas la gelée si elles sont bien protéger. Avec un tunnel dessus et un voile de culture, elles passeront l'hiver sans problème si messieurs les chevreuils, et les rongeurs ne viennent pas s'en mêler... Cette année, Jean-Michel en a fait une planche entière dans le grand tunnel. On devrait pouvoir les protéger plus facilement des gourmands de tous poils !

Nous laissons les tubercules de topinambours en sol tout l'hiver. Les mulots en profitent aussi. Nous prélevons au fur et à mesure de nos besoins et il suffira d'en arracher un pied au printemps pour regarnir un rang !

Dès février, Jean-Michel commence à réfléchir à la nouvelle disposition des cultures. Certaines doivent changer de place chaque année pour une bonne régénération des sols. En permaculture, la rotation est moins essentielle car le paillage effectué et surtout complété durant toute l'année va entretenir le sol au fur et à mesure des cultures. Mais certaines espèces sont plus gourmandes que d'autres et la particularité d'une d'entre elle est étonnante d'ailleurs : Le haricot. Du moins les légumineuses en général. Encore une preuve de l'étonnant pouvoir de la nature...

Les légumineuses ont la particularité de présenter des nodosités sur leurs racines (petites boules de formes diverses) qui abritent des bactéries vivant en symbiose avec la plante. Elles ont l'extrême privilège de restituer l'azote qu'elles contiennent, au sol, en se décomposant après la culture. A ce titre, c'est un excellent engrais vert. C'est pourquoi après une planche de haricots, la plantation de salades, légumes feuilles en particulier, peut être avantageuse car la culture va pouvoir bénéficier de l'azote présent naturellement. Vous voulez planter des fraisiers ? Profitez de la fin de culture de vos haricots pour préparer la planche pour vos nouveaux fraisiers qui resteront en place 2 à 3 ans. Ils vont pouvoir développer leurs belles feuilles grâce à l'azote pour ensuite produire des fleurs qui se transformeront en de belles fraises. Pour cela il faut laisser les haricots en place jusqu'à ce que la plante commence à dépérir. Le temps que les nodosités puissent restituer l'azote en stock dans leurs cellules. Vous pouvez aussi juste couper le feuillage et laisser les racines en terre. Plantez les fraisiers entre les pieds sans vous souciez du reste...

Pour l'instant, nulles plantations ne peut se faire... Juste les prévisions...Et dès les premiers beaux jours, en mars, la préparation des coffres sous les châssis en verre va être l'occasion de commencer à entrevoir le bout de l'hiver...

Nous avons donc vu que l'arrêt végétatif d'automne diminuait considérablement la circulation de la sève dans les arbres et tous les végétaux. Vous allez voir que nous pouvons très facilement faire la relation entre la sève des végétaux et le sang humain. Une blessure sur un arbre sera cicatrisée grâce à sa défense cellulaire contenu dans sa sève. Il faut savoir qu'il existe la sève brute et la sève élaborée. La sève brute est produite lors des échanges qui se situent au niveau des racines et est constituée d'eau et de sels minéraux. La sève élaborée se forme au niveau des parties aériennes et, plus particulièrement, dans les feuilles lors de la photosynthèse (réaction à la lumière). Elle est constituée d'eau et de sucres de synthèses. La sève brute remonte dans la plante et la sève élaborée circule dans toutes les parties de la plante. On peut remarquer des boursouflures, des pliures lors de reconstruction de l'écorces ou de blessures intempestives. Comme une cicatrice, le végétal va constituer une "croûte" de protection pour ensuite régénérer la partie abîmée.

Lors d'une greffe, par exemple, le pied mère qui reçoit le greffon va produire une cicatrisation pour protéger la zone, puis va réalimenter le greffon qui se trouvera absorbé et pourra commencer sa végétation. La plante gardera les caractéristiques du pied mère pour son alimentation et celles du greffon pour sa floraison et sa fructification. Il existe plusieurs types de greffes possibles selon les espèces et la période. Mais le principe est le même. Un morceau d'une plante (segments ou œils) appelé greffon est placé contre le pied mère, soit en incrustation sous l 'écorce, soit en réalisant une coupe dans la tige du pied mère. Encore une fois, le contact va se faire via la sève qui prendra le relais pour la cicatrisation.

Dans le processus du bouturage, c 'est un peu le même principe sans échange avec un porte greffe. La partie bouturée va s'auto alimenter en attendant la cicatrisation de la partie coupée. Elle formera ce qu'on appelle un cal de cicatrisation puis des radicelles, et enfin des racines. Lors de la période de végétation d'un rameau, sa couleur va passer de vert à brun puis, plus brun foncé. Cette période s'appelle l'aoûtage. C'est un peu la période du passage de l'adolescence à la vie adulte du végétal. Et, comme son nom l'indique, elle se passe en août. Pour effectuer des boutures et certaines greffes, cette période sera préférable car la partie sera tendre et aura de meilleures capacités de régénération. Le bouturage des plantes tels que les géraniums, par exemple, se fait entre septembre et octobre et sur la partie de la plante qui n'a pas encore aoûtée, c'est à dire qui est encore verte mais ferme. Une greffe d'écusson sur un rosier se fera entre juillet et septembre, avant l'arrêt de sève pour que la plante ait le temps de cicatriser. Le printemps prochain, la plante pourra poursuivre sa végétation avec le greffon. De même une greffe sur un arbre fruitier se fera à cette même période pour la même raison.

La circulation de la sève a également une relation avec la température. C'est pour cela que celle-ci diminue pendant la période froide sinon, lors du gel, la plante verrait ses cellules exploser sous la pression. Les arbres perdent leurs feuilles sous le manque de sève et préservent leurs rameaux en y limitant la circulation, voir en sa stoppant complètement pour certaines espèces comme les plantes dites vivaces. Dès le printemps, d'autres rameaux seront produits. Nous avions déjà remarqué que les résineux, eux, avaient la capacité de ne pas geler, ce qui leur permet de ne pas perdre leurs aiguilles. Mais la circulation se réduit afin de garder une bonne résistance.

Dés que le temps le permet

La météo va guider les travaux au jardin et au verger. C'est elle qui va guider encore plus les périodes de travail. Il ne va pas falloir "louper le coche". Il est important de ne pas toucher au paillage qui présente une protection pour le travail du sol continuant durant l'hiver. Les vers et autres insectes continuent, eux aussi, inlassablement leurs déplacements, protégés par cette couverture naturelle. Leurs activités ne s'arrêtent pas. C'est ce qui permet une bonne aération dès le début du printemps. Et une diminution non négligeable du travail du sol. L'échange minérale qui se fait permet aux substances diverses de se transformer en engrais naturels, qui sera restituées dés le printemps aux premières cultures.

La planche d'endives est restée en place jusqu'aux gelées. Jean-Michel les arrache vers la mi-novembre. Il les laisse, étalées dans un des tunnels. Nous avons assez des autres salades pour le moment alors rien ne presse. Ce n'est qu'après décembre qu'il les mettra en culture progressivement soit en bacs rentrés en cave, soit en silo sous tunnel. De cette manière, elles seront prêtes à être consommées à partir de fin janvier début février. Cela permet d'étaler la production.

La taille des fruitiers est une activité importante pour la production à venir. Par temps sec, sans gel, il va falloir faire un choix pour les sujets conduits, et, pour les autres, une taille d'entretien suffira.

La plantation des fruitiers en palmette à la diable ou espalier naturel peut se faire le long d'un mur ou, comme c'est le cas chez nous, sur une structure solide, faite de piquet en bois et de fil de fer tendu. Les pieds sont espacés d'environ 4 mètres. Du tronc court partent 2 charpentières symétriques, opposées, qui vont se diviser au fur et à mesure des années en sous charpentières. Autant dire qu'il faut plusieurs années avant d'avoir des arbres en pleine production. Cette formation est assez rapide. Sur 4 à 5 ans, il est possible d'avoir de belle production. C'est la raison pour laquelle Jean-Michel l'a choisit.

Il va donc tailler pour supprimer les bourgeons en surnombre, les pousses qui se dirigent vers le pied ou entre les étages, pour garder une structure harmonieuse au sujet. Certaines branches seront coupées au dessus du 3 ème œil pour les pousses vigoureuses. Elles seront attachées au cours de la saison pour les diriger et les soutenir.

Ce matin, une belle gelée de février a figé le jardin. Le soleil commence à pointer le bout de son nez et prestement Jean-Michel décide de profiter de cette aubaine pour faire une première incursion au jardin.

_ *Super ! Je vais en profiter pour passer un bout du terrain à la charrue avec le tracteur ! Le carré des pommes de terre de l'année dernière a été ensemencé avec de l'engrais vert cet été et est resté toute la fin de saison pour se reposer. Maintenant, je vais retourner le terrain pour pouvoir le préparer dès le début du printemps. Un petit coup de charrue et hop ! La terre sera moelleuse dans 2 mois.*
_ *Je croyais que tu ne retournais plus la terre maintenant !*
_ *Ouais, mais pas dans tout le jardin ! La permaculture, c'est bien mais j'ai encore pas adhéré à tout !*

Et oui, ça reste un beauceron, mon mari. Et il a besoin de ces "outils". Le tracteur, le motoculteur, la charrue… Heureusement que ça existe encore! Pour son plus grand bonheur, de temps en temps, de pouvoir tirer sur la ficelle comme un âne pour faire démarrer le moteur, qui tousse à chaque fois. Ou pour se démonter le dos en attelant la charrue trop grande pour notre petit jardin et qui lui demande de se déhancher sur le tracteur pour faire des demi-tours incessants. Le VRAI travail de la terre, en somme. Un travail d'homme.

_ *Ne me fait pas trop de brailles sur le gazon, dans l'allée ! Après c'est moi qui tond !*
_ *Mais non.... T'inquiètes pas…*
_ *Les cocottes vont être contentes, elles vont pouvoir gratter de la nouvelle terre !*
_ *Allez ! C'est parti ! J'espère que le tracteur va démarrer ! ça fait un moment que je ne l'ais pas fait marcher ! ça va faire du bien à la batterie aussi.*
_ *Penses à remettre la bennette après, car je voudrais rentrer du bois la semaine prochaine.*

Le voilà parti. Tout à son travail, il ne voit pas le temps passé et il est déjà presque midi quand je me décide à aller voir ou il en est.

_ *Mais c'est quoi ce boulot ! T'as vu l'allée ? Comment tu as fait ton compte ?*
_ *Ben oui, la gelée n'était pas si forte que ça et les pneus du tracteur ont un peu "creusé" le bord de l'allée !*
_ *Un peu ? Non mais t'a vu l'travail ! Maintenant tu vas passer un quart d'heure à réparer tout ça !*

_ *Oui mais t'as vu le bon boulot que ça a fait sur le terrain !*
_ *Si tu le dis....*
_ *Je suis content de moi ! Je redresserais le bord après !*
_ *T'as intérêt ! La tondeuse, là, elle ne passe pas ! Et puis t'as un sacré nettoyage des pneus du tracteur à faire !*
_ *Ouais, ouais, j'ai vu ! Occupes-toi de tes affaires ! Je sais ce que j'ai à faire !*

Voilà, il y avait longtemps ! La saison reprend ! Et tout ce qui va avec ! Jean-Michel est content de pouvoir remettre les pieds dans la terre (si on peut dire car pour l'instant, c'est le tracteur !). Il va passer une après-midi à gratter la charrue, remettre l'allée en état, nettoyer les pneus du tracteur. Mais au moins, c'est de l'action. Et tout le monde est content !

Dans les petits papiers

Ce midi, le facteur a laissé un colis. Un petit carton pas très gros mais très important. Celui qui signe une nouvelle saison, de nouvelles découvertes aussi, car chaque année Jean-Michel essaie de nouvelles variétés, des bizarreries insensées qui parfois débouchent sur des découvertes. Comme la première année ou il avait fait des tomates jaunes ou vertes. Depuis la famille ne cesse de s'agrandir. Les coquerets du Pérou ou physalis en a été une belle aussi. Que serait le jardin sans des essais, des découvertes, des expériences. C'est aussi ça, la culture. Il y a toujours de la nouveauté. Rien ne reste stoïque, même dans la nature.

En voyant le colis, je découvre des noms inconnus : Dracocéphale de Moldavie, Claytone de Cuba, Courge Lady Godiva, Maïs des indiens et encore une variété de tomate de plus !

_ *Tu t'es encore lâché à ce que je vois !*
_ *Ben oui, c'est plus fort que moi ! Que veux-tu, quand je vois des catalogues avec des belles photos !*

Et après on dit des femmes qu'elles ne peuvent se retenir dans leurs achats !!

_ *Mais c'est quoi d'abord des Dracocéphales, des Claytones, des courges lady Godiva, du maïs des indien ??*
_ *Attends, il faut que je retrouve le catalogue...*
_ *Tu ne t'en rappelles plus ?*

_ *Non ! J'ai passé commande en fin d'année dernière !*
_ *Ah oui, c'est vrai.*
_ *Il faut que je retrouve ce fichu catalogue... Tu ne l'aurais pas vu ?*
_ *Ah non, pas depuis un moment. Tu te souviens que tu m'as dit que je devais m'occuper de mes affaires il n'y a pas si longtemps de ça ?*
_ *Ah ah ah ! C'est drôle ça !! Te fiche pas de moi...*
_ *Mais non, le voilà ton catalogue....*
_ *Merci ! On va voir ce que c'est maintenant...*
La Dracocéphale de Moldavie ou Mélisse turque ou Thé des jardins

Utilisation en tisane, salades pour les jeunes pousses ou en liqueur aussi. Plante médicinale, aromatique, annuelle. Apprécié des insectes butineurs.
_ *Ouah ! Pas mal ! Je vais m'amuser avec !*

Et elle va s'avérer très bien pour mes tisanes. Je vais même en déshydrater pour en avoir plus longtemps dans la saison. Variété à garder. Elle est adoptée.

_ *La suivante c'est :*
La Claytone de Cuba ou pourpier d'hiver

Utilisation en salades ou crudités, crue ou cuite. Plante annuelle résistante à la sécheresse, au froid. Facile à cultiver et ne connait aucun parasite, ni maladie.
_ *Tu avais déjà fait du pourpier. Tu n'as pas peur qu'il se resème tout seul ?*
_ *On verra bien. Celui la supporte le froid donc nous pourrons le garder plus longtemps. Le troisième sachet de graines c'est la courge Lady Godiva*

Courges rondes avec la particularité d'avoir des graines sans peaux qui peuvent remplacées les amandes et qui sont très riches en zinc. Excellent pour les problèmes de prostates.
_ *.... Tu plaisantes....*
_ *Eh non !*
_ *Je vais être obligé de t'en faire manger alors !!*
_ *J'ai pas de problème avec ma prostate moi !!*
_ *Moi non plus, je te rassure !*
_ *Mais non, c'est pour les graines que je les aie acheté ! Toi qui les aimes tant ! Et sous toutes ses formes !*
_ *Encore une variété de plus à rentrer dans la cave alors !*

_ *Ah ça oui ! Je n'y avais pas pensé !*
_ *Il va falloir pousser les murs bientôt !*

Et finalement, nous ne les rentrerons pas dans la cave car je vais les ouvrir très peu de temps après la récolte pour en retirer les fameuses graines, les faire sécher naturellement quelques jours puis, conservées dans des bocaux, elles seront grignotées tranquillement dans l'automne et l'hiver Délicieuses sur des salades composées ou simplement de la salade verte pour moi, et grignotées à raison d'une poignée environ par jour, pour Jean-Michel (on ne sait jamais ! Pas de problème de prostate mais mieux vaut prévenir que guérir !), la variété est validée aussi. Elle est adoptée également. La prochaine saison, il faut que j'essaie de cuisiner la chair qui est, paraît-il, excellente.

_ *Pour finir, voici le maïs des indiens. Juste pour le plaisir ! Avec des pommes multicolores, ça va être jolie. Le jardin, c'est aussi l'harmonie !*
_ *Superbe ! on dirait que tu deviens poète !*

Chaque année c'est la même chanson. Après, le tri se fait tout seul, si on garde ou pas la variété pour l'année suivante. Si la variété nous convient, Jean-Michel s'appliquera à essayer de garder sa propre graine pour l'année d'après, et c'est reparti. Celles qui auront la chance de pouvoir être sélectionnées, resteront dans ses petits papiers et se feront dorloter quelques temps. Maintenant, la palette des graines faites maison s'agrémente chaque année de nouvelles arrivantes. Cela fait baisser progressivement le coût de la production aussi et compense l'augmentation de celles que nous devront encore nous procurer dans le commerce.

Les cucurbitacées ont la particularité de s'auto hybrider entre elle. C'est à dire que les petites abeilles, qui vont butiner d'une fleurs à l'autre, en passant d'une variété à l'autre, va faire, en quelque sorte, un travail d'hybridation. Des pollens différents vont se trouver en contact et la plante va former des fruits aux propriétés différentes. Les résultats ne seront visibles que sur la prochaine génération. C'est à dire que si nous récoltons des graines de pomme d'or, par exemple, sur les pieds de cette année, il y a de grandes chances qu'ils se soient hybridés avec les potimarrons ou les citrouilles d'à côté. Les graines que nous sèmeront l'année prochaine, donneront des fruits avec des caractéristiques différentes : les pommes d'or auront une taille plus grosse, des couleurs peut-être plus foncés, des formes plus aléatoires. Et plus les croisements seront nombreux, et plus les différences de caractéristiques seront importantes. C'est de la génétique pure.

Nourrir les oiseaux

L'hiver est une période de partage aussi au jardin. Et si les lièvres, chevreuils, rongeurs de tout poil se rassasient parfois à nos dépends, certains sont plus discrets et demandent un peu d'aide en cas de danger.
La baisse de température, les fortes gelées, la neige, met en difficulté les petits oiseaux de nos contrées. Rouge-gorges, verdiers, mésanges, passereaux, pinsons, merles, tous ont besoin de soutien. Ils ont, eux aussi, leur utilité dans la nature et sont aussi important que le jardinier. Ils régulent les populations de vers, d'araignées, de larves, de milles pattes, de chenilles, d'insectes en tous genres. Ils contribuent à disséminer les graines des alentours pour un mélange parfaitement aléatoire mais nécessaire pour la préservation des espèces.

La mésange peut manger son poids en une journée. Le pinson est amateur de chenilles, le rouge-gorge de larves, d'araignée, de vers de terre, le verdier adore les baies d'arbustes tels que les cotonéasters, les amélanchiers, les petites pommes d'ornements. Le pic se sert de son fort bec pour aller chercher sa nourriture sous l'écorce des arbres (petits vertébrés, insectes) mais aussi au sol et dans les pommes de pin ou il y trouve les fameux pignons. Depuis quelques années, nous les voyons de plus en plus autour de chez nous. Pics verts ou pics noirs, nous les entendons taper à intervalles réguliers sur les troncs. Leur vol saccadé est reconnaissable.

L'hiver, tous deviennent granivores et les mangeoires pleines ne font pas long feu. Chacun à sa place, mais, chez nous, les mésanges mènent la danse ! Attention ! C'est elles qui choisissent qui pourra approcher ! Elles acceptent volontiers que les rouges gorges, les pinsons, les merles ou les verdiers viennent picorer sous les mangeoires les graines qui sont tombées à terre. C'est un véritable ballet qui se joue parfois entre les différents points de nourrissage que nous installons dès les mauvais jours. Quand les réserves sont vides, on ne voit plus personne, mais dès qu'elles se remplissent, comme par magie, tout le monde rapplique ! Et le ballet est reparti ! Même le chat en a la tête qui tourne de les regarder par la fenêtre (son poste d'observation préféré !).

Leur menu préféré, sont les graines de tournesol. Les boules de graisses avec toutes sortes de graines viennent après puis de temps en temps, un morceau de pain ou de brioche. Quand il gèle, je leur mets de l'eau à disposition plusieurs fois dans la journée.

Il est important de continuer régulièrement le nourrissage dès l'instant que l'on a commencé. Car ils prennent vite leurs habitudes ! Arrêter serait signer leur arrêt de mort !

Aujourd'hui il y a un grand vent très froid, la maison est très calme et j'écris tranquillement quand j'entends un « POC » sur les carreaux de la cuisine. Il arrive fréquemment que des oiseaux se cognent sur nos carreaux. Les arbres se reflètent dedans et ils ne les voient pas ou le vent (comme aujourd'hui) est fort et les pousse plus vite que prévu.

_ *Eh ! ça a fait un drôle de bruit !*

Je sors voir au pied de la fenêtre et, effectivement, découvre une boule de plume qui se secoue la tête.

_ *Toi, tu es sonné ! Et avec ce froid, tu vas avoir du mal à te remettre ! Viens donc au chaud deux minutes !*

Je le prends doucement. Il ne se débat même pas. Je suis inquiète. Il parait vraiment mal en point. Je le tiens dans mes deux mains pour le réchauffer et l'installe avec moi devant le poêle qui ronronne.

_ *Tu as de la chance que le chat n'est pas dehors ! Il dort encore à cette heure. Allez, réchauffes-toi doucement.*

Je souffle sur son plumage doucement. Mon magnétisme fait son effet. Doucement, il se requinque et bientôt il tient debout sur ma cuisse sans bouger. J'arrive même à prendre quelques photos pour immortaliser ce moment magnifique. Il fait même mine de poser.... Pas apeuré le moins du monde. Je continue mon travail quelques minutes et il se met sur ma main le temps que je tape sur mon ordinateur... Je n'en crois pas mes yeux. Ne sachant pas le reconnaître, je poste une photo sur facebook pour avoir l'avis d'un expert. Il ne bouge pas plus. Enfin, il prend son envol dans la maison. Delta est bien intéressée par ce gibier facile !

_ *Non, Non, Delta ! Laisses-le ! Bon, tu ne peux pas rester là, petit oiseau des bois ! Ce n'est pas ta place, maintenant que tu vas bien ! Allez ! Tu vas retourner chez toi !*

Délicatement, je le ramasse et le remets dehors et il ne demandera pas son reste pour reprendre sa liberté ! En deux coups d'ailes, le voilà reparti vaquer à ses occupations comme si de rien n'était. Encore un sauvetage réussi ! Une belle rencontre aussi ! C'est la magie de la nature et de la vie ! Chaque jour apporte son lot d'expériences à tous ! Pour ce petit oiseau, ça en fut une drôle, aussi sûrement qu'à moi ! Ni l'un ni l'autre ne l'oublieront ! C'est sûre ! Et au printemps suivant, en croisant de cette espèce, je lui dirais "coucou toi ! Tu vas bien ?" !

Du côté du poulailler

Cette période n'est en rien une période de repos pour nos amies à plumes. Il va falloir se tenir chaud, trouver à manger dans des zones qui vont se désertifier en matière de ressources alimentaires ! Plus de vers, de limaces à disposition sans un grattage laborieux ! Les petites graines sauvages vont se raréfier aussi! Et au jardin, les plantations à gratter vont disparaître avec les gelées ! Le travail du sol va être plus compliqué pour elles ! Je vais devoir prendre bien soin d'apporter un complément d'aliment au fur et à mesure que l'hiver va avancer. Et, comme en période de beau temps, ces chères cocottes se promènent à leur bon gré, avec un poulailler constamment ouvert, il va falloir progressivement les réhabituer à les enfermer dès que la nuit arrive. Comme elles ont prit l'habitude de dormir ou bon leur semblait et parfois surtout pas dans le poulailler, certains soirs vont devenir une partie de cache-cache et de course "à l'échalote" pour rentrer tout le monde. J'ai souvent l'aide de Delta qui a compris la manœuvre et qui se tient à distance pour rassembler toute la troupe et les faire se diriger dans l'endroit voulu. Le coq essaie parfois de montrer son indignation de devoir suivre le mouvement, mais il rentre vite dans le rang quand Delta le pousse du museau "délicatement ".

Les pigeons ont la change d'avoir un système astucieux pour rentrer dans la volière/poulailler : un "spoutnik" positionné en hauteur. Cela leur permet de pouvoir entrer et sortir à leur convenance sans laisser passer les intrus. Ils sont donc totalement indépendant quant à leur mouvements. Et chaque jour, ils sont les premiers à venir retrouver le premier humain qui se présente pour leur donner à manger. Quand je suis en retard, ils viennent jusqu'à la maison pour me faire comprendre qu'ils attendent leur portion ! Et malgré le nombre d'emplacement qui existe dans leur pigeonnier, certains ont la fâcheuse manie de vouloir à tout prix faire leur nid dans le hangar qui jouxte leur abri. Ils attendent que quelqu'un ouvre la porte du hangar et arrivent à se faufiler pour se laisser enfermer et s'installer ou bon leur semble. Parfois dans le matériel de pêche, ou entre les ballots de paille stockés en hauteur. On les découvre quand des petites têtes piaillent ou émergent ! Et, en même temps, ils font un dégât considérable avec leurs fientes et les détritus qui les accompagnent ! C'est un petit jeu de chat et de souris à chaque fois que quelqu'un ouvre la porte ! Le problème se calme au début du printemps car les températures plus clémentes les amènent à chercher un endroit pour faire leurs nids avec moins de précaution…

Et dès que la reprise de la ponte se sera manifestée, en fin d'hiver, je vais penser à garder précieusement les coquilles d'oeufs non cuites. Elles seront enfermées dans des filets et suspendues aux branches des pêchers. Et oui, nous avons vus plus haut que les poules produisaient une substance sur le pourtour de leur coquille pour protéger leurs progénitures. Cette substance a la propriété, entre autre, d'être un fongicide. C'est à dire qu'il va protéger contre les attaques des champignons. Le pêcher, lui, est sensible aux attaques d'un champigon, plus particulièrement au printemps lors de la pousse des premières feuilles. Ce champignon, qui commence à se développer dès 7 degrés, provoque la cloque des pêchers et les feuilles s'enroulent, rougissent et finissent par tomber, affaiblissant l'arbre avant même qu'il ne puisse former ses fruits. Il est donc important de juguler les attaques dés les premiers beaux jours.

Les coquilles d'oeufs peuvent avoir d'autres utilisations : engrais, répulsifs à limaces, compléments dans le compostage... A chacun de trouver ses utilisations préférées pour éviter les surplus dans nos poubelles ménagères !

Visites incongrues

Nous voici un beau jour de décembre, bien froid.

_ Allez les chiens, on va faire une petite ballade ce matin !

Le temps est parfais pour une escapade dans les environs. Les chiennes aiment bien fureter un peu dans les fourrés autour de chez nous. Les odeurs des animaux du coin sont un régal pour des chiens de chasse !

_ Attendez un peu ! Pas de panique, on met les colliers électriques avant ! Vous ne croyez pas que vous allez y aller toutes nues, faut pas rêver ! Voilà, bougez pas.....

Dès qu'elles voient le matériel de sortie, elles sont hystériques ! Des vraies biquettes….

_ Bon, plus tu bouges, et moins je peux accrocher le collier moi ! Allez, du calme !! Je vais bien le serrer pour toi !!!

Après un moment de bataille, les voilà toutes les deux prêtes ! Nous voilà enfin prêtes! Je prends la laisse en complément, au cas ou nous croisions d'autres promeneurs à deux ou quatre pattes. Un manteau bien chaud et des chaussures appropriées !

_ *C'est parti les filles ! Vous allez pouvoir visiter les environs !*

Je n'en demandais pas tant ! Je vais découvrir que nous ne sommes pas les seules, dans ces contrées froides et gelées à se promener ce matin. Le paysage est magnifique. La gelée a enrobée chaque branche, chaque brin d'herbe, chaque brindille. Le soleil peine à percer entre les nuages et la luminosité donne des reflets changeants à chaque instant. C'est une matinée d'hiver un peu triste mais j'en ai deux avec moi qui ne le sont pas du tout ! Et qui n'attendent que le bon moment pour se dépenser enfin…

_ *On se calme les demoiselles ! Delta, Gazette ! Pas de bêtise !*

Des vraies fusées en libertés ! C'est vrai qu'il y avait un moment que je ne les avais pas emmené en promenade et ce n'est pas la même chose que la chasse avec leur maître ! Elles le savent bien ! Il n'y a pas de gibier ! Le jeu consiste à se promener le nez par terre et surtout à revenir de temps en temps vers moi pour être sure que je suis encore là !

Pour changer un peu de circuit, nous faisons le tour du hangar côté champs et nous nous retrouvons derrière le poulailler. Les poules sont entrain de gambader gentiment de l'autre côté de la clôture. Certaines ne se sont pas encore éloignées du poulailler. Les journées courtes ne sont plus propices à de lointaines escapades ! Et ce matin, la gelée a rendu la terre et les grandes herbes peu attrayantes !

Derrière le hangar, un grand roncier pousse naturellement chaque année. Le terrain est plutôt humide et difficile à cultiver. C'est une aubaine pour les animaux qui se mettent à l'abri dedans. Les chiennes repèrent souvent des traces qui sentent bien bon à cet endroit ! Et ce matin n'échappera pas à la règle !

Je les vois toutes les deux partir ventres à terre ! Le nez collé au sol et leurs petites queues remuant frénétiquement. Je ne m'inquiète pas plus que ça….

_ *Oh la ! Doucement quand même ! Gazette ! Non, ne rentres pas dans le roncier !!!*

Elle ne m'écoute plus.... Delta est de l'autre côté aussi énervée...

_ *Ok ! Il y a quelque chose là dedans ?*

Je n'ai pas assez d'œil pour surveiller les deux chiennes, le roncier, et ce qui se passe autour ! Gazette est à l'arrêt maintenant, juste devant le fourré. Campée sur ces pattes arrière avec la patte de devant à l'équerre. Rien ne bouge, pas un muscle, pas une oreille, pas une cellule de son corps... Elle est comme tétanisée...La tête légèrement penchée sur le côté, elle écoute. Même sa respiration semble stoppée.... Le temps est suspendu...Le seul moment ou elle arrive à ne plus bouger....

D'où je suis, je ne vois plus Delta. Mais j'entends "fourrager" pas très loin de moi.

_ *Delta, sors de là !! Allez !*

J'appuie une fois sur le bouton de la télécommande qui émet une vibration au collier de Delta pour la prévenir qu'elle doit obéir. En général, elle revient instantanément vers moi car elle sait que sinon, le prochain rappel sera plus douloureux pour elle. Mais là, elle ne répond pas. Il y a vraiment quelque chose... Je laisse pourtant les chiennes faire leur travail...

_ *Ou la la ! Les filles, qu'est ce que vous allez me faire sortir ! Gazette... Qu'est ce que c'est ?*

En guise de réponse, la voilà qui fonce dans le roncier avec un élan impressionnant : Un élastique qu'on lâche après avoir tiré dessus au maximum ! Je vois de loin les muscles de derrière qui saute en même temps qu'elle ! Je crie pour la stopper dans son élan et qu'elle ne parte pas à courir derrière ce qui semble être un gibier, tout en appuyant aussi sur le bouton de son collier!

_ *Gazette !!! Noooooon ! Laiiiiiisssses !*

Je la vois accuser la vibration de son collier mais elle poursuit son geste. L'action commencée est difficile à stopper pour un chien de chasse comme elle. C'est une boule de nerfs entraînée à ce genre de chose et même si elle sait qu'on est en "promenade", une petite partie de chasse ne se refuse pas !!

Je ne vois plus les 2 chiennes que par intermittence, quand les fourrés laissent apercevoir un trou et qu'elles sautent de plus belles dans une autre touffe d'herbe. Si c'était du gros gibier, il serait déjà sorti bon sang!! Mais qu'est ce que ça peut être ?

D'un seul coup, je vois arriver pas très loin de moi, une forme allongée... Sous les broussailles, quelque chose vient vers moi.... Une de mes chiennes ? Non, je ne crois pas.... Je les vois plus loin.... Surexcitées ! Et enfin, je distingue la forme d'un renard avec sa grosse queue et son magnifique poil d'hiver. Il "coule" tranquillement, sans trop se presser. Il sait ou il va.... Il sait qu'il ne risque rien en venant de mon côté... Je le vois sortir à quelques mètres de moi seulement et s'engouffrer dans la haie toute proche pour disparaître dans le champ, de l'autre côté, sans demander son reste. Un magnifique renard avec son poil d'hiver et ses reflets mordorés dans la gelée d'un matin d'hiver. Superbe image.... Un coup d'œil vers les chiennes et je m'aperçois qu'elles ont vu son manège. Elles se dirigent droit vers moi sans intention de s'arrêter apparemment.... Gazette parait même se dire

_ *Non mais, qu'est ce qu'il croit celui là ! Qu'on va le laisser filer comme ça ? Attends un peu !!!*

Je riposte rapidement. J'ai pas le choix ! Pas question de la laisser partir derrière ! J'appuie sur le bouton qui donne une impulsion plus forte !

_ *Aie aie aie !*
_ *Et oui Gazette ! c'est moi ! T'as pas le droit de le suivre !*
Mais c'est drôlement bien de l'avoir fait sortir ! Il ne viendra plus pendant un moment celui là ! Vous lui avez donné la peur de sa vie !

Quand à Delta, je n'ai pas eue besoin de la retenir. Quand elle a entendu Gazette réagir, elle a compris (pas folle la guêpe !)! Elle est revenue à mes pieds et a attendu que je la flatte aussi.

Les deux chiennes sont haletantes, à mes pieds, tremblantes. Elles ont encore l'adrénaline qui leur court dans les veines et elles regardent l'endroit ou le renard leur a échappé.

_ *C'est bien les filles ! Bon boulot ! Les poules peuvent vous remercier !! On va les garder enfermées quelques jours maintenant ! Merci de votre aide !*

Delta me regarde, un peu vexée de n'avoir pas put finir cette course effrénée ! Gazette a la langue pendante et elle piétine sur place pour me faire comprendre qu'il faut aller voir plus loin pour voir si il n'y en a pas d'autres !

_ *Bon, ça va ! Vous avez assez joué pour aujourd'hui ! On rentre !*

Mais elles ne le voient pas comme ça ! Ces demoiselles veulent y retourner ! Et tout de suite si possible ! Je dois les attacher un moment en laisse pour qu'elles se calment et nous rentrons par le chemin en évitant les fourrés. Leur nez affûté va les mettre quelque fois sur la piste de monsieur renard et je vais devoir les traîner pour leur faire quitter la trace.

Voilà une preuve de la vie de la forêt et des risques potentiels existants autour d'un poulailler. L'attention est de mise. Le renard sera sorti de ce fourré plusieurs fois dans l'hiver pour éviter qu'il ne s'installe. La présence de nos chiennes dans les parages semblent avoir un effet positif sur ce genre de prédateurs car nous n'avons encore jamais eue à déplorer de perte dûes à ce genre de chose. Une ou deux poules ont bien disparues mystérieusement mais aucune attaque en règle du poulailler pour l'instant.

L'hiver, il arrive aussi que des rapaces s'en prennent aux pigeons. Les jeunes, qui n'ont pas un vol rapide, ou les vieux, qui sont moins agiles, se laissent surprendre par un épervier ou une buse affamée. C'est la loi de la nature aussi. Quand les conditions sont vraiment mauvaises, nous les enfermons en attendant des jours meilleurs…. Jean-Michel assiste fréquemment à un vol d'épervier qui chasse au dessus de chez nous. Ils ont leur territoire et le défendent avec virulence. Opportunistes, ils vivent aux abords des bois, des clairières afin d'avoir le gîte et le couvert à proximité. Ils sont capables d'attraper leurs proies en vol et même de se retourner pour les attraper par le dessous. Les périodes d'attaques augmentent en cas de météo défavorable et à la fin de l'hiver, période de nidification.

Le prédateur le plus difficile à contrôler reste le rat. Il s'installe à proximité et vient se servir discrètement. Et quand nous repérons des dégâts ou des pertes, il est là depuis un moment. La chasse est permanente : Ne pas laisser de nourriture traîner en dehors des heures de nourrissage, bien fermer les portes et grillages, garder en permanence des appâts empoisonnés bien protégés de nos animaux de compagnie, déplacer le matériel pour éviter les "planques" possibles.

Des soins adaptés

L'hiver toute la basse-cour est soignée "au petit oignon". Selon la météo, il va falloir adapter l'alimentation, contrôler les entrées et les sorties du poulailler, vérifier plusieurs fois par jour la ponte....

Le poste alimentation défini le bien être de ces dames. En période de grand froid, j'irais même jusqu'à leur préparer une pâtée avec du pain, des restes alimentaires divers et variés, et de l'eau bien chaude mélangée à leur ration quotidienne de graines (blé, maïs) pour réchauffer leurs gosiers. La proportion de maïs sera augmentée. Les gamelles d'eau seront surveillées une à deux fois par jour afin qu'elles aient toujours de quoi boire. La ponte continue même l'hiver avec une petite chute pendant les périodes des jours les plus courts car il faut une bonne dizaine d'heures de luminosité par jour pour que la ponte se fasse bien. Les périodes de pluies amènent également une baisse de la ponte par manque de cette luminosité.

Il faut surveiller aussi les coquines qui aiment se sustenter d'un œuf quand celui-ci est cassé malencontreusement. Certaines prennent un malin plaisir à y goûter et quand le pli est pris, il faut un moment avant de leur faire perdre l'habitude. La seule solution efficace que j'ai pour l'instant, c'est de repérer l'heure de ponte et de venir très régulièrement ramasser les œufs. Elles perdent ainsi l'habitude et finissent par ne plus s'y intéresser.

Comme l'hiver, elles passent beaucoup plus de temps dans le poulailler, il arrive plus souvent ce genre d'accident. Alors vigilance est mère de sûreté...

Une année, nous avions acheté des poules Brahmas. Ce sont des grosses poules avec des plumes sur les pattes et sur le bout des pattes. Le coq a une envergure magnifique. Mais l'inconvénient, c'est que ce genre de race n'est pas très adaptée à une vie naturelle comme nous leur proposons chez nous. L'hiver, ces demoiselles n'apprécient pas l'humidité, ni la neige ! Il faut dire qu'avec leurs plumes, cela reste un défit constant de pouvoir se déplacer dans la boue ou dans la neige !! Même l'herbe haute est compliquée pour elles car elles sont lourdes et manquent d'agilité dans leur déplacement..

Leurs plumes des pattes se chargeaient de neige et les empêchait de marcher correctement ! Elles étaient marrantes à les voir marcher en crabe tellement cela leur était inconfortable ! Elles finissaient par ne plus sortir du poulailler au bout d'un moment ! Et les périodes de forte humidité n'étaient pas adaptées pour elles non plus. Le coq était très lourd et très balourd dans ses déplacements. C'était presque dangereux pour lui car il avait du mal à éviter nos chiennes parfois ! Et protéger ses poulettes lui demandait de prendre des risques inconsidérés. On l'a vu maintes fois rouler bouler par terre après avoir voulu essayer de les protéger en voulant entamer une course effrénée. En fin de compte, nous n'avons pas pu les garder bien longtemps.

Ce ne sont pas les meilleures pondeuses mais elles se défendent bien. Par contre elles sont d'excellentes couveuses. Mais nous avons dû tout de même changer de race pour en prendre des plus adaptées. Chaque année, nous en choisissons des différentes pour avoir un repère de couleur et de forme. La quantité de race est impressionnante maintenant. Et il est intéressant de voir la diversité des couleurs et des tailles.

Il existe plus de 200 races de poules et autant de races naines entre les poules pondeuses et d'ornements.

Une poule pondeuse peut pondre entre 150 et 200 œufs par an et j'ai lu quelque part que les meilleures pouvaient aller jusqu'à 300 œufs par ans !

La frénésie d'avoir une poule chez soi demande un peu de réflexion. Son entretien doit être régulier. Ce n'est pas une mode. Beaucoup se laisse charmer mais peu s'y accroche sur le long terme. Les enfants sont contents, les parents un peu moins au bout d'un moment. Et même si une poule peut manger jusqu'à 150 kg de déchets pas an, elle en produit aussi. Il faut prévoir sa litière, ses aliments. Economiquement parlant, je ne pense pas que cela soit vraiment "rentable" comme le disent les publicités qui vantent le retour au naturel . Le piège est là aussi. Si la vie de la famille d'accueil n'est pas à minima dans un environnement suffisamment grand, c'est un éco système qui ne durera pas longtemps. Pour le bonheur de la poule elle-même, en premier lieu, le bien être de l'animal doit être pris en compte dès le départ. C'est important de comprendre l'ensemble du contexte environnemental de la poule afin de lui apporter un maximum de paramètres essentiels à sa bonne évolution.

Dès que les jours commencent à rallonger, la ponte des pigeons reprend aussi. Nous avons quelques petits, même en hiver, car les conditions sont moins dures qu'à l'état naturel bien sûr. Mais, en fin d'hiver, on note un renforcement de la ponte. Depuis quelques temps, il m'arrive de retrouver un pigeonneau mort dans le poulailler. Juste au moment ou ils sortent du nid presque totalement emplumé, pas amaigri, avec de la nourriture dans le jabot, sans blessures non plus. Rien qui puisse faire croire à une attaque ou un accident. Le mystère est entier et je commence à penser qu'une maladie s'est installée dans le poulailler. Les poules vont très bien. Seuls les pigeons sont touchés. Il faut mener l'enquête et déterminer rapidement les causes de cette mortalité. C'est essentiel pour le bien être de tous les habitants. Un nettoyage profond, un changement des récipients de nourrissage, est déjà un moyen de supprimer des éléments qui pourraient être contaminés. Le phénomène va durer quelques semaines pour disparaître tout seul. Une sélection naturel encore...

Il est nécessaire d'être vigilant concernant l'état sanitaire du cheptel et lors de l'épidémie de la grippe aviaire, nous avons dû garder la volière fermée quelques jours afin de réduire l'étendue de la contamination. Je portais systématiquement un masque dès lors que je nettoyais les litières. La grippe aviaire est transmissible à l'homme en de très rare cas mais, potentiellement, c'est possible. Alors les précautions sont tout de même de mise.

DANS LA CUISINE

Voilà une saison que j'adore dans la cuisine. Maintenant, je vais avoir le temps de concocter des petits plats avec tous les ingrédients que nous avons amassés dans la cave. Le travail au jardin se termine progressivement et le temps est venu de récolter les fruits de notre travail et d'en goûter le résultat, de faire des recettes incertaines pour découvrir de nouveaux goûts et d'étonner nos papilles par des préparations anciennes remises au goût du jour. Nos grands-mères avaient une imagination débordante ! Rien ne se perd, tous se transforme ! Tout est bon dans le cochon ! Avec un rien, on fait un plat de fête ! Vous vous souvenez ? Il faut juste de « l'huile coude » comme on dit.

Il y a quelques années, nous avions fait une expérience originale qui avait été très formatrice, notamment pour nos enfants. Avec plusieurs amis, nous avions acheté deux cochons vivants pour les préparer nous-même. Jean-Michel avait demandé à un ami, un « tueux d'cochon » comme on le nomme, de venir nous « donner la main ».

Le matin de bonne heure, ils ont été chercher les deux bêtes dans des boites spéciales. Le tueux de cochon les a assommé avant de les égorger. Le sang a été récupérer précieusement. Les deux cochon ont été vidé, grattés, lavés, puis dépecés.

Pendant ce temps, deux personnes épluchaient, coupaient, tranchaient 50 kilos d'oignons, pour les faire revenir dans une grande marmite. Imaginez, 50 kilos d'oignons qui rissolent dans votre garage. Ma maison a senti l'oignon pendant 8 jours, après ça...

Le sang récupéré nous a permit de confectionner du boudin. Du lard a été broyé, mêlé au sang et aux oignons cuits. Puis les boudins ont été formés avec des boyaux achetés tout prêt pour cet usage. Ils ont finis cuits dans un grand chaudron (une casse) posé sur un feu de bois. Ma fille, qui avait tout juste 4 ou 5 ans cette année là, a mangé du boudin quasiment matin, midi et soir pendant presque 8 jours. Elle adorais ça. Et celui la, elle l'avait vu faire...

Les cochons ont été découpés et suspendus dans le sous sol jusqu'au lendemain pour que la chair puisse rassir un peu. Il est nécessaire de garder la viande quelques jours pour que les chairs se raffermissent avant de finaliser la découpe puis la consommation. Ce soir là, nos enfants ont découverts les différentes parties de l'animal et les organes. Un véritable cours d'anatomie. Ce fut une chouette expérience.

Les plats d'hiver

Les quintals d'alsace que les chevreuils ont bien voulu épargnés, ont donc été mis en saumure cet automne et maintenant, ils sont prêts à être cuisinés. Je vais ouvrir deux grands bocaux aujourd'hui pour réaliser une bonne choucroute de saison. Rincée à grandes eaux sous le robinet pour retirer la saumure, je vais disposer ma choucroute saumurée mais crue, dans ma cocotte en fonte. J'y ajoute une demie-bouteille de vin blanc sec et un peu d'eau, ainsi que quelques grains de poivre. Je vais laisser cuire pendant une bonne demie-heure pour ensuite ajouter saucisse de morteau, poitrine, et jambonneau salé. La cuisson se terminera doucement pour que les saveurs se mêlent. Les pommes de terre seront rajouté à la fin, juste au service. C'est juste un bonheur et la cuisine se remplie d'odeurs multiples.

Et, en fin de l'hiver, s'il me reste des bocaux. Je déciderai de les cuisiner différemment

_ *Eh, tu les veux comment les derniers bocaux de choucroute ? Je ne vais pas les garder trop longtemps alors je vais les cuisiner. Inutile d'encombrer la cave avec pour le printemps et je ne veux pas les perdre non plus !*
_ *Ben, je ne sais pas ! Tu peux les portionner au congélateur aussi.*
_ *Oui, je pensais faire une choucroute de la mer aussi ! Tu en pense quoi ? Je vais chercher quelques morceaux de poissons .*
_ *Bonne idée !*

Et me voilà partie à la poissonnerie. Un morceau de cabilleau, de saumon, quelques crevettes, et me voilà parée.

La choucroute est cuite de la même manière et les morceaux de poissons rajoutés vers la fin. C'est nickel. Les crevettes sont épluchées et rajoutées en décoration. Mais je n'aime pas jeter et, encore une fois, je regarde dans mon saladier les pauvres têtes des crevettes. C'est vrai que les poules en raffolent aussi...

_ *Quel dommage de jeter ces belles têtes ! Et si j'essayais de faire une bisque pour ce soir ?*
_ *Ouille ! Dans quoi tu te lances encore ?*

Aussitôt dit, aussitôt fait. Je vais recuire ces restes dans un peu d'eau, les passer au mixeur puis au chinois. Une belle réduction allongée d'eau et épaissie avec de la fécule de maïs, et voilà une petite soupe pour ce soir.

Ma choucroute de la mer, elle, est beaucoup trop importante pour qu'on la mange en une seule fois, alors je vais la portionner et la congeler. Mon congélateur commence à se libérer un peu. Ça tombe bien... Il va y avoir de la place pour quelques boites que l'on ressortira au printemps.

Les légumes du jardin commencent à se faire rare et certains ont du mal à se conserver après janvier. Alors, dès que mon congélateur se libérera un peu, je couperai les légumes qui restent, les ensacherai et la conservation se poursuivra pour les dernières soupes de la saison.

C'est aussi la période ou je fais mes terrines de gibier. Au printemps et à l'été, le temps me manque et la température est trop élevée. Les risques sanitaires sont plus importants de manipuler de la viande. Alors, je commence mes conserves de viande aux alentours d'octobre. Une à deux fois pas mois, je plonge dans mes réserves et je sors un lièvre, un morceau de sanglier ou de chevreuil que Jean-Michel a ramené d'une partie de chasse. C'est une occupation d'une journée entière entre la conception et la stérilisation. Et je dois commander ma gorge plusieurs jours à l'avance. Les gens mangent de moins en moins de gras et les cochons sont, eux aussi, de moins en moins gras. Alors la production est moins importante. Maintenant, il faut prévoir de commander à l'avance pour être sûre d'avoir une quantité de gorge suffisante le jour même.

A cette période, les soupes font parties intégrantes de l'hiver également. Quasiment chaque soir, le repas s'organise autour. Alors les recettes sont variées. Chaque légume sera sublimé avec d'autres. J'essaie de varier pour les accommoder différemment. Et la palette est large. Il est possible d'y ajouter des condiments pour agrémenter le goût différemment. Jean-Michel, très classique, garde la soupe au poireaux pour sa préférée. Sa teneur en fibre est excellente et en fait un plat diurétique exceptionnelle.

La soupe renferme des vitamines et des minéraux, des fibres et des antioxydants. Elle est économique, participe à l'hydratation du corps et a un effet de satiété rapide. Tous les éléments nécessaires pour la consommer le plus souvent possible. Les butternuts, potimarrons, et autres courges me permettent d'utiliser moins de pommes de terre pour épaissir les soupes. Effectivement, la pomme de terre a la réputation de favoriser le diabète de type 2 pour les personnes à risques et ceux présentant déjà du diabète. Cela me permet de réguler la consommation de cet aliment qui présente tout de même l'avantage d'apporter des glucides pour l'énergie, et la vitamine C, essentiel pendant cette saison.

Comme je limite ma consommation de farine et de produits laitiers, je suis toujours à la recherche de nouvelle recette. Et cela m'amène à faire des belles découvertes. Voici une recette toute simple, utilisable très rapidement, avec très peu d'ingrédient et original. Des petits flans individuels réalisés avec du jus de fruit. C'est un peu une adaptation des œufs au lait mais en remplaçant le lait par du jus de fruit, tout simplement. Il faut utiliser du jus de fruit de bonne qualité pour avoir un rendu plus savoureux. Je mélange le même volume de jus de fruit et d'œufs bien battus en omelette et je rajoute un peu de sucre. J'ai essayé avec du jus de goyave, c'est pas mal du tout et ça change. A faire cuire au four une vingtaines de minutes, avec ou sans bain marie.

Des ratages transformés

Cette année, j'ai eue la chance de pouvoir avoir pas mal de fruits de cassis que j'ai transformé en sirop. La préparation demande un peu d'huile de coude car il faut faire éclater les grains dans un peu d'eau, les écrasés et les passer au chinois pour retirer un jus parfaitement propre puis le refaire cuire avec du sucre. Je mets ce sirop directement en bouteille type limonade quand il est très chaud. Cela provoque une pasteurisation qui permet au sirop de se conserver plus facilement. Je peux stocker mes bouteilles en cave jusqu'au printemps sans problème. De la même manière, je fais du sirop de menthe également. Une grosse poignée de menthe montée à ébullition avec du sucre et de l'eau, filtrée puis embouteillée. La palette peut être large. Mais il est nécessaire d'avoir une indication importante à l'esprit : le taux de pectine du fruit utilisé.

Je sors donc une bouteille de sirop de cassis de la cave. Et je découvre que le liquide s'est complètement figé dans le récipient. Impossible de le sortir de la bouteille... Après réflexion, je fais réchauffer l'ensemble au bain marie et quelques minutes plus tard, une masse plus liquide peut enfin être vidée dans un saladier. Mon sirop était devenu de la gelée tout simplement. Je n'ai pas pris en compte le taux de pectine de ce fruit qui en est particulièrement riche et le sucre rajouté lors de la cuisson a transformé le tout en gelée.

_ *Bon, j'en fais quoi moi, maintenant ?*
_ *Je ne sais pas mais c'est drôlement parfumé en tout cas !*
_ *Alors, je vais m'en servir en coulis de fruit, sur des gâteaux, dans du fromage blanc, dans des mousses, ou même dans des glaces !*

Effectivement, c'est une idée astucieuse. Je pense que l'année prochaine, si mes cassis sont bien généreux, j'en ferais quelques bocaux supplémentaires en fin de compte... Maintenant que je sais que je dois faire attention à ce paramètre !

La pectine est un ingrédient naturel présent exclusivement dans les végétaux. Il joue un rôle de ciment extra cellulaire. Il est présent dans les pépins, la peau, et l'écorce. C'est pour cela que nos grands-mères gardaient certaines pelures et trognons qu'elles mettaient dans leurs confitures. Notamment ceux des coings. La plus forte teneur de pectine se trouve dans les agrumes, pommes, coings, cassis, groseilles. C'est une fibre naturelle qui permet de réguler le transit intestinal également.

De la conserve à l'assiette

Comme je le disais, toutes mes conserves vont pouvoir me permettre de réaliser des petits plats divers et variés. Les accommodements sont étudiés chaque année.

Les tomates séchées vont se retrouver dans des cakes salés, des sauces de salades et des pommes de terre à la crème.

Les bocaux de ratatouille, eux, trouvent de multiples usages. Je fais rissoler quelques morceaux de viande, renverse un bocal dessus et laisse mijoter un peu. Servit avec des pâtes, de la semoule ou de la purée, c'est un délice. Dans des lasagnes végétales, la ratatouille va remplacer le mélange viande/sauce tomate. Moulinée, elle est servie en soupe velouté. Etalée sur une pâte à pizza, ou réchauffée à la poêle avec des œufs cassé dessus.

L'automne passé, j'avais beaucoup de poivrons verts et de tomates. J'ai fait revenir mes poivrons coupés en fines lanières avec de l'huile d'olive, puis quelques oignons, et enfin, j'ai rajouter une quantité de tomates pelées et épépinées équivalente aux poivrons. J'ai obtenu une piperade, stérilisée comme la ratatouille, je peux la servir aussi avec une brouillade d'œufs. Lors d'un apéritif, répartissez dans des ramequins ou des verrines. Chaud ou froid, c'est un délice et moins calorique que les cacahuètes !

Grâce à mes bocaux de haricots en grain à la tomates, je prépare un cassoulet très rapidement. Mais je garde une partie des graines sèches pour pouvoir en cuisiner autrement. Je les stocke dans des bocaux, à la maison. Ce matin, je décide de réaliser un plat avec des haricots secs justement.

_ *Tiens, il y a longtemps que je n'en ai pas cuisiné ! Allez, ça nous fera un bon repas bien chaud !*

Je m'en vais chercher ce qui me faut à la cave et reviens avec oignon, tomates au naturel, et quelques carottes aussi. Je sors un bocal de haricots grains. Et me prépare à les faire tremper quelques heures afin de les cuisiner plus tard dans la journée.

_ *C'est bizarre... Il y a des petites choses avec des ailes là dedans ! Et mes grains sont percés ! Mais c'est quoi ce truc ? Jean-Mi ! Regardes ça un peu ! Qu'est ce que c'est ce truc ?*
_ *Wouah ! Des charançons ! Ils sont envahis ! Tes haricots sont foutus ! Tu peux les jeter ! Tous les bocaux sont comme ça ?*
_ *Je ne sais pas. Je vais regarder...*

Et retournant voir mon stock, il s'avère que certains sont plus atteint que d'autres.

_ *Et bien me voilà obligée de tous les re trier alors ! Bon sang ! Mais comment je peux éviter ça, moi ?*
_ *Tu peux les mettre au congélateur pendant 1 jours ou deux afin de tuer la larves avant son développement. Mais cette année, c'est fichu. Tous ce travail pour rien... C'est dommage...*
_ *Tu m'étonnes. Je vais voir si je peux en sauver quelques un quand même. Ça me fait tellement mal au cœur de jeter ça. Remarques, les poules vont encore se régaler...*
_ *Ben oui, c'est sur... Ceux qui ne sont pas attaqués vont devoir faire un tour au congélo, n'oublie pas !*
_ *Y a pas de risque que j'oublie, ce coup ci. Rassures-toi !*

Et me voilà entrain de re trier tous les autres bocaux. Certains ne sont pas infestés encore, je vais pouvoir les mettre au congélateur tout de suite. Ça me sera une expérience que je n'oublierais pas. L'année prochaine, passage au congélateur obligatoire pour tous. Avant, je faisais une désinfection avec de l'alcool blanc comme faisaient nos grands-mères : Avec des disques démaquillant en coton que j'imbibais légèrement d'alcool, je mettais le feu au disque et le positionnais sur le dessus du bocal plein de haricots. Je fermais rapidement le bocal. Le feu consumait l'oxygène et empêchait le développement des insectes. C'est efficace, mais je trouve que cela donne un petit goût aux haricots.

Le Charançon est un insecte encore répandu de nos jours. Il a fait des ravages dans les cultures il y a des dizaines d'années. Avec le doryphore, c'étaient les bêtes noires des jardins. Mais c'est la larve qui est la responsable des dégâts. L'insecte pond dans les gousses durant la culture et la larve se développe dans les grains quelques temps plus tard. La larve s'appelle "la bruche du haricot". Lors de la récolte, il faut avoir un œil bien averti pour la déceler.

Pour ajouter dans mon plat de haricots grains, je décide de mettre du persil que j'ai déshydraté cet été. J'ouvre donc mon placard des réserves et trouve le bocal en question à côté du paquet de semoule fine entamé. En retirant le dit bocal de la tablette, je trouve une sorte de dépôt blanchâtre et filamenteux juste entre lui et le paquet.

_ *Bizarre, mais c'est quoi ce truc ?*

Je sors le paquet de semoule entamé. En l'ouvrant, je découvre sur le dessus un petit tas cotonneux. J'étale un peu de semoule dans ma main et plusieurs petits tas floconneux apparaissent... Bon sang... Après les charançons, voici les mites alimentaires ! Un petit papillon de nuit qui se nourris de céréales. Très prolifique, sa ponte peut aller jusqu'à 200 œufs tous les 3 à 4 jours ! L'adulte ne vit que 2 semaines mais les larves sont très voraces et quand elles colonisent un endroit, c'est difficile de les endiguer. Elles sont capables de percer des boites cartonnées. Quand la présence d'adultes est observés, c'est que l'infestation est déjà bien en place.Ces petits vers de 1 à 1,5 mm se cachent dans des petits cocons filamenteux, puis les larves se déplacent et arrivent à se cacher dans les interstices des couvercles pour s'introduire dans les bocaux dès que possible ou contaminer les lieux plus loin. Leur progression se fait encore plus rapidement que la température est élevée. Mais là, nous sommes en plein hiver, et j'en découvre quand même, donc, je pense que j'ai du en rapporter dans un paquet, acheté dans un commerce il y a peu. Je vais devoir trier toutes mes réserves, nettoyer toutes les étagères, passer l'aspirateur dans tout le meuble, et emballer chaque aliment dans des pots en verre le temps d'éradiquer ces coquines. Il faut savoir également que ces belles préfèrent les produits bio, sans contaminants chimiques. Tant qu'à faire... Une année, j'en avais eu dans un sac de farine de plusieurs kilos et j'avais dû passer tout mon stock à la passoire pour retirer les indésirables. Les poules s'étaient régalées après !

Des visiteuses gourmandes

Durant cette saison, tout le monde cherche à se protéger du froid et de l'humidité. C'est un peu une course contre la montre, et tous les coups sont permis. A chacun de garder sa place sinon, ça va barder ! Et dans la cuisine, c'est pareil !

Je me lève un matin et découvre tous les packs de lait animal et végétal retirer du placard ou ils se trouvaient stockés. Certains sont percés de gros trous et, vidés de leur contenu, ils gisent dans l'évier.

_ Oh ! Qu'est ce qui s'est passé ici ? Jean-Mi ! Qui a fait ça ? Bon sang, ils sont presque tous complètement vides ! C'est des... souris ? Les trous sont gros !
_ Sûrement oui, elles s'y sont données à cœur joie !
_ Mais c'est récent en plus ! Il doit y en avoir plus d'une !
_ Je le crains... Une attaque en règle en tout cas ! Je vais acheter une tapette de ce pas, et on va voir qui va gagner!
_ Presque tout le stock y est passé ! Même mon lait végétal !
_ Bon, ça c'est pas une grande perte !
_ Dit donc, pour moi si !
_ ça vaut bien le coup de nourrir un chat !
_ Mais c'est vrai qu'il était bien intéressé depuis quelques jours, il faisait le "pied de grue" au bas de la plinthe de ce placard...

J'arrive à sauver quelques litres tout de même. Mais effectivement, elles ont fait un carnage. Jean-Michel va poser une tapette le jour même et on ne va pas attendre bien longtemps avant de découvrir l'auteur (ou plutôt l'auteuse) du méfait. Mais il faudra quelques jours pour avoir toutes ces petites bestioles. Et encore quelques jours plus tard, je découvre le chat grattant entre les bouteilles, sous le placard de l'évier. Jean-Michel avait déplacé sa tapette et une petite souris venait de se faire prendre. Le chat, attiré par le bruit et l'odeur, voulait en faire son repas !

_ Eh ! Frimousse ! Tu la veux celle là ?

Je prends la souris avec la tapette et dépose le tout sur le rebord de la fenêtre, à l'extérieur. Je repars à mes occupations et je reviens quelques minutes plus tard. Frimousse a fait un autre festin, encore une fois...

_Ah ba ! Il faut qu'on te les attrape maintenant ?

Si au poulailler et au jardin, la régulation se fait à coup de sachets empoisonnés, autour de la maison, c'est le chat qui s'en occupe. Et croyez moi, il a du travail. C'est un carnage chaque année. Il en ramène régulièrement, les dépose sur le paillasson comme un trophée, ou même sous le lit parfois... ça lui arrive d'en ramener vivante à la maison. C'est un ballet pour les récupérer. Delta nous aide bien, mais ça reste un jeu pour elle. Le chat, lui, est satisfait de son travail. Il repart manger dans sa gamelle les bonnes croquettes avant de s'installer pour le restant de la journée et ronronner devant le poêle bien chaud.

L'hiver, c'est chacun pour soi ! Et c'est pas toujours nous qui avons le dernier mot! Même les plus petites bêtes sont capables de s'adapter et de ruser pour survivre. Nous en faisons les frais régulièrement. C'est l'jeu ma pauvre Lucette ! Chacun développe ses capacités pour survivre. C'est un petit jeu de chat et de souris, si je puis dire... Et le réchauffement climatique leur permet d'avoir des conditions plus favorables. Les hivers moins rudes leurs sont bénéfiques. Les fortes gelées, qui autrefois régulaient les populations de petits mammifères et d'insectes, sont de moins en moins présentes dans nos contrées. Cela favorise leur développement. Et l'hiver est une saison pendant laquelle nous pouvons les voir apparaître à chaque instant !

Et côté santé

L'hiver est une saison calme et reposante. Les jours sont courts. Le soleil fait des brèves apparitions et se recouche très vite. La luminosité est plutôt faible. Il faut garder le rythme tout en prenant des moments de repos nécessaires pour recharger les batteries. Notre système de régulation est mis à rude épreuve avec les températures plus basses, la météo capricieuse. Nos défenses immunitaires doivent se battre contre les microbes et les virus qui se développent et se propagent. Si nous avons pris toutes les mesures nécessaires pour garder la forme les saisons passées, nous aurons moins de risque de tomber malade et les convalescences seront plus rapides. Si d'aventures nous sommes contaminés. Si nos réserves sont assez diversifiées, nous pourrons maintenir cette bonne forme et la préserver des attaques potentielles. Notre état physique va être très important dans les semaines qui viennent.

Les animaux ou même les végétaux font des réserves de graisses pour hiberner, remplissent leurs habitats pour ne pas manquer ou réduisent leurs fonctions biologique pour hiverner. Nous, nous n'hibernons pas, nous n'hivernons pas. Nous devons arriver à cette saison avec un capital santé optimum afin de pouvoir la passer sans encombre. Le manque de lumière, de chaleur, les conditions climatiques compliquées vont nous impacter dans notre quotidien et nous allons dépenser plus d'énergie pour compenser. Notre société actuelle nous a déconnecté de cette réalité des saisons. Et, alors que l'on reconnaît que nos activités devraient diminuer, elle, elle nous encourage à continuer notre dépense d'énergie. Est-ce raisonnable ?

Le manque de lumière provoque une baisse de production de la vitamine D qui participe à la santé des os et à la vitalité du système immunitaire. Des aliments type saumons, harengs, œufs, champignons, chocolat noir, bananes, graines germées, agrumes, ail... peuvent permettre de palier ce manque. Et sortir tous les jours à la lumière naturel participe à ce que notre corps absorbe au maximum cette précieuse lumière qui nous est vitale.

Mes longues ballades dans la forêt vont maintenant être conditionnées à la météo. Les horaires seront décalés afin de bénéficier justement du plein ensoleillement. Si en été les ballades se font en fin de journée, je vais privilégier la fin de matinée ou le début d'après midi si possible.

Je ressens physiquement le manque d'énergie grâce à ma capacité de ressentir plus profondément en moi, maintenant. Je fais ici le parallèle de la physique avec le métaphysique. Je cite les définitions de Wikipédia que je trouve plutôt censées.

"La physique correspond à la science qui essaie de comprendre le monde qui nous entoure". J'essaie de comprendre "physiquement mon corps".

"Le métaphysique est une recherche rationnelle ayant pour objet la connaissance de l'être, les causes de l'univers, et les principes premiers de la connaissance". Je réagis à un stimulus, une émotion, une réaction et j'agis.

Le métaphysique serait donc la physique de l'âme. **Méta devient âme**. Et la santé, qui ne correspond pas à quelque chose de physique mais à un état métaphysique, permet de sentir. **Sent et.** Ce qui me permet de sentir et d'agir. Je sens sur le plan physique, puis j'agis sur le plan métaphysique.

Concrètement, si je me **sens** mal, je vais agir pour retrouver mon bien être en changeant un paramètre physique, et je retrouverais ma **santé**.

Nous avons vu ensembles, au cours de toutes ces saisons, l'importance des facteurs physiques tels que l'hydratation des cellules et la force de la respiration dans notre corps, les qualités essentielles de la lumière, et le besoin d'équilibrer notre alimentation. Ce sont des facteurs physiques qui correspondent à des besoins physiologiques. Sur le plan métaphysique, il est plus difficile d'appréhender et de comprendre nos besoins. Nous sommes sur quelque chose qui se ressent. Ça va être nos émotions, nos intuitions, nos impressions qui vont nous guider.

Je vais vous donner un exemple concret : quand une personne ne vous " revient pas" . Que vous sentez que vous n'arrivez pas à vous entendre avec elle, que ça devient "physique" comme on dit. C'est que votre énergie, qui vous est propre, rentre en contact avec la sienne et réagit. Ça peut être très fort. Pourriez-vous imaginer que ce soit votre âme qui vous mette en garde ? Il y a quelque chose qui cloche et vous vous tenez sur vos gardes. Vous ne savez pas pourquoi, c'est comme ça...

Nous fonctionnons tous ainsi. Nous sommes des récepteurs et des émetteurs en même temps. Et constamment, nous émettons et nous réceptionnons des énergies. Selon les jours, notre état de santé, notre humeur, elles peuvent être différentes. Et les personnes hyper sensibles les sentent plus fortement encore. Ça ne se commande pas, mais ça peut se travailler. C'est une chose que j'ai apprise et travaillé. Et la principale chose pour pouvoir travailler cela, est d'avoir un équilibre parfait dans l'état physique. Vous ne pouvez pas ressentir en vous ce qui s'y passe sur le plan métaphysique si vous avez un déséquilibre quelconque sur le plan physique.

L'hypersensibilité, c'est ça. C'est sentir toutes les énergies. Aussi bien les siennes que celles qui se trouvent autour de soi. Et croyez moi, c'est pas une mince affaire ! Les débordements peuvent être nombreux et déstabilisants , épuisants et parfois surprenants.

<u>Garder le bon rythme</u>

Pendant ces quelques mois, nous avons repris notre respiration en main. Nous avons découvert et partagé la force des arbres, du soleil. Nous nous sommes protégés grâce à une bonne hydratation, et aux bienfaits des plantes. Notre travail quotidien au jardin nous a apporté des produits précieux pour alimenter nos petites cellules. Aujourd'hui, tout ce travail de fourmi va nous permettre de passer cette saison au mieux. Les jours sont courts, les nuits sont de plus en plus froides. Nos incursions au jardin vont se raréfier. Pas de soucis. La terre se repose aussi. Les plantes vivaces ont perdues leurs feuillages pour mieux se protéger, les arbres ont perdu leurs feuilles pour limiter la circulation de la sève. Et nous, nous gardons le rythme sans excès pour ne pas nous essouffler. Nous mettons toute notre attention, notre vigilance, à ne pas dépasser les limites de notre santé. Le sommeil sera préservé et augmenté si besoin. Les pauses plus régulières permettront de conserver un tonus optimum. Et dès l'apparition de symptômes, nous réagiront en conséquence. Sans s'alarmer, la vigilance permet d'éviter bon nombre de déconvenues qui pourraient nous faire passer un hiver toussoteux, migaineux, boiteux.

Jean-Michel a la fâcheuse manie de traîner un rhume sur plusieurs mois avec une toux persistante. Ce matin, comme depuis quelques jours déjà, il respire difficilement. Mais, évidemment, il va attendre que le phénomène s'aggrave avant de réagir ! Ce qui a tendance à m'agacer parce que je sais bien qu'il y a de grande chance pour qu'il me le refile d'ici peu !

_ *Dit donc, tu vas faire quelque chose pour ton rhume ? Ou tu attends que ça passe ?*
_ *Bon, ok ! Je vais m'en occuper... Mais je n'ai plus d'huiles essentielles pour mon inhalateur. Tu pourra me ramener du thym aussi ? Et des mouchoirs, pendant que tu y es...*
_ *Ok ! Si ça peut m'empêcher de l'attraper aussi !*

Et me voilà parti faire le plein d'huiles essentielles et autres produits pour combattre ces vilains symptômes. Toutes les méthodes naturelles de protection vont être sorties pour endiguer le problème.

L'inhalation humide est un bon moyen de combattre le rhume et les maux de gorge car cette opération va mettre les molécules des plantes en suspension dans la vapeur d'eau chaude et les conduire directement dans les muqueuses respiratoire (nez, sinus, gorge, poumons). Mais la dilatation des muqueuses peut aussi provoquer une sensibilité accrue au froid et une perméabilité aux microbes. Donc, elles se feront le soir, avant de s'endormir, ou au moins une heure avant de sortir dehors. Les inhalations sèches peuvent prendre le relais dans la journée. Il existe de nombreux mélanges dans le commerce et bien sur, il est nécessaire de privilégier les produits biologique. Le thym, l'eucalyptus, le pin, sont les principales essences. La palette est grande et s'adapte à tous.

_ *Isa chérie, tu me ferais une tisane au thym ce soir ?*
_ *Bon... OK... je vais en prendre aussi en préventif. Ça ne me fera pas de mal... Tu veux du miel dedans ?*
_ *Oui, mais pas celui qui a macéré avec du thym s'il te plaît... J'aime pas moi... Je rajouterai du miel moi-même.*
_ *La confiance règne...*

Et voilà la casserole qui trône sur le gaz et les vapeurs de thym qui se dégagent pour embaumer la maison. Une désinfection naturelle de l'air ambiant aussi ! Les microbes n'ont plus qu'à bien se tenir ! Et voilà, nous avons commencé le printemps avec un gros rhume et, aujourd'hui, nous commençons l'hiver avec un autre ! La boucle est bouclée encore une fois on dirait !

L'hiver, je rajoute un autre produit naturel dans ma pharmacopée : le citron. C'est un agrume qui a de nombreuses propriétés intéressantes. Antioxydant, purifiant, il aide à la digestion et soutien le système immunitaire. Il est bourré de vitamines C et, souvenez-vous, nous en avons besoin en hiver... Le citron favorise la production de bile et participe ainsi à un nettoyage détoxifiant du foie. La présence de fibres dans cet aliment permet un meilleur transit intestinal. Mais attention à son acidité qui peut être excessive pour des estomacs fragiles, une dentition abîmée.

Pour ma part, j'ai retrouvé le petit truc de la rondelle de citron dans un mug de thé de temps en temps durant l'hiver, histoire de maintenir le rythme de protection... Rondelle qui sera mangée après l'absorption du liquide, évidemment. Quand je me sens nauséeuse, après un repas chargé, en période de fête de fin d'année par exemple, je me fais une cure de citron également.

La chasse aux vitamines

Cette chasse là, est particulière. Je vais juste me servir de tout ce que la nature peut contenir pour maintenir ma santé, pour optimiser mes énergies, pour protéger mon corps. C'est une quête de chaque instant. Dès que la météo change, je dois m'adapter. Dès que mes activités diffères, je dois m'adapter. Dès que les interactions avec l'extérieur me posent problème, je dois m'adapter. Et pour cela, la pharmacopée naturelle est idéale. Que ce soit sur le plan physique ou métaphysique, chaque particule autour de moi va réagir. Avec le temps, je comprends ce qui me va ou pas, ce qui m'aide ou pas. Et je choisis en tout état de cause.

A partir de la fin de l'année, je vais rajouter dans mon alimentation des aliments bourrés de vitamines et de couleurs. Ça passe par les fruits frais, les betteraves et les carottes et les salades d'hiver également. Désolée pour les puristes de l'écologie, mais je fais mon choix en tout état de cause et je les assume. Et dans mes salades de fruits, il y aura des mangues, des ananas, des bananes. Selon les arrivage, j'aime aussi les fruits de la passion... Et évidemment les kiwis (mais ils peuvent être français maintenant), les oranges, les clémentines...

Tous les fruits sont des super antioxydants, riches en fibres.
Imaginez ma salade de fruits favorite :
Coupez en dés 2 pommes. Les positionner au fond d'un saladier avec une poignée de grains de raisin sec. Ajouter par dessus 2 bananes coupées en rondelles, puis un ananas en petits morceaux, et enfin 2 kiwis. Pour finir, découper très fin 2 ou 3 morceaux de gingembre confit que vous parsemez sur le dessus et un bocal prunes, cerises ou poires au sirop fait durant l'année. Le sirop va permettre d'empêcher les pommes et les bananes de s'oxyder au contact de l'oxygène, d'humidifier les grains de raisin, d'assembler tous les fruits ensembles avec le gingembre qui va parfumer agréablement le tout. Vous laissez reposer une nuit au frigo, et voilà un concentré de vitamines parfait.
J'utilise de plus en plus les épices, les aromates et les condiments pour leurs différentes propriétés. Je me suis donc posée la question de ce que pouvait être leurs différences dans la cuisine.
Les épices donnent un certain goût et une couleur unique. Il ne s'agit pas

forcément d'une plante. On trouve dans cette famille la cannelle, le gingembre, le poivre, le safran, le paprika.
Les aromates sont systématiquement des plantes et ont la capacité d'aromatiser. D'ou leur nom. Il va s'agir ici du persil, basilic, menthe, cerfeuil, entre autre.
Les condiments sont des aliments que l'on peut manger seul, comme la moutarde, l'oignon, l'ail.

La palette est grande et leurs propriétés aussi. J'utilise beaucoup de ce genre d'aliments en général, au grand damne de Jean-Michel, pour qui la cuisine rime avec simplicité !

_ *Mais qu'est ce que tu as mis dans ce plat ? Il y a un drôle de goût ? C'est quoi encore ?*
_ *Ben, j'ai mis en peu de cannelle... Tu n'aimes pas ?*
_ *Alors tu arrêtes un peu d'en mettre partout ! C'est pas du sel bon sang...*
_ *Moi, j'aime ça !*
_ *T'as qu'à te faire un plat pour toi alors !*

Ben voyons... C'est plus fort que moi. Mais c'est pour son bien aussi ! Et quand on regarde ce que cette épice peut nous apporter, pourquoi s'en priver ? C'est un super antioxydant qui figure dans les écrits antiques de beaucoup de civilisations. Aussi appelé "insuline des pauvres", elle a une action bénéfique sur le diabète de type 2 et le cholestérol. Elle soulage les problème de digestion et stimule le système immunitaire.

Une de mes recettes favorite est la recette des galettes au miel et aux épices. Je la fais avec de la farine de petit épeautre. Ce qui m'aide à gérer mon intolérance au gluten.
Il me faut 350 gr de farine, 100 gr de sucre, 125 gr de miel, 1 cuillère à café d'épices mélangées, 1 cuillère à café de bicarbonate, 1 œuf, et 100 gr de beurre. Une fois les ingrédients bien mêlés, j'étale ma pâte que je découpe à ma guise. Cuite rapidement au four, ces galettes se conservent très bien. Avec mes salades de fruits, mes coulis, mes glaces, mes compotes ou du fromage blanc tout simplement. Les pains d'épices agrémentent aussi les hivers froids et longs. Avec le miel de notre rucher, c'est un délice. Mais je ne peux vous donner ma recette car je la tiens d'un boulanger qui m'a donné la sienne... Désolée.

Mon mélange d'épices contient plusieurs variétés : de la cannelle, de l'anis, de la muscade, du gingembre et de la girofle. Sachez que leur durée de conservation peut être extrêmement longue si elles sont conservées au noir, bien au sec et dans des pots en verre bien fermés.

Le positivisme des bonnes énergies

Chacun sait que le positivisme est la clé pour garder un bon moral et renforcer le mental. Et cela se travaille tous les jours de toute l'année. C'est une sorte de défense naturelle qui permet de voir le verre à moitié plein, au lieu de le voir à moitié vide. Une personne positive aura la capacité de réagir plus rapidement et plus efficacement aux aléas de la vie. Mais parfois, c'est plus facile à dire qu'à faire. Et il est vrai que la société ne nous y aide pas ! Quand on écoute la radio, les infos, qu'on lit les journaux, il y a des jours, ou ça peut être plus dur que d'autres. Se recentrer en se protégeant permet de maintenir notre positive attitude. Prenez des moments de décompression en vous coupant un temps de tous les facteurs qui peuvent vous déstabiliser. Créez vous une bulle grâce à de simples activités comme le sport individuel, les arts, les voyages, la lecture, l'écriture, le chant, le jardinage, ou la cuisine. Il est important de se retrouver un peu seul pour pouvoir ressentir ses émotions, son corps et son cœur. Ecoutez-le battre lors d'une ballade. Une sortie entre amis, copines et copains, et des parties de rigolades pour faire travailler les zigomatiques, ça marche aussi.

Tiens une petite précision à leurs propos : Saviez-vous qu' il existe deux sortes de zygomatiques ?
Le grand zygomatique est un muscle de la joue qui s'insère dans la commissure des lèvres. Il participe à la réalisation du sourire.
Le petit sygomatique est placé devant le grand. Il tire la lèvre supérieur et il contribue à la tristesse. Alors, vous faites travailler lequel vous ? Moi, j'aime bien voir grand !

Voici la définition de wikipédia sur le positivisme : courant philosophique fondé au 19ème siècle par Auguste Comte, à la fois héritier et critique des lumières du 18ème siècle. Le positivisme s'en tient aux relations entre le phénomène et ne cherche pas à connaître leur nature intrinsèque (leur cause). Il met l'accent sur les lois scientifiques et refuse la notion de cause. Je suis assez d'accord avec cette façon de voir. Car, quand il se passe quelque chose, la cause ne sert à rien pour avancer. Mais cela va être la manière de gérer le problème qui va amener à la résolution du problème. Ne pas se focaliser sur la cause mais sur le pourquoi. Voici un exemple simple, concret et physique : J'ai mal à la tête. Si je focalise sur mon mal de tête, celui-ci va me renvoyer ma douleur, une cause. Si je me demande comment faire pour gêrer ce mal de tête, je vais découvrir non pas une cause mais un problème. Admettre que la cause devient un problème permet de voir comment contourner ou supprimer le problème, sinon la cause va perdurer et je ne verrai pas d'ou vient le problème. Et si on ne veut pas voir le problème, alors la cause s'amplifie... C'est aussi simple que ça !

Nous avons vu également plus tôt dans l 'année le rôle de la lumière. Physiquement, la lumière est essentielle pour tous les êtres vivants, les végétaux, les animaux. Elle participe à leur équilibre grâce à la régulation des hormones pour les humains (mélatonine et sérotonine), elle permet le processus de photo synthèse pour tous les végétaux. La photo synthèse est un processus permettant le développement des cellules végétales. Ce processus peut être provoqué pour faire fleurir ou fructifier des végétaux hors des périodes naturelles. Et les végétaux sont la principale source d'alimentation des animaux et du genre humain. Ce qui permet de dire que, encore une fois, la boucle est bouclée. Le mot photo synthèse veut dire Lumière pour photo et réunion ou construction, pour synthèse, alors le parallèle devient facile. La lumière nous permet de nous construire. Ou, encore plus court, la lumière nous construit.

Et de même que la lumière est une énergie, et que donc, elle nous construit, nous construisons notre propre lumière. Soit, notre propre énergie. Vous voyez là l'importance des bonnes énergies ! Si je véhicule des énergies saines et positives, j'envoie des énergies positives. Et si, autour de moi, il y a des bonnes énergies, alors, je reçois des énergies positives. Personne ne peut vivre dans une ambiance constamment négative. Il faut un équilibre. Voilà encore une fois la nécessité de prendre du temps pour garder son équilibre.

Et comme je vous disais, plus haut dans ce chapitre, les végétaux sont la principale source d'énergie des humains et des animaux. Vous pouvez donc vous rendre compte de l'importance des abeilles et de tous les insectes butineurs... Depuis peu, on nous prédit la fin de la civilisation actuelle si les abeilles disparaissent. Sans aller jusqu'à cette extrémité, car il existe tout de même d'autres pollinisateurs, il y a effectivement un risque de souci majeur sur l'alimentation. Déjà, dans certains pays, des abeilles sont élevées exclusivement pour servir de pollinisateur. Dans certaines régions, les arboriculteurs, cultivateurs en général, subissent une baisse de production par manque d'abeilles dans leur vergers. Des ententes d'apiculteurs et de producteurs se mettent en place pour palier ce problème. Est-ce logique ? Ne devrions nous pas nous alarmer maintenant pour éviter un drame potentiel ? Je ne pense pas que nous soyons à un stade de non retour. Les médias et la masse de personnes qui défendent le retour au naturel sont de plus en plus importants et impliqués. Mais la pression doit perdurer pour faire changer les choses.

Guérisons naturelles

Et la boucle est, encore une fois, bouclée ! Nous avons vu les propriétés intéressantes du miel pour notre santé. Mais ça ne s'arrête pas là ! Ma chienne Delta avait développée une grosseur sur l'arrière train, il y a quelques années. Grâce à mes capacités retrouvées de magnétisme, je me suis exercée sur elle pour me rendre compte de l'effet de cet incroyable don. En quelques semaines, je diminuais drastiquement la boule. Elle est restée quelques années sans bouger mais perlait de temps en temps de sang. Mon instinct me disait de ne pas intervenir et aujourd'hui, elle prend une drôle de tournure. Elle se remet à grossir et une plaie est apparue. Evidemment, Delta la lèche très souvent. Ce matin, je décide de reprendre le traitement par impositions magnétiques, cataplasmes de miel et nettoyage avec du macérat de fleurs de souci.

Le miel, grâce à ses propriétés, bien reconnues maintenant, antibactériennes, antioxydantes, énergétiques et régénératrices des cellules, va m'aider à réaliser une guérison très naturelle. Je vais procéder par cataplasme journalier pendant 4 à 5 heures par jour sur la zone concernée, avec notre miel bien entendu. Et une application de macérat de calendula le matin. Autant dire que je vais devoir également lui poser une collerette autour du cou pour éviter qu'elle ne se lèche ! Ça ne va pas être très confortable pour elle mais nécessaire dans le processus ! Chaque matin, je vais nettoyer la plaie avec du macérat de fleur de souci (ou calendula) pour nourrir la peau et l'aider à se régénérer. L'action sera augmentée par une séance d'imposition magnétique par jour également. Il faut ce qu'il faut...

Et dès les premières applications, et la première imposition, l'action régénératrice est visible. La plaie est plus saine. La zone moins rouge. Il va falloir maintenir ce processus peut être quelques temps... La plaie se referme à vitesse grand V.

Les animaux ont une capacité de réception très forte aux méthodes de guérisons naturelles. Ils n'ont pas un mental aussi développé que nous, et restent ultra sensibles à leur instinct animal. Sûrement ce que l'homme a perdus durant ces millénaires de soit disant évolution, d'ailleurs. Pourtant, même les hôpitaux s'y mettent maintenant et reconnaissent des avancées caractéristiques en ce domaine.

J'en veux pour preuve également l'homéopathie. Vous connaissez ? Ces petites granules un peu sucrées, rangées dans des petits tubes de couleurs, avec des noms à coucher dehors! L'homéopathie fait partie des médecines holistiques. C'est une médecine parallèle non conventionnelle fondée sur la notion de la globalité de l'être physique, émotionnelle, mental, et spirituel, soit le corps et l'esprit. Le principe actif, d'abord concentré puis dilué, de ces petits tubes, provient du règne animal, végétal ou minéral et les dilutions successives et différentes s'utilisent sur des champs d'actions différents. Comme le magnétisme, l'homéopathie a un rayon d'action holistique. Les molécules des principes actifs ont une incidence sur l'organisme tout comme le magnétisme sur les cellules. La science a encore un peu de mal à comprendre le mécanisme et pourtant, ça marche... Il n' y a qu'à voir le nombre d'utilisateurs de ce produit, maintenant vulgarisé. Même s'il n'est plus remboursé, ses ventes ne cessent pas. Pour ma part, je m'en sers depuis quelques années pour Delta également. Elle est sujette à des otites sévères depuis longtemps maintenant, et antibiotiques et lotions diverses n'ont servie à rien sur elle. Avec ce genre de traitement, ses crises se sont calmées. Elles n'ont pas disparue, mais se sont atténuées. Ce qui n'est déjà pas si mal, vu dans l'état ou était ses oreilles avant. Sur ce sujet, je fais le parallèle avec la sensibilité aux ondes également. Les animaux ont un degré différent de sensibilité aux ondes et nettement supérieur à l'homme en général. Ma chienne est donc beaucoup plus sensible et sa sensibilité affecte ses oreilles. C'est peut être pour cette raison qu'elle a peur des insectes qui font bzzzz... Elle est capable de les entendre de loin ! Elle ne supporte pas les machines qui font des bruits stridents. Je pense qu'elle doit être électrosensible. Elle, qui pourtant ne se sauvait jamais, a déjà pris la poudre d'escampette plusieurs fois . Si elle se trouve seule surtout, car elle panique comme un enfant. Elle ne comprend pas ce qui lui arrive. Elle sent différemment les choses. L'instinct animal est basé sur des mécanismes primaires. Et ressentir les ondes, les vibrations, est un mécanisme primaire essentielle. En tant qu' humain, nous avons développé d'autres mécanismes mais essayez de revenir à cet instinct est difficile pour quelqu'un qui n'a pas cette sensibilité.

Il faut reconnaître qu' à l'heure actuelle, notre société est basée plus sur le physique que sur le métaphysique. Elle met en exergue les capacités physiques de toutes choses avant de penser à toutes autres capacités. Pourtant, il existe le naturel et le surnaturel. Mais le surnaturel ne serait-il pas plus sur que le naturel ? Et par la même, la physique de l'âme (la métaphysique) ne serait elle pas plus forte que la physique elle même ?

Quand je travaille avec le massage magnétique, entre autre, sur des personnes, je sens des choses en eux. Et il n'est pas rare que des informations, qu'elles ne m'avaient pas révélés, m'arrivent pendant les soins sur leurs histoires, leurs particularités, leurs symptômes. Comment cela se passe ? Je ne sais pas. Je ne maîtrise pas. Je ne cherche pas à maîtriser les choses. Je sais que si ça arrive, je dois en parler. C'est tout. C'est comme ça que marche l'approche holistique. Beaucoup sont encore trop cartésiens pour entrevoir cet état de fait. Mais, même ne pas y croire, n'annihile pas les effets. Sachez-le. Vous pouvez être réfractaire à ce genre de chose autant que vous voulez, vous réagissez physiquement sans même que vous ne vous en rendiez compte parfois. Il est juste encore difficile de mettre des termes physiques, des explications concrètes sur cet état de fait. Nous ne sommes qu'au début d'une ère de transformation majeure à ce sujet. Chacun a son libre arbitre, sa conception des choses de la vie, ses croyances basées sur son histoire. Mais pourriez vous dire que cela n'existe pas ? Ça m'étonnerait...

EPILOGUE

Durant ces quatre saisons, vous avez pu découvrir la vie des abeilles, des légumes, des fruits, des fleurs, des animaux et redécouvrir peut être les multiples possibilités que la nature nous offre quand nous l'écoutons. La reliance à cette nature est d'autant plus forte que vous tissez des liens avec elle à chaque fois que vous vous posez une question la concernant. Et en vous posant des questions sur elle, c'est justement sur votre véritable nature à vous que vous entrez en communication. Ça va de paire.

La cigale et la fourmi en est un exemple frappant. Ce qui est plus compliqué au début c'est justement d'oublier un peu tout ce que l'on nous a inculqué et d'appréhender cette redécouverte pas à pas. Une recette à la fois, un changement d'habitude à la fois, un essai qui implique une transformation de notre shéma de pensée. Et l'essai se transforme en une belle réussite qui nous étonne! Ça aide à évoluer et à continuer ! Vous ne trouvez pas ?

Toutes les nouvelles expériences sont bonnes à prendre et il faut se donner les moyens de faire des choix de vie courageux quelques fois. Actuellement, les crises sanitaires, politiques, sociales, finançiéres, sont de plus en plus fortes et elles nous forcent à trouver les ressources nécessaires en nous. Serais ce la nature qui nous pousse à cette évoution forçée ? Il est fort possible que oui.

Je vous ai proposé mon point de vue, ma façon de voir les choses, mon parcours personnel pour arriver à ces conclusions, avec des informations très précises et concrêtes. J'ai mis en corrélation les différents éléments physiques, métaphysiques pour vous permettre d'avoir une vision globale de la situation. Chacun de vous va pouvoir y travailler et poser les actions au fur et à mesure des réactions de votre esprit et aussi de votre corps.

J'ai commencé ce manuscrit avant la crise de ce fameux COVID qui a tout arrêté, tout figé, qui nous a tous figé. Et je m'aperçois aujourd'hui de l'extrème importance et fragilité de cet équilibre. Et à l'heure qu'il est, non seulement je suis plus que jamais convaincu qu'un nouveau monde est en construction, mais en plus, je sens cette urgence de changer les choses de plus en plus fortement. Effectivement, rien ne sera plus jamais comme avant et il va nous falloir nous armer de patience pour changer ce qui doit l'être. Nous devons devenir auto-suffisant dans le maximum de domaine possible pour affronter les prochains bouleversements qui sont inévitables. Et ce n'est pas que je sois alarmiste ! Juste retour des choses quand les vibrations de la terre elles même changent. Tout le monde sur cette planète devra suivre le mouvement. Et franchement, pour tout vous dire, j'en suis presque soulagée. Enfin, les consciences vont peut être s'ouvrir plus vite. Et par la forçe des choses, nous retrouverons nos véritables pouvoirs, nos véritables capacités de résilience.

La prochaine génération d'enfants va devoir faire preuve de beaucoup d'adaptabilité. Eux vont remodeler le monde comme nous ne l'avions jamais imaginé. Nous, nous ne faisons que les aider à s'ouvrir avec nos expériences de vie qui nous sont propres. Et notre auto-suffisance alimentaire, énergétique, finançière sera un levier pour la prochaine étape. Personne ne peut se projetter pour l'instant. Les conditions sont trop instables. Mais ce n'est pas un problème majeur si nous prenons en compte la relativité du temps qui passe. La physique quantique n'a pas de notion de temporalité alors nous avons tout notre temps pour faire évoluer les choses.

De mon côté, je sais que je vais continuer sur cette lancée tant que je le pourrais. Chaque jour qui passe m'amène son lot de signes positifs dans cette optique. Et je sais aussi que si je dois changer, bousculer, transformer quelque chose dans ma vie, la nature (ma nature) saura me guider.

Chaque saison qui passe, chaque année qui s'écoule, voit les caractéristiques naturelles des éléments changer. C'est ce que l'on nomme le réchauffement climatique. Et bien soit. Vivons le réchauffement climatique en nous adaptant le plus naturellement possible, reprennons le contrôle de nos vies maintenant pour vivre, avant tout autre chose.

Vous avez dansez avec les saisons, alors maintenant dansez avec vous-même.

Printed by Books on Demand GmbH, Norderstedt / Germany